HUBEI ZIRAN BAOHUQU

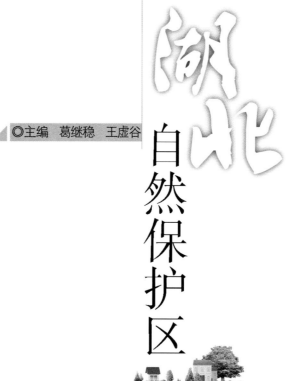

湖北自然保护区

◎主编 葛继稳 王虚谷

U0323559

长江出版传媒
湖北科学技术出版社

《湖北自然保护区》
编辑委员会

湖北自然保护区
NATURE RESERVE OF HUBEI
PROVINCE IN CHINA

A.神农架风光(神农架保护区 供)
B.老翁拜佛(赛武当保护区 供)
C.神农架云海(神农架保护区 供)
D.大老岭风光(大老岭保护区 供)
E.万江河河源(葛继稳 摄)
F.洪湖夏日(洪湖保护区 供)

目然不竟

森林生态系统

A.神农架亚高山原始冷杉林（神农架保护区 供）
B.水杉原始林（范深厚 摄）
C.神农架亚高山杜鹃林（神农架保护区 供）
D.木林子原始阔叶林（葛继稳 摄）
E.大老岭原始水青冈林（葛继稳 摄）

湖北自然保护区
NATURE RESERVE OF HUBEI
PROVINCE IN CHINA

A.神农架草本沼泽(神农架大九湖保护区 供)

B.神农架亚高山泥炭藓沼泽(葛继稳 摄)

C.洪湖浮叶植物群落(洪湖保护区 供)

D.网湖雁群(网湖保护区 供)

E.麋鹿群(石首麋鹿保护区 供)

F.龙感湖湿地景观(龙感湖保护区 供)

湖北自然保护区
NATURE RESERVE OF HUBEI
PROVINCE IN CHINA

珍稀濒危保护野生植物（一）

A.水杉 *Metasequoia glyptostroboides* 一号母树（Ⅰ级）
（范深厚 摄）

B.银杏 *Ginkgo biloba*（Ⅰ级）（曾祥作 摄）

C.伯乐树 *Bretschneidera sinensis*（Ⅰ级）（曾祥作 摄）

D.珙桐 *Davidia involucrata*（Ⅰ级）（大老岭保护区 供）

E.南方红豆杉 *Taxus wallichiana* var. *mairei*（Ⅰ级）（曾
祥作 摄）

F.巴山榧树 *Torreya fargesii* var. *fargesii*（Ⅱ级）（赛武
当保护区 供）

G.鹅掌楸 *Liriodendron chinense*（Ⅱ级）（赛武当保护
区 供）

珍稀濒危保护野生植物（二）

H.连香树 *Cercidiphyllum japonicum*（Ⅱ级）（曾祥作
摄）

I.水青树 *Tetracentron sinense*（Ⅱ级）（曾祥作 摄）

J.香果树 *Emmenopterys henryi*（Ⅱ级）（葛继稳 摄）

K.花榈木 *Ormosia henryi*（Ⅱ级）（葛继稳 摄）

L.黄梅秤锤树 *Sinojackia huangmeiensis* J. W. Ge &
X. H. Yao（葛继稳 摄）

M.大别五针松 *Pinus fenzeliana* var. *dabeshanensis*
（大别山保护区 供）

珍稀濒危保护野生动物（一）

A.川金丝猴(湖北亚种) *Rhinopithecus roxellana hubeiensis* (Ⅰ级)(神农架保护区 供)
B.中华斑羚 *Naemorhedus caudatus* (Ⅱ级)(赛武当保护区 供)
C.梅花鹿(东北亚种) *Cervus nippon hortulorum* (Ⅰ级)(神农架大九湖保护区 供)
D.猕猴(福建亚种)*Macaca mulatta littorbalis* (Ⅱ级)(大老岭保护区 供)

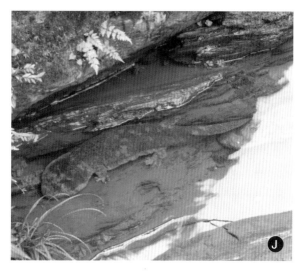

E.白鹤 *Grus leucogeranus*（Ⅰ级）（网湖保护区 供）

F.黑鹳 *Ciconia nigra*（Ⅰ级）（网湖保护区 供）

G.金雕(华西亚种)*Aquila chrysaetos daphanea*（Ⅰ级）（神农架大九湖保护区 供）

H.红腹锦鸡 *Chrysolophus pictus*（Ⅱ级）（赛武当保护区 供）

I.长江江豚 *Neophocaena asiaorientalis asiaorientalis*（Ⅱ级）（葛继稳 摄）

J.大鲵 *Andrias davidianus*（Ⅱ级）（葛继稳 摄）

其他保护对象

A.青龙山恐龙蛋化石（葛继稳 摄）

B.汉江化石鱼（葛继稳 摄）

C.橄榄蛏蚌 *Solenaia oleivora*（葛继稳 摄）

D.沧水地质溶洞（葛继稳 摄）

序

  党的十八大报告将生态文明建设首次纳入中国特色社会主义建设"五位一体"总布局,号召全党上下,一定要更加自觉的珍爱自然,更加积极的保护生态,努力走向社会主义生态文明新时代。2013年7月,习近平总书记视察湖北时,要求湖北作为生态大省要着力在生态文明建设上取得新成效;强调要把生态文明建设摆在更加突出位置,不断提高生态环境的承载能力,建设天蓝、地绿、水净的美好家园,为人民创造良好的环境,为实现伟大的中国梦贡献湖北力量。

  建设生态文明,首先要树立尊重自然、顺应自然、保护自然的理念,严守生态保护红线,不越雷池一步。自然保护区是保护良好生态环境和优良自然资源的重要生态红线,是就地保护具有典型意义的自然生态系统、珍稀濒危野生物种和自然遗迹的重要区域,是保护生物多样性、维持生态平衡和保证生物资源可持续利用的重要阵地。自然保护区对保障区域生态安全、促进经济持续健康发展、促进人与自然和谐具有至关重要的作用,是生态文明建设的重要组成部分。

  湖北省生态地位在全国举足轻重,生物多样性不但丰富,而且独具特色,以生物多样性资源保护为重点的自然资源和自然环境就地保护在全省生态文明建设中的地位尤为突出。近年来,我省各级各部门高度重视、紧密配合,在自然保护区建设和管理上做出了大量卓有成效的工作。全省已建立自然保护区 64 个,其中国家级自然保护区 14 个,总面积近 100 万 hm²,占全省国土总面积的5.25%,生物多样性保护进一步增强。经过多年努力,湖北自然保护区逐步由"数量规模型"向"质量效益型"转变。全省生态环境质量保持总体稳定,为湖北科学发展、转型发展提供了有力支撑,为保障国家生态安全做出了应有的贡献。

  实现中国梦,建设美丽中国、生态湖北,迫切需要进一步加强自然保护区建设和管理,不断推进自然保护区事业科学、健康发展。为此,我省编撰了首部涵盖全省各级各类自然保护区的研究专著——《湖北自然保护区》。本书编著工作耗时近两年,编著组在自然保护区调查与研究、资料收集与甄别、生物资源复核、生态制图等方面投入了大量的精力,各部门和各方专家建言献策,鼎力配合。这里,谨对他们的辛勤工作深表敬意!

  本专著的出版将为湖北省自然保护区的建设与发展以及生物多样性保护工作提供重要的基础依据,为湖北构建国家生态安全屏障,"建成支点、走在前列"发挥积极作用。

NATURE RESERVE OF **HUBEI** PROVINCE IN CHINA

前　　言

　　湖北省自然保护区工作始于1959年对神农架自然保护区进行的调查区划;湖北省最早建立的自然保护区是通山县人民政府1981年12月17日通政发[1981]101号文批准建立的通山县老鸦尖自然保护区(县级);湖北省首个建立的省级自然保护区是湖北省人民政府1982年3月5日鄂政发[1982]22号文批准建立的神农架自然保护区;湖北省首个建立的国家级自然保护区是国务院1986年7月9日国发[1986]75号文批准建立的神农架自然保护区。

　　截至2013年6月底,湖北省共建立自然保护区(点、小区)258个,总面积1 151 209.4hm²,占全省国土总面积的6.19%。其中,自然保护区64个,总面积976 851.0hm²,占全省国土总面积的5.25%;自然保护点7个,总面积7 133hm²;自然保护小区187个,总面积167 225.4hm²。按自然保护区的级别分,国家级自然保护区14个,面积370 156.3hm²;省级自然保护区25个,面积427 671.0hm²;市级自然保护区18个,面积133 604.6hm²;县级自然保护区7个,面积45 419.0hm²;在数量和面积上均以省级自然保护区为主,数量和面积分别占全省自然保护区总数量和总面积的39.06%和43.78%。按自然保护区的类型分,森林生态系统类型自然保护区27个,面积559 036.4hm²;湿地生态系统类型自然保护区18个,面积288 039.0hm²;野生植物类型自然保护区7个,面积52 389.7hm²;野生动物类型自然保护区8个,面积64 262.6hm²;野生动植物类型自然保护区1个,面积11 617.8hm²;古生物遗迹类型自然保护区2个,面积505.3hm²;地质遗迹类型自然保护区1个,面积1 000hm²;在数量和面积上均以森林生态系统类型自然保护区为主,数量和面积分别占全省自然保护区总数量和总面积的42.19%和57.23%。

　　从2003年7月开始,环境保护部和湖北省环境保护厅先后下达了《湖北省自然保护区调查》、《湖北省自然保护区发展规划(2011—2020年)》和《湖北省自然保护区基础调查》等多项研究项目。我们采取广泛收集文献资料、发放调查表格和实地调查相结合的办法,对全省各部门、各类型、各级别的自然保护区进行了全面的调查研究,并对部分自然保护区进行了实地复核。通过这些专项调查和规划,基本查清了湖北省自然保护区的现状及特色。为集中反映全省自然保护区的建设与管理工作,也为今后湖北省自然保护区管理和生物多样性保护提供基础数据,在湖北省环境保护厅的全力支持下,在相关单位和专家的热心帮助下,我们历时近两年编著完成了《湖北自然保护区》这本专著。

　　本专著对湖北省所有合法有效的自然保护区进行了全面系统的研究与评估,内容涉及地理位置与范围、自然环境、类型及主要保护对象、生物多样性(主要保护对象简况)、管理机构、特点与意义、隶属部门等。其中生物多样性(主要保护对象简况)、特点与意义等内容是本专著研究的重点和特

NATURE RESERVE OF **HUBEI** PROVINCE IN CHINA

色。此外，专著还附有自然保护区名录、自然保护点名录、自然保护小区名录、湖北省国家重点保护野生动植物及其在自然保护区（小区、点）内的分布状况等附表，动植物中文名及学名相互对照表，湖北省自然保护区现状分布图和全部省级以上及部分市级自然保护区的功能分区（区划）图。

根据自然保护区管理的有关规定，凡有县级（含县级）以上人民政府正式批文的自然保护区都视为合法有效的自然保护区，均收录到本专著。为保持自然保护区的完整性和维护自然保护区批建的严肃性，对有县级（含县级）以上人民政府正式批文，但管理不规范（如无面积、边界、功能区划、专门管理机构和专职管理人员等），或以后又重叠划为地质公园、风景名胜区等，但原批准建立该自然保护区的人民政府又没有撤销该自然保护区的，仍视为有效自然保护区，并列入本专著之中。但对这样"名存实亡"的自然保护区，在评述各自然保护区时均相应做出了说明。如无特别说明，本专著涉及自然保护区的数据资料均截至 2013 年 6 月底。

本专著的编辑出版，还得到了湖北省林业厅、湖北省农业厅、湖北省国土资源厅、湖北省水产局等有关省级自然保护区行政主管部门及湖北省野生动植物保护总站和相关自然保护区管理局（处）、市州县（区）环境保护局、林业局等单位的大力支持。相关专业数据得到中国科学院水生生物研究所研究员曹文宣院士、中国科学院武汉植物园郑重研究员、中国科学院华南植物园黄宏文研究员和华中师范大学刘胜祥教授的审查、修改。

编撰全省自然保护区专著在我省尚属首次。由于各自然保护区资源本底了解程度及管理工作不平衡，有些自然保护区尚未进行综合科学考察，资源本底数据缺乏，加之我们的经验和水平有限，因此，本专著的错误及不完整之处肯定存在，恳请批评指正，以便及时纠正。

《湖北自然保护区》编著组

2013 年 12 月 18 日

目　　录

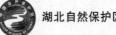

湖北省自然和社会经济环境

1.1 自然环境

1.1.1 地理位置

湖北省简称"鄂",位于长江中游、洞庭湖之北,地跨东经 108°21′42″～116°07′50″,北纬 29°01′53″～33°06′47″。湖北省东连安徽,南界湖南、江西,西部与重庆市接壤,北接河南,西北和陕西毗邻,东西长约 740km,南北宽约 470km,国土总面积 185 900km²。

1.1.2 地形地貌

湖北省地处中国地貌第二阶地与第三阶地的过渡地带,全省地势大致为西高东低,东、西、北三面环山,中间低平,略呈向南敞开的不完整盆地。鄂西山地地势高峻,山间河谷深切,绝大部分海拔在 1 000m 以上,属中国东南低山丘陵向西南高山高原的过渡带(第二阶地),由秦岭山脉东延部分、武当山脉、大巴山东段、荆山山脉、武陵山、巫山及大巴山余脉,巫山山脉等组成鄂西北、鄂西南和长江三峡山地三个部分。大巴山脉在湖北省境内的最高峰——神农顶海拔 3 106.2m,为华中最高峰,有"中华屋脊"之称。鄂东低山丘陵区地带包括大别山、桐柏山、大洪山、幕阜山等山脉构成的环抱江汉平原波状起伏的鄂东北、鄂中、鄂东南低山丘陵区和江汉平原,平均海拔在 600m 以上,属我国地形的第三阶地。

湖北省全省总面积中,以山地为主,山地占 56%,丘陵占 24%,平原湖区占 20%。

(1)**山地** 全省山地大致分为四大块。西北山地为秦岭东延部分和大巴山的东段。秦岭东延部分称武当山脉,呈北西——南东走向,群山叠嶂,岭脊海拔一般在 1 000m 以上,最高处为武当山天柱峰,海拔 1 621m。大巴山东段由神农架、荆山、巫山组成,森林茂密,河谷幽深。神农架最高峰为神农顶,海拔 3 106.2m,素有"华中第一峰"之称。荆山呈北西——南东走向,其地势向南趋降为海拔250～500m 的丘陵地带。巫山地质复杂,水流侵蚀作用强烈,一般相对高度在 700～1 500m 之间,局部达 2 000 余米。长江自西向东横贯其间,形成雄奇壮美的长江三峡,水利资源极其丰富。西南山地为云贵高原的东北延伸部分,主要有大娄山和武陵山,呈北东——南西走向,一般海拔高度 700～1 000m,最高处狮子垴海拔 2 152m。东北山地为绵亘于豫、鄂、皖边境的桐柏山、大别山脉,呈北西——南东走向。桐柏山主峰太白顶海拔 1 140m,大别山主峰天堂寨海拔 1 729m。东南山地为蜿蜒于湘、鄂、赣边境的幕阜山脉,略呈西南——东北走向,主峰老鸦尖海拔1 656m。

（2）**丘陵**　全省丘陵主要分在两大区域,一为鄂中丘陵,一为鄂东北丘陵。鄂中丘陵包括荆山与大别山之间的江汉河谷丘陵以及大洪山与桐柏山之间的涢水流域丘陵。鄂东北丘陵以低丘为主,地势起伏较小,丘间沟谷开阔,土层较厚,宜农宜林。

（3）**平原**　省内主要平原为江汉平原和鄂东沿江平原。江汉平原由长江及其支流汉江冲积而成,是比较典型的河积—湖积平原,面积4万多平方千米,整个地势由西北微向东南倾斜,地面平坦,湖泊密布,河网交织。大部分地面海拔20～100m。鄂东沿江平原也是江湖冲积平原,主要分布在嘉鱼至黄梅沿长江一带,为长江中游平原的组成部分。这一带注入长江的支流短小,河口三角洲面积狭窄,加之河间地带河湖交错,夹有残山低丘,因而平原面积收缩,远不及江汉平原坦荡宽阔。

1.1.3　气候

湖北省地处北亚热带和中亚热带北段,位于我国东部典型的季风气候区内。全省除高山地区外,大部分为亚热带季风性湿润气候,具有光能充足、热量丰富、无霜期长、降水丰沛、雨热同季的特点。

全省大部分地区太阳年辐射总量为356～477kJ/cm^2,多年年均实际日照时数为1 100～2 500h,日照率为25％～50％;其地域分布是鄂东北向鄂西南递减,鄂北、鄂东北最多,为2 000～2 150h;鄂西南最少,为1 100～1 400h;其季节分布是夏季最多,冬季最少,春秋两季因地而异。全省年平均气温除高山外多在15～17℃之间,大部分地区冬冷、夏热,春季温度多变,秋季温度下降迅速。一年之中,1月最冷,大部分地区平均气温2～4℃;7月最热,除高山地区外,平均气温27～29℃;绝对最高气温可达43℃,绝对最低气温−19℃;日均气温≥10℃的年积温4 700～5 400℃;全年无霜期在230～300天之间。全省各地年平均降水量在800～1 600mm之间;降水地域分布呈由南向北递减趋势,鄂西南最多达1 400～1 600mm,鄂西北最少为800～1 000mm。降水量分布有明显的季节变化,一般是夏季最多,冬季最少,全省夏季雨量在300～700mm之间,冬季雨量在30～190mm之间。6月中旬至7月中旬雨最多,强度最大,是湖北的梅雨期。全省年平均降水总量2.167×10^{11}m^3,折合降水深度为1 166mm,比全国平均值（628mm）高出80％。由于境内地形结构复杂,导致地区间气候差异较大,易形成一些各具特点的小气候区域。

1.1.4　水文

湖北省地处亚热带季风气候区,降水充沛,属于湿润区,局部地区甚至属于多雨地带,因而河流水源补给充足。

境内河流以长江、汉江为骨干,接纳了省内千余条中小河流,长江从重庆巫山县入境,浩荡东流,横贯全省,至黄梅县出境,省境长达1 046km;汉江自陕西蜀河口入境,由西北向东南斜贯省内,于汉口汇入长江,省境长864km,是湖北省第二大河流。省内河长在5km以上的中小河流共有4 228条,总长度达59 204km,通航里程10 000余km。其中,河长在100km以上的有38条（不含长江、汉江）,

总长度为 12 918km,总集水面积为 131 567km²,约占全省总面积的 70%。

全省多年平均径流总量为 9.461×10^{10} m³,相当于全国河川径流总量的 3.59%;全省多年平均径流深 509mm,为全国平均值的 1.84 倍,在全国各省区中,仅次于台湾、广东、福建、浙江、江西、广西、贵州、四川、云南等 10 省区,居第 11 位,属中等水平。另外,湖北省过境客水的径流量更为丰富,据估计,全省多年平均入境的客水总量为 6.338×10^{11} m³,相当于省内地表径流量的 6.7 倍。

湖北省内河流多发源于山区丘陵地带,受地形影响,迂回曲折向中部平原汇集,最后汇入长江,构成向心水系;在山地丘陵与平原交接处往往形成比较大的落差,蕴藏着极为丰富的水能资源,其中 90%以上集中分布于鄂西山区。湖北省可开发的水能资源为 33 100 000kW,占全国可装机总容量的 8.7%,居第 4 位。

湖北省湖泊众多,素有"千湖之省"的美称,古书有"鄂渚上千,湖泊成群"的说法,可与世界闻名的"千湖之国"——芬兰媲美。众多的湖泊集中分布于江汉平原和鄂东沿江平原地区,起着调蓄、养殖、灌溉、航运、生物多样性保护等巨大作用。

1.1.5 土壤

湖北省成土的自然地理和生物气候条件复杂、成土母质多种多样,因而土壤类型繁多,表现出南北过渡地区特征。全省土壤分可分为 11 个土类,137 个土属,455 个土种。红壤、黄壤、黄棕壤、黄褐土和棕壤呈地带性分布,具有一定的水平分布和垂直分布规律;非地带性土壤有石灰土、紫色土、草甸土、暗姜黑土、潮土和水稻土,分布不规律。土壤主要类型是黄棕壤和水稻土,各占全省土壤总面积的 45.47%和 15.46%。

1.2 自然资源

1.2.1 生物资源

湖北省生物多样性具有物种丰富、区系古老、特有和珍稀濒危物种多、空间格局复杂多样和物种分布集中等特点。

1.2.1.1 植物资源

初步统计,湖北省有高等植物 296 科 1 581 属 6 359 种[①],约占全国总种数的 18.26%,其中,苔藓植物 51 科 114 属 216 种(以神农架地区苔藓植物的种类为代表),蕨类植物 45 科 112 属 533 种,种子

① 维管植物区系如未做特别说明均包括种下分类群及重要的或主要的栽培区系;其分类系统,蕨类植物按秦仁昌 1978 年分类系统,裸子植物按郑万钧系统,被子植物按哈钦松系统。

植物 200 科 1 355 属 5 650 种(裸子植物 9 科 31 属 100 种,被子植物 191 科 1 324 属 5 550 种)。植物区系组成以热带、亚热带和温带区系成分为主,兼具南北植物区系过渡带的特点。

　　湖北省植被在全国植被区划中属于亚热带常绿阔叶林区域、东部(湿润)常绿阔叶林亚区域,境内包括北亚热带常绿落叶阔叶混交林地带和中亚热带常绿阔叶林地带,显示出北亚热带落叶阔叶与常绿阔叶混交林逐渐过渡到中亚热带常绿阔叶林的基本特征。湖北省特别是鄂西山地由于特定的地质历史条件受第四纪冰川的影响较小,不仅成为中国第三纪植物区系的"避难所",而且是中国温带及亚热带植物区系发育的"摇篮",集中分布了中国第三纪或更古老的古热带植物区系孑遗种,且特有植物十分丰富,被誉为中国种子植物三大特有现象分布中心之一。

　　湖北省天然分布有国家重点保护野生植物 50 种,占全国的 18.18%,其中Ⅰ级 8 种、Ⅱ级 42 种。如著名"活化石"水杉就是 20 世纪 40 年代首次发现于湖北省利川市,此外,还有红豆杉、台湾杉、珙桐、大别五针松、伯乐树、水青树、连香树、香果树等。

1.2.1.2　动物资源

　　据新近资料统计,湖北省有野生脊椎动物 1008 种(含亚种),约占全国的 15.76%。其中鱼类 202 种,两栖类 68 种,爬行类 82 种,鸟类 531 种,兽类 125 种。湖北省野生动物在中国地理区划上属于东洋界、中印亚界、华中区,动物区系组成的特点是:东洋界物种为主,占 70% 左右;古北界物种较少,占 30% 左右。

　　国家重点保护野生动物 131 种,占全国的 33.76%,其中Ⅰ级 26 种、Ⅱ级 105 种。在国家重点保护野生动物中,脊椎动物 128 种,其中兽类 25 种(Ⅰ级 10 种,Ⅱ级 15 种),鸟类 96 种(Ⅰ级 13 种,Ⅱ级 83 种),两栖类 3 种(均为Ⅱ级),鱼类 4 种(Ⅰ级 3 种,Ⅱ级 1 种);无脊椎动物,即昆虫 3 种(均为Ⅱ级)。著名的有川金丝猴、白鱀豚、中华鲟、长江江豚、金钱豹、白头鹤、黑鹳、白颈长尾雉等。

　　此外,还记录到昆虫 6 083 种。

1.2.2　土地资源

　　湖北省土地总面积为 185 900km²,占全国土地总面积的 1.95%,居全国各省市自治区的第 13 位。湖北省土壤类型丰富多样,全省土地资源自南而北分属中亚热带红壤、黄壤地带和北亚热带黄棕壤地带,丰富的土壤类型为本省发展多样化农业经营提供了良好的基础。在不同地貌类型与土壤类型条件下,土地利用呈现多样化与区域分异特点:鄂西山区用地方式以林地居多,耕地发展受到限制;鄂东低山丘陵地区多发展林特产品;江汉平原、鄂东沿江平原、鄂北岗地、鄂中丘陵,自然条件良好,是全省粮、棉、油的主要产区,水产品有时也十分突出;耕地主要分布在江汉平原、鄂东沿江平原和鄂北岗地。

1.2.3　湿地资源

　　湖北省全部湿地总面积为 3 463 503hm²,占湖北省国土总面积的 18.63%,其中稻田湿地面积 1

809 000hm²,非稻田湿地面积 1 654 503hm²,分别占湖北省国土总面积的 9.73％和 8.90％。

湖北省单块面积≥100hm² 的湿地,可划分为河流、湖泊、沼泽和库塘 4 大类以及永久性河流等 7 小类,总面积为 936 244hm²,占湖北省国土总面积的 5.04％,占湖北省湿地总面积的 27.03％,占湖北省非稻田湿地总面积的 56.59％。其中,河流 392 512hm²,湖泊 288 498hm²,库塘 196 857hm²,沼泽58 357hm²,分别占 41.93％、30.82％、21.03％和 6.23％。

湖北省单块面积≥100hm² 的湿地总面积在全国排名第 16 位,其中,库塘面积排第 1 位,河流面积排第 9 位,湖泊面积排第 11 位,沼泽面积排第 12 位。湖北省湿地总面积占全国同类湿地总面积 38 485 525hm² 的 2.43％,占全国内陆湿地(不包括滨海湿地)总面积 32 543 829hm² 的 2.88％,其比例均高于湖北省国土面积占全国国土总面积 1.95％的比例。

1.2.4　旅游资源

湖北旅游资源富集,地区差异性强,许多景观资源品位高,在全国乃至世界上占有重要地位,堪称旅游资源大省。

一是山水风光独特,自然景观异彩纷呈。湖北位于长江中游,祖国腹地,万里长江自西向东横穿荆楚大地,纵横交错的河流和星罗棋布的湖泊,构成了"水乡泽国"的绮丽景观。山脉的多样化和差异性,使湖北自然景观异彩纷呈。长江三峡、武汉东湖、武当山、大洪山、襄樊古隆中、通山九宫山、赤壁陆水湖为国家级风景名胜区;钟祥大口、当阳玉泉寺、宜昌大老岭、兴山龙门河、长阳清江、五峰柴埠溪、襄阳鹿门寺、谷城薤山、咸宁潜山、荆州八岭山、武汉九峰山、大别山天堂寨、神农架等为国家级森林公园;神农架、五峰后河、长江新螺段白鱀豚、长江天鹅洲白鱀豚、青龙山恐龙蛋化石群、石首麋鹿、星斗山、九宫山、七姊妹山、龙感湖等自然保护区为国家级自然保护区;神农架和武当山、明显陵分别被联合国教科文组织列入"世界生物圈保护区"和"世界文化遗产目录";洪湖、武汉沉湖、神农架大九湖被国际湿地公约局批准正式列入《国际重要湿地名录》;神农架大九湖、武汉东湖、谷城汉江、蕲春赤龙湖、赤壁陆水湖、荆门漳河等被列为国家湿地公园;武汉金银湖等被列为国家城市湿地公园。长江三峡、黄鹤楼、葛洲坝被评为"中国旅游胜地四十佳"。尤其是举世闻名的长江三峡,跨湖北、重庆两省市,全长 201km,其中湖北段 140 多 km,享有"山水画廊"和"黄金水道"的美誉,是海外旅游者旅华首选产品和公认的中国王牌景点。已建的三峡大坝是世界上最大的水电工程。发源于利川齐岳山麓的清江,全长 800km,沿江两岸 70％属喀斯特地貌,地质发育良好,溶洞、溶沟、伏流分布广泛,极具开发潜质。此外,湖北自然旅游资源类型齐全,表现在既有山地型的神农架及九宫山、大别山、大洪山式高山风光,长江三峡及清江、九畹溪、神农溪式峡谷风光,黄仙洞及金狮洞、腾龙洞、太乙洞式溶洞风光,又有东湖及陆水湖、洪湖、木兰湖、漳河水库、梁子湖式湖泊风情,还有介于两者之间的低山型特色景观。

二是文化沉淀丰富,文物古迹众多。湖北历史悠久,文化发达,中华始祖炎帝就诞生在湖北。楚文化根基深厚,特色鲜明,影响很大。战国时,楚国极为强盛,其别称"荆"成了当时外国对中国的称谓。楚文化和在此基础上形成的汉文化在湖北积淀深厚,是不可多得的高品位旅游资源。仅江陵县就有楚城遗址 5 座,楚文化遗址 73 处,更有历经 20 代国王,长达 400 年之历史的楚国故都纪南城。

遗址内外,地上地下文化遗产甚为丰富,被考古学界称之为古文化遗产的"宝库"。宗教文化在湖北发育充分,明朱棣"北建故宫,南修武当",形成了武当山九宫九观,堪称我国道教文化的宝库,禅宗圣地五祖寺也是香客热望之地。湖北鄂中成为三国时期魏蜀吴三家必争之地,《三国演义》洋洋 120回,涉及湖北的有 72 回之多;三国历史烟云陈迹,留在湖北土地上的就有 140 多处,以荆州古城、赤壁、当阳、隆中等为代表的三国文化是湖北旅游文化的又一特色。辛亥革命始于鄂而播及全国,使得湖北具有深厚的近代文化底蕴。另外,由于湖北为南北两大文化结合地带,自古人文繁盛,留下众多人类文化遗址。全省拥有国家历史文化名城 5 座(江陵、武汉、襄樊、随州、钟祥),国家级文物保护单位 20 处,均占全国总数的 5% 以上,高于全国平均数两个百分点,省级历史文化名城 4 座(鄂州、黄州、荆门、恩施),省级文物保护单位达 365 处。发掘于枣阳市的距今约 6 000 年的雕龙碑遗址将中国文明上溯了 1 000 年。世界四大文化名人、楚文化的杰出代表之一屈原出生于秭归县;被誉为"东方第八大奇迹"的编钟出土于随州擂鼓墩;堪称古代世界青铜冶炼技术顶峰的铜绿山古铜矿遗址和越王勾践剑、商代盘龙城就出土于荆楚大地;工艺精湛的战国漆绘、木雕制品和古代丝绸大都出土于荆州江陵;中国古代四大发明家之一的毕升故里,以其独特的文化内涵著称于世。钟祥明显陵是中南唯一的也是全国最大的单体帝王陵,是世界文化遗产。此外,还有各具地方特色的茶文化、药文化、花卉文化、鱼文化、竹文化和石文化以及众多的诸如野人、悬棺等世界之谜。

1.3　社会经济环境

1.3.1　人口

湖北省现有 12 个省辖市、1 个自治州、38 个市辖区、24 个县级市(其中 3 个直管市)、37 个县、2个自治县、1 个林区。2012 年末全省常住人口 5 779 万人。全年出生人口 63.45 万人,出生率为11.00‰;死亡人口 35.30 万人,死亡率为 6.12‰,人口自然增长率为 4.88‰。

1.3.2　经济

2012 年全省完成生产总值 22 250.16 亿元,按可比价格计算,比 2011 年增长 11.3%,连续 9 年保持两位数增长。其中:第一产业完成增加值 2 848.77 亿元,增长 4.7%;第二产业完成增加值 11190.45 亿元,增长 13.2%;第三产业完成增加值 8 210.94 亿元,增长 10.8%。三次产业结构由 2011年的 13.1∶50.1∶36.8 调整为 12.8∶50.3∶36.9。在第三产业中交通运输仓储和邮政、批发和零售、住宿和餐饮、金融保险、房地产及其他服务业分别增长 9.5%、8.7%、7.2%、26.1%、5.0% 和22.0%。

2012 年全年完成财政总收入 3 115.63 亿元,比 2011 年增长 18.0%,其中地方一般预算收入1 823.05 亿元,增长 19.4%。在地方一般预算收入中,税收收入 1 324.44 亿元,增长 24.1%。全年财政支出 3 801.79 亿元,增长 18.3%。

1.3.3　生活水平

2012 年城乡居民收入继续增加,城镇居民人均可支配收入 20 839.59 元,增长 13.4%;农民人均纯收入 7 851.71 元,增长 13.8%。

2 湖北省自然保护区发展历程及现状

2.1 自然保护区发展简史及综合规划简要回顾

2.1.1 自然保护区发展简史

湖北省首次提出建立自然保护区始于 1959 年。当时,根据林业部在全国范围内设立自然保护区的意见,湖北省林业厅组织中国科学院武汉植物园、湖北省林业科学研究所等单位对神农架林区进行了实地勘查,提出了面积为 20km² 的自然保护区区划报告。

在神农架自然保护区考察、论证过程中,原恩施地区行署林业局根据湖北省林业局林字(73)第 153 号文精神,于 1973 年以恩地革林字(73)第 052 号文批复建立利川水杉管理站。这是湖北省批建的第一个类似自然保护区,但尚不是严格意义上的自然保护区。

1978 年 9 月 25 日,省革委会以鄂(78)第 98 号文批复了省林业局呈报的面积为 60km² 神农架自然保护区规划方案,但因经费和人员等问题尚未具体解决,自然保护区的各项工作仍未开展起来。根据 1978 年中美联合鄂西植物考察的成果,中国科学院武汉植物研究所于 1980 年初提出建立神农架自然保护区的建议。1980 年 8 月,省人民政府组织省农委、计委、科委、林业局、环保局及有关大专院校等单位对神农架林区进行了综合考察,提出了建立一个面积为 400km² 的自然保护区新方案;1981 年 6 月,省人民政府以鄂政发[1981]90 号文向国务院上报《关于建立神农架自然保护区的请示报告》;1981 年底,省人民政府又提出将神农架自然保护区面积增加 200~400km²,计 600~800km² 的终定方案;1982 年 3 月 5 日,省人民政府综合各方面的意见,以鄂政发[1982]22 号文正式批建面积为 600~800km² 的神农架自然保护区,并于 1983 年建立了神农架自然保护区管理机构。

与此同时,湖北省林业局还组织人员对全省具有自然保护价值的地区做了系统的调查和区划,并于 1982 年 5 月编制完成了《湖北省林业自然保护区区划方案》,拟定在全省建立神农架、星斗山、九宫山、武当山、后河等 5 个自然保护区和利川小河自然保护点。在此前后的 2~3 年内,地方人民政府相继批建了九宫山,星斗山,木林子,后河等自然保护区。

从 20 世纪 80 年代中期开始,由于环保、水产(农业)、国土资源等部门的参与,至现在湖北的自然保护区朝着类型多元化、管理方式多体化、区域布局逐步合理化、保护对象专一化等方向发展。

2.1.2　历次自然保护区综合规划简要回顾

2.1.2.1　1994 年的《湖北省自然保护区规划(1995—2005)》

1994 年底,湖北省环境保护局主持完成了《湖北省自然保护区规划(1995—2005)》,对湖北省自然保护区进行了短、中、长期规划:

自然保护区的数量:规划至 2005 年,全省自然保护区总数达到 87 个(不包括神农架 8 个自然保护点),其中已建 25 个(2 个待升级),拟新建 62 个。

自然保护区的面积:规划至 2005 年,全省自然保护区面积达到 793 135.5hm²,占全省总面积的 4.27%;至 2020 年面积达到 1 115 700hm²,占全省总面积的 6%;至 2050 年面积达到 1 859 000hm²,占全省总面积的 10%。

自然保护区的级别:规划至 2005 全省国家级自然保护区达到 6 个(其中待升级的有天鹅洲湿地麋鹿自然保护区,拟新建的有利川腾龙洞洞穴系统自然保护区和三峡退化生态系统自然保护区),占总数的 6.90%;省级自然保护区达到 17 个,占总数的 19.54%;地市和县级自然保护区达到 64 个,占总数的 73.56%。自然保护区级别总体上呈合理的金字塔型,且地市级比例较大,是发展的重点。

自然保护区的类型:规划至 2005 年,生态系统类自然保护区达到 59 个,占 67.82%,其中森林生态系统类型 49 个,水生生态系统类型 1 个,湿地生态系统类型 1 个,草地生态系统类型 1 个,综合性生态系统类型 7 个;野生生物类型自然保护区达到 22 个,占 25.29%,其中野生动物类型 9 个(包括水生野生动物类型 5 个、陆生野生动物类型 4 个),野生植物类型 12 个,综合类型 1 个;自然遗迹类自然保护区达到 6 个,占 6.90%。形成类型齐全、结构比较合理的格局。

自然保护区的分布:至 2005 年,全省自然保护区将遍及除黄石市外的各地市州,散布于 57 个县市,以鄂西山地较为密集,呈现全面保护、重点突出的格局。

2.1.2.2　1998 年的《湖北省自然保护区规划(1998—2010 年)》

1998 年 8 月,根据国家环保局、国家计委环发[1997]773 号文《关于印发〈中国自然保护区发展规划纲要(1998—2010 年)〉的通知》的要求,省政府组织省有关部门对 1994 年底湖北省环境保护局主持完成的《湖北省自然保护区规划(1995—2005)》进行了修改,由省环境保护局汇总,经省计委综合平衡,形成了新的《湖北省自然保护区发展规划(1998—2010 年)》。该规划分析了全省自然保护区建设和管理现状,提出了 2010 年全省自然保护区建设与管理的指导性文件。

2000 年规划结果:1998—2000 年,全省自然保护区建设主要以调整为主,使自然保护区面积、级别、管理趋于合理,其中合并 2 个自然保护区,新建 1 个自然保护区,至 2000 年自然保护区的数量仍为 38 个,面积达到 695 241hm²,比 1997 年增加 48 791hm²,占全省国土面积比例达到 3.74%,超过国家分区规划中中南西部山区丘陵区指标。其中国家级自然保护区达到 7 个(后河、星斗山和青龙山 3 个升级),省级 7 个(安陆银杏升级),地市级 2 个,县级 22 个(新建见天坝自然保护区)。

2010 年规划结果:2001—2010 年,一方面继续调整自然保护区,一方面着力新建一批自然保护区。至 2010 年,全省自然保护区数量达到 53 个,面积达到 853 874hm²,占全省国土面积的 4.59%,达到国家分区规划中中南西部山区丘陵区的指标要求。其中国家级达到 12 个(九宫山、西陵峡震旦系剖面、长江宜昌段王家湾奥陶系与志留系界限剖面、腾龙洞洞穴系统、神农架太阳坪、大别山、大贵寺 6 个自然保护区),地市级 3 个(竹山林麝、崩尖子升级),县市级 34 个(新建当阳铁坚杉、阳新长乐园珍稀作物品种资源、长阳乐园、建始萍水河、咸宁温泉、长阳火烧坪草地生态系统、竹溪标湖、谷城薤山 8 个自然保护区)。

2.1.2.3　2011 年的《湖北省自然保护区发展规划(2011—2020 年)》

2011 年湖北省环境保护厅委托中国地质大学(武汉)和华中师范大学编制完成了《湖北省自然保护区发展规划(2011—2020 年)》。此次规划拟通过调整阶段目标和细化规划方案等,以期湖北省自然保护区工作重点逐步实现由"数量规模型"向"质量效益型"的转变。

(1) 近期目标(2011—2013 年)

1) 探索自然保护区标准化建设和规范化管理的制度和方法;围绕自然保护区标准化建设和规范化管理,制定一批相关标准,形成比较完善的自然保护区法规体系和标准系列;试点推行法制化管理和标准化建设。

2) 自然保护区面积占本省国土面积的比例达到 7.0% 左右,即自然保护区总面积达到 1 301 200hm² 左右;国家级自然保护区数量发展到 17 个;基本完成自然保护区空缺类型和主要国家重点保护空缺物种的补缺建设;完成湖北省生物多样性三个一级关键地区(神农架林区、巴东县和利川市)自然保护区空缺的补缺建设,即在尚未建立自然保护区的巴东县建立自然保护区。

3) 80% 以上自然保护区有健全的管理机构(100% 的国家级和省级,80% 的市级,50% 的县级自然保护区有专职管理机构);已建自然保护区均配备相应的管理人员;70% 以上的自然保护区具有比较完善的保护和管理设施;建立 3 个以上管理水平达到同期国际先进水平并具有典型示范意义的有效管理国家级示范自然保护区(神农架、石首麋鹿、长江新螺段白鱀豚自然保护区)。

4) 90% 以上的典型自然生态系统类型、100% 的国家重点保护野生动物和 95% 以上的国家重点保护野生植物物种和在国内外具有典型性、代表性的主要自然遗迹受到有效保护。

(2) 中期目标(2014—2020 年)

1) 形成完整的自然保护区法律法规体系,全面实现法制化管理和标准化建设。

2) 自然保护区面积占本省国土面积的比例达到 8.0% 左右,即自然保护区面积达到 1 487 200hm² 左右;国家级自然保护区数量稳步增加,达到 27 个。

3) 优先保护的生态系统类型和所有重点保护物种的主要种群在自然保护区内得到有效保护,全面完成自然保护区空间布局空缺和类型空缺的补缺建设;主要自然遗迹受到自然保护区的有效保护;对已有自然保护区进行合理整合和调整。

4) 所有自然保护区均建立管理机构并配备管理人员,90% 以上的自然保护区具有完善的管护设施和管理能力;30% 左右的国家级自然保护区(神农架、石首麋鹿、长江新螺段白鱀豚、五峰后河、长江天鹅洲白鱀豚、星斗山、九宫山)管护能力达到国际先进水平。

除上述全省综合性的自然保护区规划外,林业、水产和国土资源等部门也在不同时期提出了本部门自然保护区发展规划。但这些规划变动较大,在实施过程中多没有严格执行。

2.2　自然保护区发展现状

2.2.1　数量和面积

经统计,截至 2013 年 6 月底,湖北省共建立自然保护区(点、小区)258 个,总面积1 151 209.4hm²,占全省国土总面积的 6.19%。其中,自然保护区 64 个,总面积 976 851.0hm²,占全省国土总面积的 5.25%(附表 1);自然保护点 7 个,面积 7 133hm²(附表 2);自然保护小区 187 个,总面积 167 225.4hm²(附表 3)。

从自然保护区(点、小区)的组成分析,在数量上,以自然保护小区为主,数量达 187 个,占全省自然保护区(点、小区)总数量的 72.48%;在面积上,以自然保护区为主,面积达 976 851.0hm²,占全省自然保护区(点、小区)总面积的 84.85%(图 2-1)。

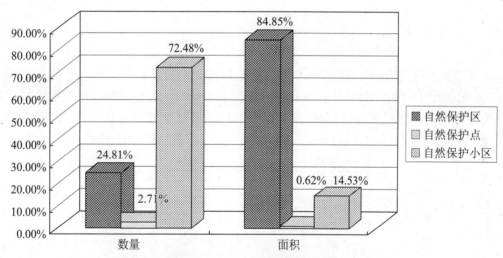

图 2-1　湖北省自然保护区(小区、点)在数量和面积上所占的比例

2.2.2　发展阶段

在湖北省 64 个自然保护区中,按自然保护区始建年代分,1980—1989 年建立的自然保护区 13 个,面积 321 304.7hm²;1990—1999 年建立的自然保护区 13 个,面积 212 307.1hm²;2000 年以后建立的自然保护区 38 个,面积 443 239.2hm²。

从自然保护区发展阶段分析,在数量和面积上均以 2000 年以后建立的自然保护区为主,数量达 38 个,占全省自然保护区总数量的 59.38%;面积达 443 239.2hm²,占全省自然保护区总面积的

45.37%。因此，2000年以后是湖北省自然保护区发展最为迅猛的时期，无论从数量，还是从面积上均占绝对优势（图2-2）。

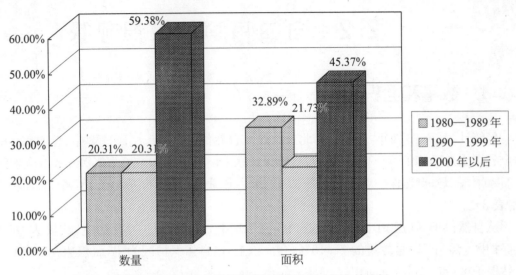

图 2-2　不同阶段湖北省自然保护区在数量和面积上所占的比例

2.2.3　级别

按自然保护区的级别分，国家级自然保护区14个，面积370 156.3hm²；省级自然保护区25个，面积427 671.0hm²；市级自然保护区18个，面积133 604.6hm²；县级自然保护区7个，面积45 419.0hm²。

按自然保护区的级别分析，在数量和面积上均以省级自然保护区为主，数量达25个，占全省自然保护区总数量的39.06%；面积427 671.0hm²，占全省自然保护区总面积的43.78%（图2-3）。

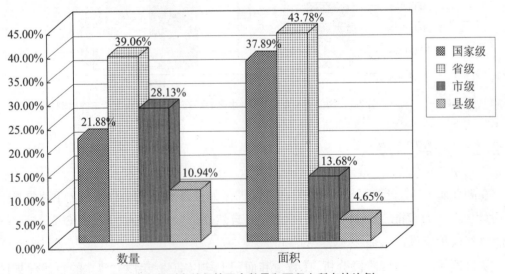

图 2-3　湖北省各级别自然保护区在数量和面积上所占的比例

2.2.4 类型

按自然保护区的类型分,森林生态系统类型自然保护区 27 个,面积 559 036.4hm²;湿地生态系统类型自然保护区 18 个,面积 288 039.0hm²;野生植物类型自然保护区 7 个,面积 52 389.7hm²;野生动物类型自然保护区 8 个,面积 64 262.6hm²;野生动植物类型自然保护区 1 个,面积 11 617.8hm²;古生物遗迹类型自然保护区 2 个,面积 505.3hm²;地质遗迹类型自然保护区 1 个,面积 1 000hm²。

按自然保护区的类型分析,在数量和面积上,均以森林生态系统类型自然保护区为主,数量达 27 个,占全省自然保护区总数量的 42.19%;面积达 559 036.4hm²,占全省自然保护区总面积的 57.23%(图 2-4)。

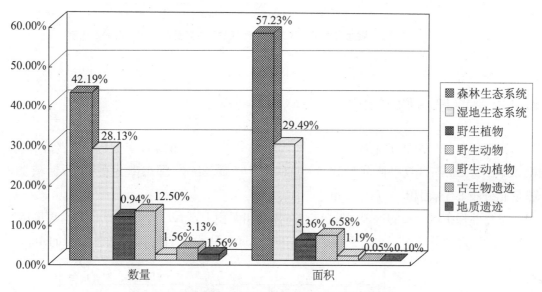

图 2-4 湖北省各类型自然保护区在数量和面积上所占的比例

2.2.5 行政隶属

按自然保护区的行政隶属分,林业系统自然保护区 50 个,面积 849 852.2hm²;农业系统自然保护区 8 个,面积 108 308.6hm²;环保系统自然保护区 3 个,面积 17 184.8hm²;国土系统自然保护区 3 个,面积 1 505.3hm²。

按自然保护区所属的行政部门分析,在数量和面积上,均以林业系统的自然保护区为主,数量达 50 个,占全省自然保护区总数量的 78.13%;面积达 849 852.2hm²,占全省自然保护区总面积的 87.00%(图 2-5)。

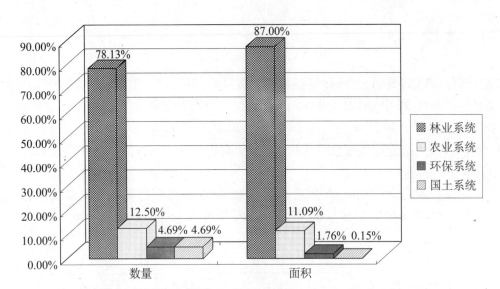

图 2-5　湖北省隶属不同系统自然保护区在数量和面积上所占的比例

2.2.6　地理区域分布

按自然保护区分布的地理区域分,鄂西北分布 27 个,面积 454 901.94hm²;鄂西南分布 15 个,面积 227 293.7hm²;江汉平原分布 14 个,面积 159 871.33hm²;鄂东南分布 6 个,面积 116 989.8hm²;鄂东北分布 2 个,面积 17 794.1hm²。

按自然保护区分布的地理区域分析,在数量和面积上,均以鄂西北分布为主,数量达 27 个,占全省自然保护区总数量的 42.19%;面积达 454 901.94hm²,占全省自然保护区总面积的 46.57%(图 2-6)。

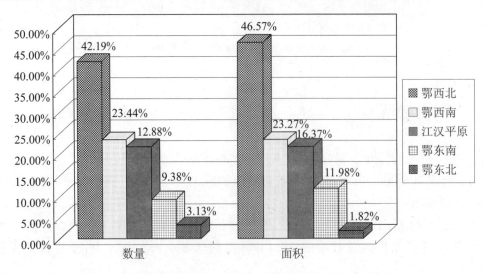

图 2-6　湖北省不同地理区域自然保护区在数量和面积上所占的比例

2.2.7　行政区域分布

湖北省有 12 个市 1 个州 3 个直管市和神农架林区共 17 个地市州级单位,除孝感市、潜江市和仙桃市外,其余 14 个地市州级单位均有自然保护区分布(表 2-1)。

表 2-1　湖北省各地市州自然保护区数量、面积及其所占比例统计表

地市州名称	国土面积 (hm²)	自然保护区 数量(个)	自然保护区数量占全省 自然保护区总数量比	自然保护区 面积(hm²)	自然保护区面积占全省 自然保护区总面积比	自然保护区面积 占其国土面积比
鄂州市	159 400	1	1.56%	37 946.3	3.88%	23.81%
神农架林区	325 300	2	3.13%	79 787	8.17%	**24.53%**
十堰市	2 400 000	10	15.63%	224 415.34	**22.97%**	9.35%
荆州市	1 410 000	7	10.94%	115 029.07	11.78%	8.16%
恩施州	2 411 100	8	12.50%	163 327.0	16.72%	6.77%
襄阳市	1 970 000	13	**20.31%**	129 399.6	13.25%	6.57%
黄石市	458 300	1	1.56%	20 495	2.10%	4.47%
咸宁市	986 100	3	4.69%	36 226.5	3.71%	3.67%
武汉市	849 441	6	9.38%	28 337.26	2.90%	3.34%
宜昌市	2 100 000	6	9.38%	63 916.7	6.54%	3.04%
黄冈市	1 740 000	3	4.69%	40 116.1	4.11%	2.31%
随州市	963 600	2	3.13%	21 300	2.18%	2.21%
荆门市	1 240 000	1	1.56%	15 750	1.61%	1.27%
天门市	262 200	1	1.56%	805	0.08%	0.30%

按自然保护区行政区域分布分析,在数量上,以襄阳市最多,达 13 个,占全省自然保护区总数量的 20.31%(图 2-7);在面积上,以十堰市最大,达 224 415.34hm²,占全省自然保护区总面积的 22.97%(图 2-8);在自然保护区面积占其国土面积比例上,以神农架林区比例最高,达 24.53%(图 2-9)。

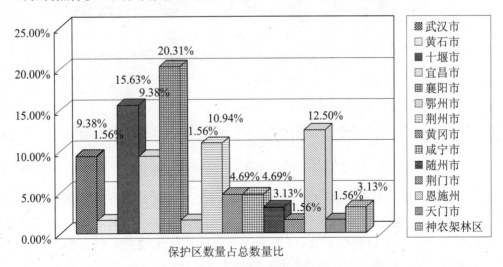

图 2-7　湖北省各地市州自然保护区数量占全省自然保护区总数量的比例

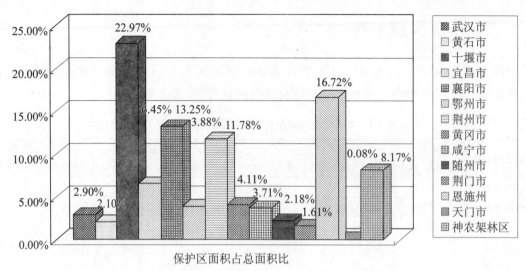

图 2-8　湖北省各地市州自然保护区面积占全省自然保护区总面积的比例

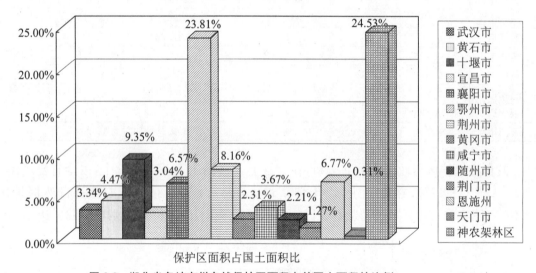

图 2-9　湖北省各地市州自然保护区面积占其国土面积的比例

2.3　自然保护区管理体制

　　在自然保护区发展早期的 20 世纪 80 年代初,湖北省所建的自然保护区,如星斗山、九宫山、神农架和木林子等均为森林生态系统类型,皆由林业部门管理。经湖北省人民政府批准,1983 年 11 月湖北省环境保护局设立自然保护处,负责全省自然保护区规划并监督实施。此后,环保、农业(水产)、国土等部门也陆续建立了一批自然保护区。

　　1984 年 4 月至 1988 年 11 月，国家相继颁布了《中华人民共和国森林法》(1984 年 9 月 20 日)、《中华人民共和国草原法》(1985 年 6 月 18 日)、《中华人民共和国渔业法》(1986 年 1 月 20 日)、《中华人民共和国野生动物保护法》(1988 年 11 月 8 日)等法律法规，自然资源保护和管理、自然保护区的建设和管理职责也相应明确。在这一阶段，湖北省自然保护区管理体制基本上属于"谁建谁管"、"谁管谁建"，即原来由哪个部门建立的由哪个部门管理，今后是哪个部门管理的资源由哪个部门建立自然保护区。这种管理体制发挥了各资源行政主管部门的积极性，掀起了湖北省自然保护区发展的高潮。

　　1991 年 3 月 2 日，国务院办公厅《转发国家环保局关于国家级自然保护区上报审批意见报告的通知》(国办发[1991]17 号)，明确了国家级自然保护区的申报、审批程序。1994 年 10 月 9 日颁布的《自然保护区条例》进一步明确和理顺了自然保护区管理体制。该《条例》的八条规定，"国家对自然保护区实行综合管理与分部门管理相结合的管理体制"，即县级以上环境保护行政主管部门负责自然保护区的综合管理，县级以上林业、农业(水产)、国土(地质矿产)、水利、海洋等有关行政主管部门在各自的职责范围内，主管有关的自然保护区。《条例》实施后，环保部门的职能从以建设和管理自然保护区并重，向强化自然保护区综合监管转变。在国家层面上，从 1996 年起，国家环境保护总局将包括林业部门在内的所有国家级自然保护区的申报、审批纳入了正常化的轨道。

　　为规范林业系统省级自然保护区的评审工作，1999 年 5 月湖北省林业厅成立首届"湖北省省级林业自然保护区评审委员会"，制定了林业系统评委会组织规则和省级林业自然保护区评审标准，规范了林业系统省级自然保护区的评审。

　　经湖北省人民政府同意，湖北省环境保护局于 2002 年 6 月 4 日成立首届"湖北省自然保护区评审委员会"(鄂环[2002]9 号)，随后制定了评委会组织规则和省级自然保护区评审标准。2005 年 9 月 23 日，湖北省环境保护局在武汉主持召开了相关部门申报的沉湖、丹江口库区、三峡大老岭、大别山、网湖、野人谷、五道峡 7 个自然保护区晋升省级的评审工作。这次评审会的召开标志着湖北省省级自然保护区的评审正式纳入了合法、规范的轨道，可谓湖北省自然保护区管理工作的里程碑。

3 国家级自然保护区

截至 2013 年 6 月底统计,湖北省共有国家级自然保护区 14 个,即:湖北神农架国家级自然保护区、湖北长江新螺段白鱀豚国家级自然保护区、湖北长江天鹅洲白鱀豚国家级自然保护区、湖北石首麋鹿国家级自然保护区、湖北五峰后河国家级自然保护区、湖北青龙山恐龙蛋化石群国家级自然保护区、湖北星斗山国家级自然保护区、湖北九宫山国家级自然保护区、湖北七姊妹山国家级自然保护区、湖北龙感湖国家级自然保护区、湖北赛武当国家级自然保护区、湖北木林子国家级自然保护区、湖北咸丰忠建河大鲵国家级自然保护区、湖北堵河源国家级自然保护区。湖北省 14 个国家级自然保护区的总面积为 370 156.3hm²,数量占湖北省自然保护区总数量的 21.88%,面积占湖北省自然保护区总面积的 37.89%。

3.1 湖北神农架国家级自然保护区

(1986-G/1982-S)[②]

地理位置与范围 神农架国家级自然保护区位于鄂西北神农架林区的西南部,地理坐标为东经 110°03′05″~110°33′50″,北纬 31°21′20″~31°36′20″之间,分东、西两片,东片以老君山为中心,面积 10 467hm²;西片以大、小神农架为中心,面积 60 000hm²。自然保护区总面积 70 467hm²,其中核心区面积 38 425hm²,缓冲区面积 9 380hm²,实验区面积 22 662hm²。

自然环境 神农架自然保护区地处鄂渝两省市交界的长江、汉水之间,为长江最大支流汉江与长江在湖北省境内的分水岭,为中国地势第二阶地向第三阶地的过渡地区,将西部高山与东部丘陵平原联为一体。在湖北省地层区划上,神农架自然保护区属扬子准地层区的大巴山——大洪山分区;地质构造属扬子准地台上扬子台坪区,地跨大巴山——大洪山台缘褶带与鄂中褶断区两个三级构造单元。地貌上属大巴山中山与低山,山川交错、脊岭连绵,峡谷异常发育;地势西北高、东南低,境内最高峰神农顶海拔 3 106.2m,为华中最高峰,素有“华中屋脊”之称,最低处石柱河海拔仅 398m,相对高差达 2 708.2m。区内地貌类型复杂,主要有山地地貌、流水地貌、喀斯特(岩溶)地貌和第四纪冰蚀地貌。

气候属北亚热带与暖温带湿润季风过渡区,由于山势起伏,山体高耸,有明显的垂直和水平气候差异。据海拔 1 700m 的大九湖气象站资料,日均气温≥10℃的年积温 2 099.7℃,年平均气温 7.4℃,绝对最高气温 29.3℃,绝对最低气温-21.2℃,最热月 7 月平均气温 17.2℃,最冷月 1 月平均

---

② G/S/SH/X 前的数字分别指该自然保护区批准为国家级、省级、市级和县级的年份。

气温－4.3℃;无霜期 140 天;年平均降水量 1 560mm,年平均相对湿度 80%。

神农架自然保护区水系以大神农架为中心,发育呈树枝状,分属香溪河、沿渡河、堵河和南河四大水系。香溪河西源发源于神农架自然保护区的石槽河(木鱼河)、九冲河,经兴山县,在秭归县流入长江;沿渡河亦称神农溪,是长江支流,其主干流在巴东县境内;发源于神农架自然保护区的神农顶、洛阳河汇入堵河,经竹山县,在郧县注入汉江;发源于神农架自然保护区巴东垭子口的温水河汇入南河,经保康县、房县,在谷城县注入汉江。

神农架自然保护区土壤垂直分异明显,森林地带性土壤从低至高有红壤或黄壤、山地黄棕壤、山地棕壤、山地暗棕壤、山地棕色针叶林土,在海拔 1 700m 以上排水不良的山间盆地和低平凹地还分布有山地草甸土。低山河谷分布有潮土、石灰土等。

类型及主要保护对象　属自然生态系统类中的森林生态系统类型自然保护区,主要保护对象为亚热带原生性森林生态系统及独特的自然景观。该区以"国宝"川金丝猴数量多、分布集中而素有"金丝猴之乡"的美誉。

生物多样性　优越、复杂的自然条件孕育了本区明显的植被垂直分带、纷繁的植被类型及多样的野生动植物物种。

神农架自然保护区已记录真菌 735 种,地衣 191 种,共 926 种,其中新种 10 个,新组合 5 个,国内新记录 113 个;高等植物 243 科 1 049 属 3 380 种,其中,苔藓植物 47 科 117 属 216 种,蕨类植物 34 科 75 属 297 种,种子植物 162 科 857 属 2 867 种(裸子植物 6 科 18 属 30 种,被子植物 156 科 839 属 2 837 种)。国家重点保护野生植物 25 种,其中国家Ⅰ保护植物有银杏、红豆杉、南方红豆杉、珙桐、光叶珙桐和伯乐树 6 种;国家Ⅱ级保护植物有 19 种,即:金毛狗蕨、篦子三尖杉、秦岭冷杉、大果青杆、巴山榧树、连香树、台湾水青冈、楠木、闽楠、野大豆、鹅掌楸、厚朴、水青树、金荞麦、香果树、秃叶黄檗(黄皮树)、伞花木、呆白菜和榉树。

部分国家重点保护植物在神农架自然保护区成群落分布,特别是珙桐、水青树、连香树等珍稀树种形成一定面积的纯林。神农架特有植物有洪平杏(*Armeniaca hongpingensis*)、神农架冬青(*Ilex shennongjiaensis*)、毛碧口柳(*Salix bikouensis* var. *villosa*)等 100 余种。神农架药用植物资源以其种类多、产量大、珍贵稀有而驰名中外,誉称为"天然药园",记有 1 800 多种,其中珍贵或特有中药有杜仲、厚朴、天麻、黄连、八角莲、延龄草、多叶重楼(七叶一枝花)等。另据考究,这里至少已发现 50 余种高效抗癌药用植物,100 多种高级保健药用植物,如绞股蓝、红豆杉、三尖杉、缫丝花等。

神农架自然保护区自然植被划分为针叶林、阔叶林、竹林、灌丛、草丛、沼泽植被等 6 个植被型组共 31 个群系。其中,针叶林划分为中、低山常绿针叶林和针叶阔叶混交林共 7 个群系;阔叶林划分为亚热带落叶阔叶林和亚热带常绿阔叶林 2 类,共 15 个群系;竹林划分为 4 个群系;灌丛划分为 3 个群系;草丛暂定 1 个群系;沼泽植被 1 个群系。栽培植被分为经济林和果木林及农业植被 2 个植被型组,其中经济林和果木林划分为 6 个群系。区内植被以亚热带成分为主,兼有温带和热带成分,并具有明显的垂直地带性。南坡基带植被为常绿阔叶林,以青冈、细叶青冈为代表,主要见于海拔 800m 以下的山地;北坡的常绿阔叶林较少,主要呈现常落叶阔叶混交林的外貌。无论南北坡,从海拔约 800m 开始均可明显地分为 4 个植被带:800～1 500m 主要为山地常绿落叶阔叶混交林,以曼青冈、青冈、细叶青冈、刺叶高山栎、巴东栎、栓皮栎、枹栎、茅栗、化香树、鹅耳枥等为主。从 1 200m 开始有温性针叶林——巴山松林的出现。1 500～2 400m 为山地落叶阔叶林带,以锐齿槲栎林最为普遍,枹栎、米心水青冈、山杨、亮叶桦、红桦等也有小片分布。此带 1 800m 以下有大面积巴山松纯林分布,而从 1 800m 开始则有温性针林——华山松林较大面积分布。2 400～2 600m 有狭窄的山地针阔叶混交林的出现,阔叶树以锐齿槲栎、红桦、山杨、槭(Acer spp.)等为多。华山松分布普遍,常有小片林分出现。寒温性针树——巴山冷杉从 2 400m 左右开始有分布,珍稀树种如秦岭冷杉、麦吊云杉、大果青杆和红豆杉也有散生于落叶林中。2 600～3 106m 为亚高山针叶林带,主要以巴山冷杉组成郁郁葱葱的亚高山原始森林景观。秦岭冷杉、麦吊云杉、大果青杆也有小片分布。林下多以华西箭竹和几种常绿杜鹃(Rhododendron spp.)占优势,在林缘或森林群落之间地带,有较大面积的华西箭竹纯林和毛秆野古草草甸呈镶嵌分布。

神农架自然保护区已记录野生脊椎动物 5 纲 31 目 95 科 281 属 493 种,其中,鱼类 4 目 10 科 32 属 47 种,两栖类 2 目 7 科 11 属 23 种,爬行类 2 目 8 科 27 属 40 种,鸟类 16 目 48 科 158 属 308 种,兽类 7 目 22 科 53 属 75 种。昆虫有 10 目 95 科 560 种。国家重点保护野生动物 71 种,其中,国家 I 级保护动物有白鹤、金雕,川金丝猴、华南虎(历史记录)、金钱豹和林麝 6 种;国家 II 级保护动物有 65 种,即:三尾褐凤蝶、中华虎凤蝶、拉步甲,大鲵、虎纹蛙,海南鸦、白琵鹭、鸳鸯、褐冠鹃隼、黑鸢、苍鹰、褐耳鹰、赤腹鹰、凤头鹰、雀鹰、松雀鹰、大鵟、普通鵟、灰脸鵟鹰、白肩雕、白腹隼雕、林雕、秃鹫、鹊鹞、白腹鹞、白头鹞、游隼、燕隼、灰背隼、红脚隼、红隼、红腹角雉、勺鸡、白冠长尾雉、红腹锦鸡、小青脚鹬、楔尾绿鸠、红翅绿鸠、褐翅鸦鹃、小鸦鹃、草鸮、黄嘴角鸮、红角鸮、领角鸮、雕鸮、褐渔鸮、领鸺鹠、斑头鸺鹠、鹰鸮、纵纹腹小鸮、灰林鸮、长耳鸮、短耳鸮,猕猴、豺、黑熊、青鼬、水獭、大灵猫、小灵猫、金猫、中华鬣羚和中华斑羚。

管理机构 1982 年 3 月 5 日,湖北省人民政府鄂政发[1982]22 号文批准建立省级自然保护区,面积为 90～120 万亩;1986 年 7 月 9 日,国务院国发[1986]75 号文批准晋升为国家级自然保护区,面积为 90 000hm²;1990 年 2 月 8 日,林业部林护自[1990]7 号文同意加入联合国教科文组织(UNESCO)"人与生物圈"(MBA)自然保护区网,成为"国际生物圈保护区";1993 年 2 月 19 日,湖北省人民政府办公厅同意神农架自然保护区进行内部功能区划,确定面积为 70 467hm²;2005 年 3 月 11 日,国家林业局林计发[2005]28 号文批复其总体规划及三个功能区的区划方案,确定面积为 70 467hm²。神农架自然保护区于 2006 年 10 月 25 日被国家林业局林护发[2006]208 号文批准为首批"全国林业示范自然保护区"。

1982 年 5 月 31 日,中共湖北省委鄂发[1982]31 号文批准自然保护区管理机构为"湖北神农架自然保护区管理处",为神农架林区管理局下设的事业单位,定编 200 人;1985 年 9 月 4 日,湖北省公安厅公三[1985]77 号文批准建立"神农架林区公安局自然保护区分局",定编 60 人,下辖 6 个派出所;1986 年 12 月 5 日,湖北省人民政府办公厅鄂政办发[1986]94 号文确定神农架自然保护区管理机构为副县级,由省林业厅领导和管理;1996 年 2 月 15 日,湖北省机构编制委员会鄂机编[1996]005 文明确自然保护区管理局为处(县)级事业单位。2005 年 6 月 20 日,神农架林区机构编制委员会神编[2005]15 号文确定局党委及群团工作机构内设为:党委办公室(与局办公室合署办公)、社会治安综合治理办公室(挂局法制办公室牌子)、纪委、人武部、工会、团委、妇联(挂局人口和计划生育办公室牌子);局机关内设工作机构为:组织人事科、计划财务科、资源保护科(加挂林政科牌子)、宣传教育科、规划建设科、天然林资源保护工程办公室、产业科(与农村工作办公室合署办公)、国际国内合作办公室、接待办公室;局直属工作机构为:神农架林区公安局自然保护区分局、科学研究所、神农顶风景区管理处;局基层保护科研管理工作机构为:老君山、官门山、阴峪河、坪堑、东溪、板桥等6个自然保护管理所,彩旗、猴子石2个管理站,老君山、酒壶坪、坪堑、下谷、东溪5个派出所,鸭子口、白磷岩2个资源检查站;核定财政全额拨款事业编制255人,其中公安分局编制60人。2007年10月12日,湖北省机构编制委员会办公室鄂编办发[2007]92号增核"神农架自然保护区森林公安局"森林公安政法专项编制35人。目前,神农架国家级自然保护区管理局总定编235人,其中事业编制200人,行政编制35人。

通讯地址:湖北省神农架林区木鱼坪镇楚林路31号,湖北神农架国家级自然保护区管理局;邮政编码:442421;电话:0719-3452303,传真:0719-3452755;单位网站:http://www.snjbhq.com。

特点与意义   神农架山脉是中国东南低山丘陵到西部高山及青藏高原的中间阶地,位于中国东、西、南、北植被分布的过渡地带,为各区植物区系荟萃地,是东亚植物区系区中国——日本植物区系亚区华中植物省的核心分布地段,并含中国——喜马拉雅植物区系成分;本区独特的地理环境条件,造就了复杂多样的生态系统,孕育了丰富多彩的动植物区系,保存着完好的亚热带原始森林,是华中地区唯一的原始林区,森林覆盖率达85%,是我国重要的物种基因库,无论从野生动物植区系还是从国家重点保护的种类数量来看,均占湖北省的"半壁江山";同时,该区受第四纪冰川影响甚微,成为大量古老孑遗生物的"避难所",保留了川金丝猴、珙桐、水青树、香果树等大量孑遗动植物"活化石"。因此神农架自然保护区具国际生物多样性保护价值,为全球生物多样保护的"示范地"。

神农架自然保护区是长江中下游地区重要的水源涵养地,为工农业生产,特别是三峡大坝的安全提供重要保证。神农架自然保护区建立以来,有数万多人次的国内外专家学者来此进行考察、研究,已发表相当可观的研究论文和科研成果;已成为大专院校、科研单位重要的科研和教学实习基地,有中国科学院、北京大学、武汉大学、华中师范大学、华中农业大学、中国地质大学(武汉)等在该区进行长期的合作研究。神农架多次发现有"白熊"、"白金丝猴"等白化动物,引起中外科学家的高度重视。此外,神农架自然保护区奇丽的自然景观,丰富的生物资源和浓厚的神秘色彩,是生态旅游和探险旅游的胜地。

隶属部门   林业

3.2 湖北长江新螺段白鱀豚国家级自然保护区

(1992-G)

地理位置与范围   长江新螺段白鱀豚国家级自然保护区位于湖北省洪湖市、赤壁市、嘉鱼县和湖南省临湘市4市县交界处,地处长江中游,地理坐标为东经113°17′19.14″~114°06′16.66″,北纬29°37′11.64″~30°12′55.67″。新螺段系指长江干流新滩口至螺山江段,全长135.5km,宽1.5~5km,以主航道为界,北岸(左岸)属湖北省洪湖市,南岸(右岸)属湖南省临湘市(所辖江段长33.3km)、湖北省赤壁市(所辖江段长17.7km)和嘉鱼县(所辖江段长84.5km);具体范围是:上界北岸以螺山标志碑上游 5km 处(邹家洲)为起点,南岸以临湘市儒溪宝塔(轮渡码头)为起点,下界北岸以新滩标志碑下游 4.5km 处(胡家洲)为止点,南岸以嘉鱼县簰州镇下游 3.2km 处为止点。自然保护区范围包括整个江段的水面和洲滩,以丰水期最大面积计,总面积约 40 000hm²,其中水域面积约 25 000hm²,洲滩面积约 15 000hm²。其中,划定团洲、土地洲、复兴洲(白沙洲)、护县洲、老湾故道(中洲)、腰口至赤壁、南门洲、谷花洲至螺山 8 个核心区,面积 13 900hm²;核心区外围 2 000m 范围为缓冲区,面积 11 100hm²;缓冲区外围为实验区,面积 15 000hm²。

自然环境　新螺段白鱀豚自然保护区地处江汉平原南部,属中亚热带湿润季风气候,气候温暖,雨量充沛。太阳年辐射总量 455～459kJ/cm²,年平均日照时数 1 980～2 032h;年平均气温 16.2～18℃,日均气温≥10℃的年积温 5 310℃;无霜期 267 天;年平均降水量 1 324mm。长江江水平均流速 0.4m/s,江深 15～25m;江段内支流众多,上游紧接洞庭湖口,黄盖湖、西凉湖、武湖等水系均汇入长江。区内江段水面宽阔,河道迂回曲折,边滩、江心洲发育,饵料丰富,该江段江心洲较多,沿岸还有一些突出的矶头,控制水流的流向、流态,形成较多的深槽和大洄水区。自然保护区气候适宜,水流流速适中,沿岸水系发达,江段洲滩众多,鱼类资源比较丰富,矶下形成深潭和大洄水区,是白鱀豚、长江江豚等珍稀水生动物典型的栖息地。

类型及主要保护对象　属野生生物类中的野生动物类型自然保护区,主要保护对象是淡水豚类(白鱀豚、长江江豚)及其生境。

生物多样性　根据初步调查统计,新螺段白鱀豚自然保护区浮游植物有 132 种,湿地维管植物有 52 科 140 属 194 种。在边滩和江心洲中,芦苇和杂草丛生。

浮游动物 103 种,底栖动物 25 种;陆生脊椎动物 231 种,其中两栖类 5 种,爬行类 12 种,鸟类 201 种,兽类 13 种。新螺江段是湖北境内鱼类资源最丰富的江段,共有鱼类 10 目 23 科 103 种,构成了长江淡水豚类理想的生活环境。优势种类有青鱼、草鱼、鲢、鳙、鲤、鲫、鳊、黄尾鲴、翘嘴鲌、赤眼鳟、铜鱼、黄颡鱼、鲶等,这些丰富的鱼类资源为豚类提供了充足的天然食料。历史上本自然保护区白鱀豚种群有 2～3 个,相对密度远高于长江其他江段,并且分布比较稳定。但近年同步监测发现,白鱀豚已功能性绝灭,长江江豚成为主要保护对象。国家重点保护野生动物 6 种,其中国家Ⅰ保护动物有中华鲟、白鲟、达氏鲟和白鱀豚 4 种;国家Ⅱ级保护动物有胭脂鱼和长江江豚 2 种。此外还有长吻鮠等多种湖北省重点保护动物。

管理机构　从 1974 年开始组织资源调查,1987 年湖北省人民政府批准筹建本自然保护区。1992 年 10 月 27 日,国务院国函〔1992〕166 号文批准建立"湖北长江新螺段白鱀豚国家级自然保护区"。1996 年 8 月 29 日,农业部农渔函〔1996〕68 号文对湖北省水产局鄂渔管〔1996〕10 号文有关自然保护区划界确权范围进行了认定。

根据农业部 1992 年 4 月 8 日(1992)农(计)字第 22 号文精神,1992 年 5 月 4 日,洪湖市编制委员会洪机编〔1992〕065 号文批复成立了"中华人民共和国长江新螺段白鱀豚自然保护区管理处",行政上属洪湖市人民政府领导,业务上受湖北省水产局指导,内设管理中心、资源环境监测科、财务科和办公室。1993 年 7 月,该自然保护区被中国人与生物圈国家委员会接纳为首批"中国生物圈保护区网络成员"。2006 年 11 月 23 日,湖北省机构编制委员会鄂编发〔2006〕82 号文批准自然保护区管理处为正处级事业机构,日常事务由省政府委托荆州市管理,核定全额拨款事业编制 15 人,经费纳入省级部门预算;2008 年 9 月 18 日,湖北省机构编制委员会鄂编发[2008]30 号文进一步明确了自然保护区管理处的主要职责。

通讯地址:湖北省洪湖市玉沙路 66 号,湖北长江新螺段白鱀豚国家级自然保护区管理处;邮政编码:433200;电话(传真):0716－2423716。

特点与意义　白鱀豚(*Lipotes vexillifer*)属哺乳纲,鲸目,齿鲸亚目,淡水豚总科。至今已有 2 500 万年的生活史,是世界上现存的 5 种淡水豚中种群数量最少的一种,仅分布在我国长江中下游干流中。20 世纪 50 年代长江约有 6000 头,随着长江的开发,生境的破坏,特别是环境污染,白鱀豚的数量迅速下降。70 年代白鱀豚总数减少到不足 400 头,80 年代只剩下 200 头左右,1994 年底中国科学院水生生物研究所考察认为,长江中下游的白鱀豚已不足百头。白鱀豚为我国特有珍贵极危水生哺乳动物,被誉为"水中大熊猫"。由于其大脑发达,声纳系统极其灵敏,在仿生学、生理学、动物学、军事科学等领域具有重要的科学研究价值。白鱀豚历史上分布于湖北宜昌至江苏浏河口长约 1 600km 的长江中下游干流和洞庭湖中。近几十年来,由于长江的不断开发,加上人为的破坏,白鱀豚种群数量急剧下降,1994 年估计不足 100 头,目前已功能性绝灭。世界自然保护联盟(IUCN)将其列为受威胁的最高级别"CR"级(极危),我国政府将其列为国家Ⅰ级保护动物。新螺江段地处长江中游,具有较多的适宜于白鱀豚生活的环境,鱼类资源丰富,是白鱀豚历史上最为集中的分布区之一。据中国科学院水生生物研究所多年考察论证,新螺段只占白鱀豚分布江段长度的 1/10,而其中的白鱀豚种群数量却占总数量的 1/5 左右。本自然保护区历史上曾有过 17 头白鱀豚和 83 头长江江豚群体活动的记录。

长江江豚是江豚唯一的淡水亚种,特产于我国长江干流和鄱阳湖及洞庭湖,2006 年种群数量约 1 800 头,2012 年约 1 000 头,在长江干流的下降速度达 13.3%。

尽管目前白鱀豚已功能性绝灭,但本自然保护区对长江江豚及其他珍稀水生生物的就地保护功能仍然存在。2006 年和 2012 年,两次长江豚类科考在本区陆溪口江段和南门洲江段分别发现当次考察最大的长江江豚群体 15 头和 6 头。常年监测表明,目前本区在土地洲、龙口、腰口、南门洲分布有 4 个稳定的长江江豚群体。

隶属部门　农业(水产)

3.3 湖北长江天鹅洲白鱀豚国家级自然保护区
(1992－G)

地理位置与范围　长江天鹅洲白鱀豚国家级自然保护区位于江汉平原南缘的石首市境内,管辖范围包括石首市境内约 21km 长的天鹅洲故道和故道上下游 89km 长的长江石首江段。其中,天鹅洲故道位于石首市东北部,长江中游下荆江段北岸,与石首市城区隔江相望的长江故道区,北抵横沟市镇,南以长江沙滩子堤为界,西与人民大垸接壤,东与小河镇和监利县珠湖农场相连;故道上下游长江石首江段上起新厂,下至五码口,全长 89km。自然保护区由天鹅洲故道和长江江段两部分构成,地理坐标跨东经112°21′27″～112°47′43″,北纬29°41′04″～29°55′47″之间,总面积15 250hm²(指洪水期的最大面积),其中区划核心区面积6 400hm²,缓冲区面积5900hm²,实验区面积2950hm²。天鹅洲故道部分范围为两大堤内侧黄海高程36.5m以下的洲滩和水域,面积3 000hm²,地理坐标为东经112°32′33″～112°36′41″,北纬29°47′03″～29°51′22″;按黄海高程34.5～36.5m确定功能分区,即黄海高程34.5m以下的范围为核心区(面积1 500hm²),黄海高程34.5～35.5m的范围为缓冲区(面积1 000hm²),天鹅洲大堤内黄海高程35.5～36.5m的范围为实验区(面积500hm²)。长江江段部分面积为12 250hm²,地理坐标为东经112°21′27″～112°47′43″,北纬29°41′04″～29°55′47″;区划为3个核心区(面积4 900hm²)、3个缓冲区(面积4 900hm²)、2个实验区(面积2 450hm²)。

自然环境　由于地势低平,水流的摆动和冲刷,长江在荆江河道形成"九曲回肠"的独特景观,后经自然或人工截弯取直留下了众多的故道(牛轭湖)。天鹅洲故道是1972年自然截弯取直而成,全长20.9km,平均水深4.5m,最深处可达15～25m,水面面积1 500～2 600hm²,总蓄水量为$1.6×10^8m^3$;丰水期最宽处达1 500m,水面面积1 800～2 600hm²,枯水期最狭处仅400m左右,水面面积1 500hm²。

沙滩子大堤修筑前,每年的汛期(5～10月),故道水系与长江相通,枯水季节(11～次年4月)故道的上口与长江隔断,而下口常年与长江相通,因此在汛期故道水位随长江水位的涨落而变化。自然保护区的最低水位出现在每年的1～4月,平均水位32m,最低水位27.5m;每年6～10月为丰水期,最高水位出现在7～8月,平均水位35～37m,1998年最高水位曾高达40.98m。天鹅洲故道呈新月形,环绕天鹅岛,天鹅岛呈椭圆形,东南侧在枯水期与小河镇相连,呈半岛型;汛期则完全被故道包围。1998年大洪水后,为了保护故道区人民的生命财产安全,在渔政站、春风闸一带修筑了平均高度达38.5m的围堤,之后又在此基础上加高1m,即形成现在的沙滩子大堤,目前仅有下口天鹅洲闸在汛期通过人为调控与长江相通。天鹅洲故道水面呈圆环状,上口由于淤积基本淤塞,下口在离长江约1km处一分为二,一支与上口相通,另一支与下口相连。故道外缘为深槽,内缘为浅滩,长江水为故道水的主要来源,中有冯潭闸、春风闸排放少量地面水入故道。自然保护区以故道水面为最低,由故道浅滩逐渐向江岸增高。平均海拔一般35m左右,最高点为38.44m,最低点32.91m,相对高差不大。由于历史上一年一度的江水泛滥,加上洞庭湖的顶托,流速降低,泥沙淤积,在天鹅洲故道形成了大片的芦苇沼泽湿地。

该区属中亚热带湿润季风气候,四季分明,冬季寒冷干燥,夏季炎热多雨。太阳年辐射总量444kJ/cm²,年平均日照时数1 844.3h,日均气温≥0℃的年均积温6 000℃;年平均气温16.5℃,绝对最高气温38.6℃,绝对最低气温-3.1℃;最热月7月平均气温28.5℃,最冷月1月平均气温3.5℃;年平均降水量1 146mm,相对湿度82%;无霜期261天。

故道水温冬季最低,为5.9℃,夏季最高,为26.9℃;地表水与长江江水相同,均为中性(pH值7.00～7.49),符合国家地表水Ⅱ～Ⅲ类标准,水质良好。

天鹅洲湿地属江汉湖盆的一部分,地质构造属新华夏系第二沉降带,是石首市江北凹陷带的组成部分。根据人民大院的钻探资料显示,底部为砾石层,上部分为砂石(厚约30m)、黏土层(5～6m)和砂质黏土层(约12m),属于河流冲积和洪积物,反映了自第四纪以来,该地一直是河湾港汊纵横。由于历史上洪水泛滥,长期的间歇性淹没,造成泥沙淤积,河漫滩土以淤泥黏土为主,上层松软,下层坚实,有机质丰富。按土壤分类,自然保护区土壤属于草甸土类、浅色草甸土亚类、河滩草甸土属。再根据沉积物砂泥含量比例的不同,续分为芦苇河砂泥土、荒地河砂土、荒地河砂泥土等土种,其中又以生长草甸植被为主的荒地河砂泥土为主要土种。土壤的理化性状较好,如荒地河砂泥土和荒地河砂土,质地适中(中壤土),层次明显,土体构型为 A—B—C 型,全剖面具有强石灰反应,pH 值 8.0 左右,上下层差异不大。表土层(A 层,厚度 16cm 左右)有机质含量 1.62%～3.35%,全氮 0.12%～0.19%,碱解氮(有效氮)56～132ppm,速效磷 5.36～6.27ppm,速效钾 127～147ppm,土壤容量 1.4g/cm³,代换量 20～30me/100g 土。

类型及主要保护对象　属野生生物类中的野生动物类型自然保护区,主要保护对象是淡水豚类(白鱀豚和长江江豚)及其生境。

生物多样性　2011 年 4 月(枯水期)和 7 月(丰水期)自然保护区共检出浮游植物 7 门 48 属 119 种(其中长江干流 113 种,故道 68 种);浮游动物 67 属 141 种(其中长江干流 125 种,故道 52 种),其中原生动物 65 种,轮虫类 46 种,枝角类 18 种,桡足类 12 种;底栖动物 31 种(长江干流 16 种,故道 24 种)。

天鹅洲故道丰富的动植物资源为各种鱼类的生长和繁殖提供了丰富的饵料。据推算,仅浮游生物所提供的渔产力就可以达到 260t,再加上底栖生物、维管植物以及各种有机质所提供的渔产力总共可以达到 900 多 t。天鹅洲故道鱼类资源相当丰富。中国科学院水生生物研究所 1987—1988 年调查统计,天鹅洲故道渔获物产量大、种类多,共有 17 科 29 种,其渔获物共有 4 部分组成:①青鱼、草鱼、鲢、鳙、鳡、鳊等大型江(河)湖洄游性鱼类占 22%;②鲤、鲫、乌鳢、黄颡鱼、鲶、翘嘴鲌等湖泊定居性大型鱼类占 23%;③银鱼、麦穗鱼、鳘、泥鳅等小型鱼类占 29%;④虾占 26%。这个时期,天鹅洲故道每年捕捞产量约 41 万 kg,为豚类提供了丰富的食物资源。据 1993 年的调查成果,天鹅洲故道记录到鱼类 77 种,分属 18 科,其中鲤形目种类最多,52 种,占 67.5%,是"四大家鱼"的天然种质资源库。而 1999 年调查仅发现鱼类 49 种,分属 5 目 13 科。随着故道通江程度降低,环境变化,故道鱼类数量呈明显减少的趋势。据水利部中国科学院水工程生态研究所 2011 年数据,自然保护区 89km 的长江江段记录到鱼类 11 目 24 科 71 属 101 种。

天鹅洲故道记录到维管植物 64 科 168 属 238 种。按植被群落的外貌特征,可将天鹅洲湿地植被分为草本和木本两个生态类型,其中包括 6 个草本湿地植被群落和 3 个木本湿地植被群落,从故道浅水区到沿岸洲滩逐渐向高处分布,保护良好。主要水生植被有:①竹叶眼子菜群落为本区水生植被优势种,带状连续分布于河堤离岸线约 5～10m 处,带宽 5～10m 不等。并在上口岸河口村浅滩处大面积分布,枯水期覆盖整个水面。群落组成较单一,有穗状狐尾藻、黑藻间杂其间。②穗状狐尾藻群落分布于竹叶眼子菜带之处,带宽可达 15～20m,植物扎根较深,约 3～4m,但主要占领上半层水体,层水体由苦草和金鱼藻占领。③黑藻+菹草群落带状分布于竹叶眼子菜内侧,水深较浅,约 1～2m 经常有许多水绵呈烟雾状分布于群落中,影响植物光合作用,是水体中一大害,应采取适当措施予以控制。④三棱针蔺群落广泛分布于上口河口村段浅滩片,水深约 1m,枯水期挺出水面,伴生种有小灯心草和水田碎米荠。

天鹅洲故道得天独厚的地理气候条件也为各种陆生及水陆两栖动物提供了很好的栖息地。陆生脊椎动物 4 纲 23 目 50 科 231 种,其中两栖类 1 目 3 科 5 种,爬行类 2 目 6 科 12 种,鸟类 14 目 33

科 201 种,兽类 6 目 8 科 13 种。国家重点保护野生动物 23 种,其中国家Ⅰ级保护动物有中华鲟、白鲟、达氏鲟、东方白鹳、黑鹳、大鸨、中华秋沙鸭、白头鹤、白鱀豚 9 种,国家Ⅱ级保护动物有胭脂鱼、角䴙䴘、卷羽鹈鹕、白琵鹭、白额雁、小天鹅、鸳鸯、白尾鹞、草原雕、鹊鹞、游隼、小鸦鹃、长江江豚、牙獐(河麂)14 种。湖北省重点保护鱼类 6 种。

历史上本区长江干流石首江段是白鱀豚、长江江豚等的集中分布区,但多年未发现白鱀豚;近年来发现长江江豚的头次也越来越少,群体越来越小,长江江豚数量显著下降,资源明显衰退。如 2001 年监测,共发现长江江豚 148 头次 43 个群体,2005 年为 106 头次 27 个群体,2010 年为 80 头次 19 个群体。1996 年 6 月 22 日,唯一的一头白鱀豚在天鹅洲故道死亡后,自此,天鹅洲白鱀豚自然保护区再无白鱀豚引入。1990 年 3 月中国科学院水生生物研究所在长江捕捉了 5 头长江江豚,投入在天鹅洲故道试养,在试养过程中,长江江豚不仅能正常进行妊娠、分娩、抚幼和生长等行为,而且部分皮肤病和外伤能自行恢复,目前长江江豚种群已发展到 40 多头。

管理机构   从 1974 开始组织资源调查调查,1987 年湖北省人民政府批准筹建本自然保护区。1992 年 10 月 27 日,国务院国函[1992]166 号文批准建立"湖北长江天鹅洲白鱀豚国家级自然保护区"。1996 年 8 月 29 日,农业部农渔函[1996]68 号文对湖北省水产局鄂渔管[1996]10 号文有关自然保护区划界确权范围进行了认定,但对 89km 的长江江段未进行功能区划。

根据农业部 1992 年 4 月 8 日(1992)农(计)字第 22 号文精神,石首市编制委员会于 1992 年 6 月以洪机编(1992)76 号文批准成立"湖北长江天鹅洲白鱀豚自然保护区管理处",核定事业编制 17 人,为相当正科级事业单位,行政上属石首市人民政府领导,业务上接受湖北省水产局指导,与石首市水产局合署办公。2006 年 11 月 23 日,湖北省机构编制委员会鄂编发[2006]82 号文批准自然保护区管理机构为正处级事业机构,日常事务由省政府委托荆州市管理,核定全额拨款事业编制 15 人,经费纳入省级部门预算;2008 年 9 月 18 日,湖北省机构编制委员会鄂编发[2008]30 号文进一步明确了自然保护区管理处的主要职责,业务归口湖北省农业厅指导。自然保护区设办公室、财务科、科技护豚科、渔政科 4 个科室,实有人员 19 人,其中科技人员 9 人(高级工程师 2 人)。

通讯地址:湖北省石首市东方大道 301 号,湖北长江天鹅洲白鱀豚国家级自然保护区管理处;邮政编码:434400;电话(传真):0716-7220737。

特点与意义   白鱀豚至今已有 2 500 万年的生活史,是世界上现存的 5 种淡水豚中种群数量最少的一种,仅分布在我国长江中下游干流中,是研究鲸类演化和生物进化的宝贵材料。随着长江的开发,生境的破坏,特别是环境污染,白鱀豚的数量迅速下降,目前已经几乎无踪迹可寻。鉴于长江水环境日趋恶化的现状,迁地保护是白鱀豚唯一的希望。1995 年 12 月 19 日,在湖北省石首市北门口江段捕获一头雌性白鱀豚,放入天鹅洲白鱀豚自然保护区故道进行养护。该豚在天鹅洲故道生活了 6 个月后,于 1996 年 6 月 22 日死亡。目前白鱀豚已功能性绝灭。

江豚属(*Neophocaena*)共有印度洋江豚(*Neophocaena phocaenoides*)和窄脊江豚(*Neophocaena asiaorientalis*)2 个种,分布于西太平洋、印度洋、日本海和中国沿海等热带至暖温带水域。印度洋江豚在我国分布于东南沿海;窄脊江豚有 2 个亚种,即长江江豚(*Neophocaena asiaorientalis asiaorientalis*)和东亚江豚(*Neophocaena asiaorientalis sunameri*)。其中,长江江豚分布于长江中下游以及洞庭湖和鄱阳湖;东亚江豚分布于渤海、黄海和东海北部。长江江豚是唯一全生活在淡水的江豚,同样面临着白鱀豚所面临的全部威胁。根据 1984—1991 年的考察资料,首次推算长江江豚数量约2 700 头,到 1994 年联合考察的结果认为种群数量已经减少到不足 2 000 头,1997 年农业部渔业局组织考察仅发现长江江豚 1 446 头次,2012 年的科考种群数量为 1 040 头。按世界自然保护联盟物种生存委员会(IUCN−SSC)频危物种等级标准,长江江豚被列为易危(VU)种。如果不及时采取有效的保护措施,长江江豚就可能在 15 年内灭绝。

本区天鹅洲故道水面宽阔,无工业污染源,水质优良,水草肥美,生物多样性丰富,不但是迁地保护白鱀豚和长江江豚的好场所,而且 89km 的长江江段还是就地保护白鱀豚和长江江豚的理想区域,同时还为"四大家鱼"以及其他珍稀水生动物和麋鹿提供栖息繁衍场所。此外,故道还是周围及天鹅洲岛上 1.6 万人的饮用水源(被划为一级水源保护区)。

天鹅洲故道原是长江通道,其地理、水文条件非常适合白鱀豚和长江江豚栖息繁衍。从 1990 年开始在此投放 5 头长江江豚试养,现生活有 40 头左右的长江江豚,而且每年还有 2～4 头小长江江豚出生。一个维持自我生存和繁衍的群体已初步建立,经国内外专家认证:这是目前世界上对一种鲸类动物实行迁地保护唯一成功的范例。长江江豚迁地保护项目 2008 年荣获湖北省科技进步一等奖。在长江环境不能短期得到有效改善和长江豚类种群数量迅速减少的当前,天鹅洲故道长江江豚稳步增加,是长江豚类有效保护的希望所在。

此外,建立白鱀豚自然保护区还能与其他珍稀动物的保护结合起来。如已经在天鹅洲建立麋鹿国家级自然保护区。尽管目前本自然保护区白鱀豚已功能性绝灭,但本自然保护区对其迁地保护和长江江豚及其他珍稀水生生物的就地保护功能仍然存在。

隶属部门　农业(水产)

3.4　湖北石首麋鹿国家级自然保护区
(1998−G/1991−S)

地理位置与范围　石首麋鹿国家级自然保护区位于江汉平原与洞庭湖平原交界处的石首市人民大垸乡东南部,北邻石首市横沟市镇,西接大垸镇,南临长江,东至小河口镇,是长江天鹅洲故道边的一块湿地,地理坐标为东经 112°32′32″～112°36′42″,北纬 29°45′40″～29°48′51″。自然保护区东西宽 27.5km,南北长 15.5km,总面积 1 567hm²,其中核心区面积 1 200hm²,缓冲区面积 300hm²,实验区 67hm²。

自然环境　天鹅洲故道是 1972 年长江自然裁弯形成。麋鹿自然保护区位于长江与长江天鹅洲故道三角形夹角内的湿地洲滩及浅水区域,属典型的近代河流冲积物沉积而成的洲滩平原。故道区人口稀少,没有工业污染,水质良好,空气清新。土质肥沃松软,牧草丰盛,分布有广阔的芦苇沼泽湿地,这里自古就是麋鹿祖先生活的地方,生态条件符合麋鹿的生境。自然保护区地势低平,海拔为31～36m,平均 35m。

属中亚热带湿润季风气候。根据自然保护区气象站 2006—2009 年记录的数据,年平均气温

17℃,绝对最高气温33.3℃,绝对最低气温－3.1℃;;无霜期272天;年平均降水量1 004mm,平均日蒸发量为2.39mm,最高记录为8.7mm,相对湿度82%。自然保护区内土壤形成历史不长,成土母质单一,主要土类为草甸土及潮土,质地为轻壤和沙壤,有机质含量高,潜在营养丰富。

类型及主要保护对象　属野生生物类中的野生动物类型自然保护区,主要保护对象是野化麋鹿及其生境。

生物多样性　维管植物64科168属238种,其中麋鹿采食植物共计33科87属119种。区内树木稀少,但牧草非常丰富,种类繁多,主要有马鞭草、狗牙根、假俭草、苜蓿(*Medicago* sp.)、白车轴草、鸡眼草、车前、野燕麦、黑麦草、稗、苏丹草,另有大片芦苇和荻。主要植被类型有:芦苇＋荻群落、意杨林、水杉林、旱柳林,狗牙根群落、牛毛毡群落、益母草群落、马鞭草群落、黑三棱群落等。

陆生脊椎动物4纲23目50科231种,其中两栖类1目3科5种,鸟类14目33科201种,爬行类2目6科12种,兽类6目8科13种。国家重点保护野生动物18种,其中国家Ⅰ级保护动物有东方白鹳、黑鹳、大鸨、中华秋沙鸭、白头鹤、麋鹿6种,国家Ⅱ级保护动物有角䴙䴘、卷羽鹈鹕、白琵鹭、白额雁、小天鹅、鸳鸯、白尾鹞、草原鹞、鹊鹞、游隼、小鸦鹃,牙獐(河麂)12种。

管理机构　1991年11月18日,湖北省人民政府办公厅鄂政办函[1991]73号批准建立"石首天鹅洲湿地麋鹿省级自然保护区",面积1 567hm²,受省环境保护局和石首市政府双重领导,在省环境保护局的业务指导下,由石首市具体管理;1998年8月18日,国务院国函[1998]68号文批准晋升为"石首麋鹿国家级自然保护区"。2002年1月23日,国家环境保护总局环函[2002]32号文对自然保护区总体发展规划进行了审核,核定自然保护区总面积为1 567hm²;2012年10月29日,湖北省人民政府鄂政函[2012]300号文对自然保护区总体规划进行了批复。

1991年10月10日,石首市编制委员会石机编[1991]50号文批准成立"石首市天鹅洲湿地麋鹿自然保护区管理处",为相当副科级事业单位,配备事业编制15人,实行双重领导,由石首市环境保护局具体管理;2000年7月16日,中共石首市委机构编制委员会石机编[2000]21号文批准自然保护区管理机构更名为"石首麋鹿国家级自然保护区管理处";2001年12月31日,中共石首市委机构编制委员会石机编[2001]31号文批准自然保护区管理处为正科级;2007年12月14日,湖北省机构编制委员会鄂编发[2007]186号文批准自然保护区管理处为正处级事业机构,日常事务由省政府委托荆州市管理,核定全额拨款事业编制15名,经费纳入省级部门预算。2011年3月7日,湖北省环境保护厅办公室鄂环办[2011]55号文对自然保护区管理处内设机构及职数设置进行了批复,内设办公室、管护科研科、后勤保障科。自然保护区现有工作人员13人,其中科技人员6人。

通讯地址:湖北省石首市大垸镇新码头,石首麋鹿国家级自然保护区管理处;邮政编码:434401;电话:0716－7652118,传真:0716－7652196。

特点与意义　石首麋鹿自然保护区是为在麋鹿原生地恢复野外自然种群,并保护其赖以生栖的湿地生态环境而建立的。麋鹿俗称"四不象",为我国特产,列为国家Ⅰ级保护动物和IUCN野外绝灭(EW)种。麋鹿历史分布区域广大,西起山西襄汾,东至沿海岛屿,北起辽宁康平,南至海南岛,曾是我国先民狩猎的主要对象,后来由于人口增长围湖造田、栖息地减少、人们过度捕杀及环境变迁等因素影响而在野外消失,成为历代帝王圈养的园林动物。至晚清时期,园林饲养的麋鹿也仅剩北京南海子皇家猎苑中的120余头。1900年前后,由于洪水和战乱,南海子的麋鹿也散失殆尽,麋鹿从此在我国绝迹;世界上仅有散落于欧洲的 18 头麋鹿被英国乌邦寺收集放养。正是这些幸存下来的麋鹿才能使其种群繁衍至今。尽管目前世界麋鹿总种群数量达到 4 000 多头,但均为这 18 头的后代,因此恢复麋鹿野生种群的任务依然十分艰巨。

石首麋鹿自然保护区于 1993 年 10 月 30 日从北京南海子麋鹿苑首批引进麋鹿 30 头,经一年圈养观察,顺利产仔 8 头,成活率 100%。1994 年 12 月第二批引进麋鹿 34 头。1995 年 1 月,所有 72 头麋鹿投入自然放养,在未进行人工补食的情况下安全过冬,且体质明显增强。1995 年 4 月 4 日和 17 日,2 头小麋鹿在完全自然放养情况下安然诞生,这表明麋鹿自然野生种群的建立已迈出了成功的一步。截至 2003 年底,野化麋鹿种群已从 1993 年投放的 64 头发展到 350 头左右(不包括 2 个自然扩散的约 100 只的种群),且麋鹿的野性恢复良好,实现了自然放养的目标,成为世界上最大的野化种群之一,被联合国科教文卫组织的专家称为"全球濒危物种保护领域中的成功范例"。目前麋鹿在自然保护区内全部实现自然放养,恢复了野生习性。据最新资料,自然保护区麋鹿在 2013 年 3 月下旬开始产仔后,截至 6 月 2 日,顺利生产 72 头幼鹿。目前,自然保护区麋鹿种群数量已发展到 1 016 头。

石首麋鹿自然保护区是我国目前仅有的两个野化麋鹿自然保护区之一(另外一个是江苏大丰麋鹿国家级自然保护区)。通过建立自然保护区恢复麋鹿自然种群,不仅在我国重新恢复了一个具有传奇色彩的野生动物物种,而且将为世界大型哺乳动物野生种群的重建提供难得的经验。石首麋鹿自然保护区的建立,还使经济开发程度相当高的江汉平原保留了一块典型的洪泛平原湿地,为保护、研究湿地水禽和湿地生态系统提供了基地,也为人与自然和谐相处提供了样板。

隶属部门 环保

3.5 湖北五峰后河国家级自然保护区
(2000—G/1988—S/1985—X)

地理位置与范围 五峰后河国家级自然保护区位于鄂西南宜昌市五峰土家族自治县境内,东与五峰镇百溪河村、水滩头村接界,南与湖南壶瓶山国家级自然保护区接壤,西与湾潭镇、香党坪农场相邻,北与国有北风垭林场相连,地理坐标为东经 $110°29'25''\sim110°40'45''$,北纬 $30°02'45''\sim30°08'40''$。自然保护区总面积 10 340hm²,其中核心区面积 3 835hm²,缓冲区面积 1 794hm²,实验区面积 4 531hm²。

自然环境 五峰后河自然保护区位于武陵山东段余脉,地势由西向东逐步倾斜。地质构造表现褶皱,断裂甚为明显。区内地貌主要为构造地貌、河流地貌和岩溶地貌。境内群峰起伏,层峦叠嶂,海拔 1 500m 以上的山峰多达 20 余座。最高峰独岭海拔 2 252.2m,为武陵山脉东部的最高峰,最低处百溪河谷海拔 421.5m。境内山峰并立,坡陡谷深,形成许多峭壁悬崖,高山有埫,河谷为坡地,间有石柱林立,剑峰叠峙,翠谷碧溪,银滩碧流。石灰岩构成众多溶洞,洞中多潜流,潴澜四状,或外泻成洞泉,或悬岭成飞瀑。

气候属中亚热带季风湿润型气候,地处中亚热带与北亚热带的过渡带。气候特点是四季分明,冬冷夏热,雨热同季,暴雨甚多。全区皆山,垂直气候带谱十分明显,"一山有四季,十里不同天"。太阳年辐射总量401kJ/cm²,年平均日照时数1 533.2h,日照百分率为35%;年平均气温11.5℃;无霜期211天;年平均降水量1814mm,年平均蒸发量1 100mm。

自然保护区地处鄂湘边境,河流属长江流域的澧水水系,主要河流为百溪河。百溪河源于区内的天生桥,由西向东北折,汇新崩河、灰沙河、杨家河,流经后河、水滩头等村,至百溪河村雷打石流入湖南澧水。源头至水滩头为后河,以下为百溪河,统称百溪河。百溪河在区内长16km,宽10～30m,流域面积17.1km²,总落差1 220m,坡度40°,平均流量4.4m³/s,最大流量380m³/s,最小流量0.32m³/s,平均年径流量1.29×10⁸m³。

土壤主要有红壤、黄壤、黄棕壤、山地草甸土、石灰土、水稻土6个土类,12个亚类,20个土属。

类型及主要保护对象　属自然生态系统类中的森林生态系统类型自然保护区,主要保护对象为中亚热带森林生态系统。

生物多样性　复杂的自然条件孕育了丰富的生物多样性资源。后河自然保护区已记录维管植物共193科817属2 087种,是湖北植物区系较丰富的地区之一。其中蕨类植物31科71属194种,种子植物162科756属1 893种(裸子植物6科18属25种,被子植物156科728属1 868种)。有湖北新记录属5个、新记录种58个、新种3个、新变种1个。该区珍稀濒危植物丰富且分布集中,具有明显的特色。国家重点保护野生植物24种,其中国家Ⅰ级保护植物有银杏、红豆杉、南方红豆杉、珙桐、光叶珙桐、伯乐树6种,国家Ⅱ级保护植物有17种,即:巴山榧树、篦子三尖杉、黄杉、连香树、香果树、樟树、楠木、野大豆、花榈木、鹅掌楸、厚朴、水青树、金荞麦、秃叶黄檗(黄皮树)、红椿、喜树、榉树。药用植物500余种,著名的有天麻、狭叶瓶儿小草、延龄草等珍贵药材。

后河自然保护区在中国植被区划上属于亚热带常绿阔叶林区域(Ⅳ),东部(湿润)常绿阔叶林亚区域(ⅣA),中亚热带常绿阔叶林地带(ⅣAii),鄂西南山地丘陵栲、楠、松、杉、柏林区,地带性植被为中亚热带常绿阔叶林,自然植被有4个植被型组、10个植被型、34个群系。植被垂直分布为常绿阔叶林、常绿落叶阔叶混交林,落叶阔叶林和山地灌丛4个带:海拔1 150m以下的基带性植被为常绿阔叶林,主要类型有甜槠林、水丝梨林、曼青冈林,其中水丝梨林是目前在湖北已发现的同类型中分布面积最大、原始性最强的一个类型;海拔1 150～1 500m为山地常绿落叶阔叶混交林带,主要植被类型有曼青冈、光叶珙桐林,宜昌润楠、化香树林、绵柯、栓皮栎林和山羊角树、水丝梨林;海拔1 500～1 750m为落叶阔叶林带,主要植被类型有樱椒树林、金钱槭林、榉树林、檫木林、连香树林,在海拔1 000m还有小块的铜钱树林、泡桐林;海拔1 750～2 252m地带为山地灌丛,主要以常绿的麻花杜鹃灌丛为主,而北坡以落叶灌丛为主,如半边月灌丛、巴东醉鱼草灌丛等,在海拔1 000m左右还有城口桤叶树灌丛和盐肤木灌丛,但面积一般较小。在山顶或山谷开阔地有五节芒灌丛,南坡分布的面积大于北坡。

后河自然保护区已记录到陆生脊椎动物4纲25目74科307种,其中两栖类2目8科24种,爬行类2目9科38种,鸟类13目34科158种,兽类8目23科87种。湖北省新记录种20种。国家重点保护野生动物有51种,其中国家Ⅰ级保护动物有金雕,华南虎(历史记录)、金钱豹、云豹、黑麂、林麝6种;国家Ⅱ级保护动物有45种,即:大鲵,海南鳽、鸳鸯、黑鸢、苍鹰、赤腹鹰、凤头鹰、雀鹰、松雀鹰、大䴓、普通䴓、白尾鹞、鹊鹞、白头鹞、白腹鹞、灰背隼、燕隼、红隼、褐冠鹃隼、红翅绿鸠、白冠长尾雉、红腹角雉、勺鸡、红腹锦鸡、红角鸮、灰林鸮、长耳鸮、短耳鸮、鹰鸮、草鸮、褐渔鸮、斑头鸺鹠、领鸺鹠，猕猴、短尾猴、豺、黑熊、水獭、青鼬、大灵猫、小灵猫、金猫、中国穿山甲、中华鬣羚、中华斑羚。据调查访问，在20世纪80年代自然保护区还有人见过华南虎。世界野生动物基金会专家科勒夫妇于1990年和1991年来湖南壶瓶山国家级自然保护区考察曾在毗邻的后河自然保护区的白溪河、顶坪山获得了华南虎存在的有力证据，因此，本区曾是华南虎活动的主要区域。此外，1991年该区还获得过金钱豹、云豹的标本。

管理机构　1985年3月3日，五峰土家族自治县人民政府公告五政发〔1985〕22号文批准建立县级自然保护区，面积2 067hm²；1988年2月21日，湖北省人民政府鄂政发〔1988〕23号文批准晋升为省级自然保护区，面积核定为2 067hm²；1998年11月23日，湖北省人民政府办公厅鄂政办函〔1998〕92号文批准自然保护区面积扩大到10 340hm²；2000年4月4日，国务院办公厅国办发〔2002〕30号文批准晋升为国家级自然保护区。

1986年9月2日，五峰土家族自治县人民政府办公室五政办函〔1986〕49号文批准设立"后河自然保护区管理处"，属县林业局领导；2000年12月28日，湖北省机构编制委员会鄂编发〔2000〕136号文批准设立"湖北五峰后河国家级自然保护区管理局"，为全额拨款的副县（处）级事业单位，实行宜昌市人民政府与省林业局共同管理、以宜昌市管理为主的管理体制；2003年8月4日，湖北省机构编制委员会鄂编发〔2003〕41号文和鄂编办函〔2005〕32号文核定全额拨款事业编制60名（其中行政管理人员15名、森林公安人员20名、专业技术人员25名），其中省财政供给40人，宜昌市财政供给20人；宜昌市机构编制委员会办公室宜编办〔2004〕25号文批复内设办公室、计划财务科、项目管理科、基本建设科、资源保护和科研科、宣传教育科、宜昌市森林公安局五峰后河自然保护区分局等7个科室及1个分局，下设茅坪、后河和香党坪3个管理站。自然保护区管理局现有职工65人，均为事业编制，其中科技人员21名。

通讯地址：湖北省宜昌市五峰土家族自治县渔洋关镇，湖北五峰后河国家级自然保护区管理局；邮政编码：443413；电话（传真）：0717－5758696。

特点与意义　后河自然保护区是华中地区生态环境保护最好、生物多样性最丰富的地区之一，具有国际重要意义。该区具有典型和重要科学价值的森林生态系统，是珍贵树种群落和众多珍稀野生动植物的自然集中分布区。特别是该区现保存完好的40hm²面积中生长着20多种珍稀濒危植物的"稀有珍贵树种群落"和华中地区甚至全国面积最大、原始性最强的常绿阔叶树水丝梨纯林及大面积的珙桐、光叶珙桐林，被评为"中国仅有，世界罕见"。

隶属部门　林业

3.6 湖北青龙山恐龙蛋化石群国家级自然保护区
(2001-G/1997-S/1996-SH+2001SH/1995-X)

地理位置与范围　现在的青龙山恐龙蛋化石群国家级自然保护区由原青龙山恐龙蛋化石群国家级自然保护区(1995年始建,面积205.25hm²)和原梅铺恐龙化石市级自然保护区(2001年始建,面积250hm²)合并而成,位于鄂西北十堰市郧县境内,现总面积455.25hm²。原青龙山恐龙蛋化石群国家级自然保护区位于郧县柳陂镇境内,东距郧县县城约8km,南距十堰市区23km,地理坐标为东经110°42′50″～110°44′10″,北纬32°47′30″～32°49′40″,总面积205.25hm²,其中核心区5.25hm²,缓冲区50hm²,实验区150hm²;原梅铺恐龙化石市级自然保护区位于郧县梅铺镇李家沟村,地理坐标为东经111°13′29″～111°16′45″,北纬32°57′55″～33°00′37″,总面积250hm²,未进行功能区划。

自然环境　青龙山恐龙蛋化石群自然保护区地处汉江中上游秦巴山区,史有“鄂之屏障,陕之咽喉,蜀之外局”之称,其东枕道教圣地武当山,西傍长江最大的支流汉江。209国道、襄渝铁路及在建的银(银川)武(武汉)高速公路穿梭其间,交通便利,区位优越。自然保护区位于秦岭褶皱带东端,从晋宁运动开始,境内地层受到多次构造作用和热变质作用影响,形成了一些复杂的构造变形变质作用产物,留下了许多险崖陡壁,峡谷峭峰,境内溪流、瀑布、奇花异草、自然洞天众多。由于长期风化剥蚀,区内为低山丘陵地貌,平均海拔220m左右,相对高差50m左右。这里保留有18亿多年沧海桑田变迁的纪录,留下了许多内涵丰富、罕见奇特、典型多样的地质遗迹。这里群峰竞秀、物华天宝、人杰地灵,被誉为华夏民族的发祥地之一,汉文化的摇篮,是久负盛名的“恐龙之乡”。

气候属北亚热带温湿气候,四季分明。年平均气温15～16℃,绝对最高气温40℃,绝对最低气温−10℃;无霜期240天;年平均降水量300～915mm,其中7、8、9三个月雨量最多。

类型及主要保护对象　属自然遗迹类中的古生物遗迹类型自然保护区,主要保护对象为恐龙蛋化石群及恐龙化石。

主要保护对象简况　青龙山恐龙蛋化石群自然保护区由卧龙山、红寨子、青龙山、土庙岭、磨石沟、庄沟等化石群组成,面积约4.2km²,赋存地为晚白垩世地层的粉红砂砾岩中,距今约6 700～13 500万年。据中国地质大学(武汉)有关课题组1996年2月提交的《湖北省郧县青龙山一带白垩纪地层、恐龙蛋化石及其地质遗迹保护初步研究报告》和中国古生物学会秘书长李凤麟教授等专家考察研究,该区红寨子北坡、土庙岭区产蛋层上下有6个层位,少数为2个层位,除个别层位只见到恐龙蛋化石破碎外,绝大部分分层位的恐龙蛋化石均保持较原始的成窝状态。化石的主要形态有卵球形、球形、扁球形等;长径一般为4～16cm,少数可达17cm;蛋壳颜色可分为浅褐、暗褐、灰白色3种。恐龙蛋的显微结构有5种类型,分别属于5个恐龙蛋科,即:树枝蛋科(Dendroolithidae)、网状蛋科(Dictyoolithidae)、蜂窝蛋科(Faveoloolithidae)、棱齿龙蛋科(Prismatoolithidae)和圆形蛋科(Spheroolithidae),其中树枝蛋科分布最多,数量最大,约占70%;蛋壳成分微钙质,厚度变化较大,圆形蛋科、棱齿龙蛋科和蜂窝蛋科的钙质蛋壳较薄,一般0.8～1.0mm,而树枝蛋科和网状蛋科的钙质蛋壳较厚,一般为 1.6mm 左右,少数可达 2.4mm。并具有分布集中、数量大、埋藏浅、种类多、地层剖面完整、产化石层位多且层位稳定、保存完好等诸多特点。

1997 年 7 月 25 日,在郧县梅铺镇李家沟村发现晚白垩世恐龙蛋化石(距今约 7 000 万年)1 大 2 小鸟脚类恐龙骨骼化石地质遗迹享誉国内外,现存放于柳陂镇恐龙博物馆。1997 年中国恐龙权威专家赵喜进数次亲临梅铺,为这一发现进行实地考察,并作了定性分析研究。

管理机构　1995 年 8 月郧县人民政府郧政发[1995]7 号文批准在柳陂镇青龙山、红寨子恐龙蛋化石产出地建立地质遗迹县级自然保护区;1996 年 8 月十堰市人民政府十政函[1996]16 号文批为市级自然保护区;1997 年 1 月湖北省人民政府鄂政函[1997]10 号文批准在郧县青龙山恐龙蛋化石群产地建立地质遗迹省级自然保护区,归口省地矿厅管理;2001 年十堰市人民政府十政函[2001]13 号文批准建立梅铺恐龙化石市级自然保护区,但该市级自然保护区一直无专门管理机构;2001 年 6 月 16 日,国务院办公厅国办发[2001]45 号文批准晋升为“湖北青龙山恐龙蛋化石群国家级自然保护区”。

青龙山恐龙蛋化石群自 1995 年初被发现后,当地政府就于当年 8 月成立了“青龙山恐龙蛋化石群地质遗迹管理站”,配备专职管理人员 3 人;成为国家级自然保护区后,郧县人民政府于 2001 年 9 月将管理站升格为管理处,专职管理人员由 3 人增至 7 人。2003 年十堰市机构编制委员会办公室十编办发[2003]47 号文明确自然保护区管理处为副处级事业单位。

2005 年 8 月,以青龙山恐龙蛋化石群地质景观为主,整合郧县其他地质遗迹资源的郧县国家地质公园通过国土资源部评审,2005 年 9 月 19 日,国土资源部国土资发[2005]187 号文批准建立“湖北郧县恐龙蛋化石群国家地质公园”。2007 年 12 月 25 日,十堰市机构编制委员会十编发[2007]91 号文批准成立“郧县国家地质公园管理局”,为副县级全额拨款事业单位,其领导体制实行双重管理,以县委县政府管理为主,具体日常工作委托县国土资源局代管,核定人员编制 15 名;2008 年 4 月 25 日,郧县机构编制委员会郧编发[2008]2 号文确定郧县国家地质公园管理局统一管理本自然保护区和郧县国家地质公园。该局目前现有人员 15 人,其中科技人员 1 人。

通讯地址:湖北省十堰市郧县柳陂镇,郧县青龙山恐龙蛋化石群国家及自然保护区管理处/郧县国家地质公园管理局;邮政编码:442500;电话(传真):0719-7477018。

特点与意义　青龙山恐龙蛋化石群自然保护区保存有迄今为止世界上恐龙蛋化石种类最多、分布最集中、数量最多、保存最完整、规模最大的化石群落,具有数量和种类多、分布集中、埋藏浅、原始状态保存较好的特点,发现最多的一窝恐龙蛋化石多达 61 枚,举世罕见。

青龙山恐龙蛋化石群于 1995 年 3 月 27 日被发现,经中国地质大学殷鸿福院士鉴定,后经国内外众多地质专家考察验证,确认为“世界第一恐龙蛋化石群”。国际报道发现的 8 个恐龙蛋科中,在这一地区就发现有 5 个,且 3km² 范围内拥有恐龙蛋化石近 2 万枚,聚集区仅 2hm²,却拥有 1 万多枚恐龙蛋化石。在此之前,全世界公认我国的西峡恐龙蛋化石群为世界第一,拥有的恐龙蛋化石仅 1 000 多枚,范围却大到 4 000 多 hm²。所以,青龙山的发现被称为“奇迹”,当时海外报纸曾以“世界独有”、“身价超过西峡”、“留给下个世纪的人类奇迹”等字眼加以报道。

恐龙曾是地球的统治者,借助恐龙蛋化石和恐龙骨骼化石有助于破解其灭绝之谜。而寻找恐龙灭绝的原因,可以提高人类对古地理、古气候、古生物的认识,找出地球变迁的规律,找到一个物种从生长发展,到繁荣,到灭绝的规律,有助于人类更好地与自然和谐生存。郧县青龙山恐龙蛋化石群是继河南西峡恐龙蛋化石之后的又一重大发现,海外报刊惊叹青龙山恐龙蛋化石"全球最完整、规模超西峡"。地质专家声称:"这一罕见的地质遗迹是地球漫长地质历史时期,由于各种内外动力地质作用,形成、发展并遗留下来的珍贵的、不可再生的地质自然遗产"。郧县青龙山恐龙蛋化石以其独特之处为国内外研究恐龙生活习性、繁殖方式及当时的生态环境提供了十分珍贵的实物证据,对研究古地理、古气候、地球演变、生物进化,对探讨恐龙蛋化石的系统分类与演化,对探索地球上恐龙大批死亡、灭绝原因等均具有重要的科学价值。

青龙山恐龙蛋化石群与其化石群相比具有其特殊的价值:青龙山恐龙蛋化石群之所以被称之为"世界第一恐龙蛋化石群",除了其数量多密度大以外,与它在科研中的独特的地位及其价值是分不开的。其一,在恐龙蛋化石发现地不远处同时发现恐龙骨骼化石和古猿人头盖骨,这是世界上独一无二的。长期以来,科学家无法解开难题:为什么在恐龙蛋化石发现地找不到恐龙蛋骨骼化石,而在恐龙骨骼化石发现地又难寻恐龙蛋化石呢? 郧县青龙山在 1995 年发现恐龙蛋化石,又于 1997 年 7 月在距恐龙蛋化石群不到 55km 的梅铺镇发现了恐龙骨骼化石。这一事实,为困扰学术界多年的这一难题找到了答案。另外,1975 年,郧县梅铺镇龙骨洞曾发现距今 50 万至 100 万年的猿人牙齿 4 枚,1989 年该县青曲镇又发现了轰动世界的距今 150 万年至 200 万年古猿人"郧县人"头颅化石。三大发现在同一区域,这在全世界绝无仅有。其二,青龙山恐龙蛋化石群分布非常奇特而有序:呈环形发散状。有 2hm² 左右的核心区,小范围内集中着 1 万多枚恐龙蛋化石,许多恐龙蛋化石堆积在一块巨石之上,为十分罕见之奇观;缓冲区内恐龙蛋化石也较为密集,面积在 1km² 左右,分布着 700 枚左右的恐龙蛋化石;边缘区面积在 3km² 以上,恐龙蛋化石分布较为稀少。究竟是什么原因造成青龙山恐龙蛋化石如此奇特而有序的分布呢? 科学家至今无法破解。其三,青龙山恐龙蛋化石保留在同一区域的 8 个地层层位中。这在全世界已发现的恐龙蛋化石分布中也是没有的,已发现恐龙蛋化石一般都分布在一个层位中。据考证和分析,恐龙蛋化石分布每个层位的形成最少需要 1 000 万年,由此可见,恐龙在郧县地域内至少生存了 8 000 万年至 1 亿年。其四,从恐龙蛋化石分析,在郧县发现的恐龙蛋化石种类较多,而在其他地方发现的恐龙蛋化石都是单一品种。

在梅铺恐龙化石所获的 200 多块化石中,首次发现恐龙牙齿化石 12 枚,胃石 1 块,兽脚类恐龙化石 20 多块。这些新发现,连同郧县青龙山恐龙蛋化石群的发现,为研究该地晚白垩世古地理、古气候、古环境及古生物的生存、衍化提供了丰富的实物证据。

隶属部门　国土

3.7　湖北星斗山国家级自然保护区
(2003-G/1988-S/1981-SH)

地理位置与范围　星斗山国家级自然保护区位于鄂西南恩施土家族苗族自治州利川市、恩施市和咸丰县三县(市)境内,总面积 68 339hm²,其中核心区面积 21 165hm²,缓冲区面积 14 932hm²,实验区面积 32 242hm²,分星斗山片(东部)和小河片(西部)。东部的星斗山片位于利川市、恩施市和咸丰县三县(市)交界处,地理坐标为东经 108°57′~109°27′,北纬 29°57′~30°10′,东以恩施市盛家坝乡的马鹿河为界,西至利川市元宝乡的红椿沟,南起咸丰县黄金洞乡的利咸路,北至利川市毛坝乡的黄泥坝;面积 42 571hm²,其中核心区 10 120hm²,缓冲区 6 611hm²,实验区 25 840hm²。西部的小河片位于利川市境内,地理坐标为东经 108°31′~108°48′,北纬 30°04′~30°14′,东起忠路镇的老屋基,西至汪营镇的高笋塘,南起忠路镇龙塘铺,北至汪营镇的交椅台;面积 25 768hm²,其中核心区 11 045hm²,缓冲区 8 321hm²,实验区 6 402hm²。

星斗山自然保护区范围在行政区划上涉及利川的毛坝乡、元堡乡、忠路镇、汪营镇、凉雾乡、谋道镇(此镇仅有模式标本采集地一号水杉保护点,无其他社区),恩施市的盛家坝乡、白果坝乡和咸丰县的黄金洞乡,共计 3 个县市 9 个乡镇 74 个行政村 2.18 万户 6 万余人,其中土家族和苗族占 53%。

自然环境 星斗山自然保护区属武陵山系北上余支和大巴山系巫山余脉齐岳山向东南的延伸部分,地处我国西南高山向东南低山丘陵过渡的第二和第三阶地的过渡地带。境内山峦起伏,孤峰兀立,沟壑纵横,海拔 672~1 751.2m。

气候属中亚热湿润季风气候,温和湿润,雨水均匀充沛。因山岭重叠,溪谷纵横,相对高差大,气候变化较大,山地气候明显。具有冬无严寒、夏无酷暑、云多雾大、日照较少,雨量充沛,风量较小等特征。据利川市城关(海拔 1171m)气象资料,日均气温≥10℃的年均积温 3 862.2℃;年平均气温 12.7℃,绝对最高气温 35.4℃,绝对最低气温-15.4℃;无霜期 235 天;年平均降水量 1 287mm,年平均相对湿度 82%。

地势中部高、四周低,河流分布呈典型的放射状水系,从中部顺着地质构成线和山势分向四面八方流出。自然保护区水系大致分为:由东流入长江的清江水系;分别由东南、西南流入乌江的毛坝河、郁江的乌江水系;向西流入长江的石柱河;向西北和东北流入长江的建南河、磨刀溪和梅子水的长江水系。

成土母岩多为沙页岩和泥质页岩,少量的石炭岩。海拔 800m 以下为山地黄壤,800~1 500m 为山地黄棕壤,1 500m 以上为山地棕壤,1 400m 以上局部有山地草甸土。全区土地土壤共分 7 个土类、47 个土属、236 个土种。7 个土类分别为黄壤、黄棕壤、棕壤、紫色土、潮土、石灰土、水稻土。

类型及主要保护对象 属自然生态系统类中的森林生态系统类型自然保护区,主要保护对象为中亚热带森林生态系统、水杉原生群落及其生境。

生物多样性 维管植物 200 科843 属 2 033 种,其中,蕨类植物 30 科 59 属 132 种,种子植物 170科 784 属 1901 种(裸子植物 8 科 22 属 28 种,被子植物 162 科 762 属 1873 种)。国家重点保护野生植物 32 种,其中,国家Ⅰ级保护植物有银杏、红豆杉、南方红豆杉、水杉、伯乐树、莼菜、珙桐、光叶珙桐 8 种;国家Ⅱ级保护植物有 23 种,即:金毛狗蕨、篦子三尖杉、大果青杆、金钱松、黄杉、榉树、台湾杉、野大豆、连香树、樟树、闽楠、楠木、花榈木、红豆树、鹅掌楸、厚朴、峨眉含笑、水青树、红椿、金荞麦、香果树、秃叶黄檗(黄皮树)、榉树。

自然植被共分为 8 个植被型,21 个群系。珍稀植物群落有台湾杉林、多脉青冈+珙桐林、莼菜群落。地带性植被为中亚热带常绿阔叶林,垂直分带比较明显。海拔 1 000m 以下为中亚热带常绿阔叶林,以钩锥、栲、乌冈栎、利川楠、四川含笑等为主。此带内有暖性常绿针叶林,如台湾杉、黄杉、马尾松、杉木林等。海拔 1 000~1 500m 为山地常绿落叶阔叶混交林,以多脉青冈、珙桐、曼青冈、水青冈、木荷、乌冈栎、枫香树等为代表。海拔 1 500m 以上为山地落叶阔叶林,以亮叶水青冈、包槲柯、山楠等为主,山顶有云锦杜鹃、石灰花楸矮林。

陆生脊椎动物共 4 纲 29 目 90 科 378 种,其中,两栖类 2 目 9 科 38 种,爬行类 2 目 11 科 42 种,鸟类 17 目 46 科 226 种,兽类 8 目 24 科 72 种。昆虫 22 目 177 科 1 368 种。国家重点保护野生动物 50 种,其中,国家 I 级保护动物有金雕,金钱豹、云豹、林麝 4 种;国家 II 级保护动物有 46 种,即:中华虎凤蝶,大鲵、虎纹蛙、鸳鸯、褐冠鹃隼、黑鸢、苍鹰、赤腹鹰、雀鹰、松雀鹰、大鵟、普通鵟、灰脸鵟鹰、红翅绿鸠、秃鹫、白尾鹞、鹊鹞、游隼、燕隼、灰背隼、红脚隼、红隼、红腹角雉、勺鸡、白冠长尾雉、红腹锦鸡、草鸮、毛腿渔鸮、领鸺鹠、斑头鸺鹠、鹰鸮、纵纹腹小鸮、褐林鸮、灰林鸮、长耳鸮、短耳鸮,猕猴、穿山甲、豺、黑熊、水獭、青鼬、大灵猫、小灵猫、中华鬣羚、中华斑羚。

管理机构 现在的星斗山国家级自然保护区由原星斗山省级自然保护区和小河水杉自然保护点合并而成。1973 年原恩施地区林业局根据省林业局鄂革林字(73)第 153 号文精神,以恩地革林字(73)第 052 号文批复建立"利川县水杉管理站";1982 年经省林业局同意,设立"小河水杉自然保护点",面积 60 000hm²,这是湖北省批建的第一个准自然保护区;1981 年 12 月 18 日,原恩施地区行政公署恩地行文[1981]60 号文批准成立"星斗山植物资源保护管理处",由恩施地区行署林业局领导,定编 11 人;1988 年 2 月 21 日,湖北省人民政府鄂政发[1988]23 号文批升为省级自然保护区,面积为 850hm²。2001 年 10 月 19 日,恩施土家族苗族自治州人民政府恩施州政函[2001]90 号文将小河水杉保护点与星斗山省级自然保护区合并,面积调整为 68 339hm²。2003 年 6 月 6 日,国务院办公厅国办发[2003]54 号文批准晋升为国家级自然保护区,面积为 68 339hm²。

2003 年 7 月 22 日,湖北省机构编制委员会鄂编发[2003]37 号文批准设立"湖北星斗山国家级自然保护区管理局",为隶属恩施土家族苗族自治州林业局的相当正县级事业机构。2003 年 9 月 4 日,恩施土家族苗族自治州机构编制委员会恩施州机编发[2003]70 号文明确自然保护区管理局内设机构,局机关内设办公室(挂计划财务科牌子)、资源保护科、科研监测科、社区宣教科、多种经营科,核定财政拨款事业编制 100 名。2005 年 10 月 21 日,湖北省机构编制委员会鄂编发[2005]44 号文核定自然保护区管理局全额拨款事业编制 100 名,其中,省里核定 60 名,恩施州核定 40 名,经费分级负担。2007 年 9 月 21 日,恩施土家族苗族自治州机构编制委员会恩施州机编发[2007]59 号文调整自然保护区管理局内设机构,局机关内设办公室(挂多种经营科牌子)、计划项目科、资源保护科、科研监测科、社区宣教科;设立湖北星斗山国家级自然保护区森林公安分局;设汪营、毛坝、白果、黄金洞 4 个管理站。自然保护区管理局现有正式职工 50 名(其中本科学历 12 人,专科学历 20 人),另有专职管护人员 81 名。

2010 年 7 月 30 日,湖北省第十一届人民代表大会常务委员会第十七次会议批准《恩施土家族苗族自治州星斗山国家级自然保护区管理条例》,自 2010 年 11 月 1 日起施行。

通讯地址:湖北省恩施土家族苗族自治州恩施市施州大道 258 号,湖北星斗山国家级自然保护区管理局;邮政编码:445500;电话:0718-8418218,传真:0718-8418228;单位网站:http://www.xdsglj.com;http://124.205.185.3:8080/publicfiles//business/htmlfiles/hbxdsbhq/index.html。

特点与意义 由于大巴山系巫山山脉的屏障作用,星斗山自然保护区在相当长的历史时期内保持了温湿的气候环境,适合于植物的生长繁衍,加之该区受第四纪冰川影响较小,成为第三纪古老孑遗植物的"避难所",从而保存了丰富的古老、珍稀、特有的植物物种,被国际植物学界推崇为"水杉植物区系"的核心地区,是湖北省珍稀濒危野生保护植物就地保存最重要的地区。

本区分布有水杉、珙桐等8种国家Ⅰ级保护野生植物,在湖北省是唯一的,在全国也不多见。除了湖南省龙山县和桑植县,重庆市万洲区磨刀溪零星分布有少量水杉原生母树外,本区成为世界仅存水杉原生群落分布地。本区还是我国台湾杉分布纬度最北、经度最东、海拔最低的地方,也是湖北省台湾杉的唯一分布区,对研究中国植物区系(台湾—大陆)及古植物、古地理、古气候有重要价值。

隶属部门　林业

3.8　湖北九宫山国家级自然保护区
(2007－G/1988－S/1981－X)

地理位置与范围　九宫山国家级自然保护区位于鄂东南咸宁市通山县南部,南与江西省武宁县接壤,西与崇阳县为邻,北与通山县的横石镇相连,东与通山县的太平山林场相接,地理坐标为东经114°23′35″～114°39′48″,北纬29°19′27″～29°27′08″。自然保护区总面积16 608.7hm²,其中核心区面积6 697hm²,缓冲区面积4 023hm²,实验区面积5 888.7hm²。

自然环境　九宫山自然保护区位于幕阜山系九宫山脉中段北坡,地势由南向北倾斜,山高坡陡,岭谷相间,南缘最高峰老岩(鸦)尖海拔1656.7m,北缘河谷海拔仅117m。自然保护区内山高谷深、坡陡谷狭、岭谷相间、平行排列,地貌类型独特。

属中亚热带湿润季风气候,季节性变化明显,冬冷夏凉无酷热,春夏多雨,云雾多,湿度大,晴雨多变,秋高气爽。年平均气温14.3℃,绝对最高气温37.5℃,绝对最低气温－15.3℃;年平均无霜期248天;年平均降水量1 800mm左右,年降雨日数155天,蒸发量1250mm,相对湿度80%～90%。

区内有厦铺河(西支)和横石河(东支)两条河流,均经富水注入长江。厦铺河为富水干流之上游,发源于三界尖北麓,河道全长71km,流域面积571km²;横石河为富水之一级支流,发源于太阳山北麓,河道全长48.4km,流域总面积451km²。

本区土壤包括红壤、黄棕壤、石灰岩土、草甸土和水稻土5个土类,8个亚类,18个土属。自然土壤随海拔而垂直分异,海拔800m以下为红壤,海拔400～800m为山地黄红壤,海拔800～1 000m为山地黄棕壤,海拔1 400m以上为山地草甸土。其中以山地黄棕壤的分布面积最大。

类型及主要保护对象　属自然生态系统类中的森林生态系统类型自然保护区,主要保护对象是中亚热带森林生态系统及自然和人文景观。

生物多样性　由于自然条件复杂,雨热同季,九宫山自然保护区森林植被繁茂,孕育了较多的第三纪古老孑遗植物和我国特产树种。已记录维管植物209科857属1 983种,其中,蕨类植物35科74属370种,裸子植物6科19属39种,被子植物168科764属1 770种。国家重点保护野生植物21种,其中国家Ⅰ级保护植物有南方红豆杉、伯乐树2种;国家Ⅱ级保护植物有19种,即:金毛狗蕨、金钱松、篦子三尖杉、巴山榧树、榧树、鹅掌楸、厚朴、水青树、连香树、樟树、天竺桂（普陀樟）、楠木、花榈木、野大豆、金荞麦、榉树、红椿、喜树、香果树。药用植物 500 多种，著名的有黄连、明党参、八角莲、天麻、七叶一枝花等。

地带性植被属中亚热带常绿阔叶林，植被垂直分异明显。海拔 800m 以下为常绿阔叶林、毛竹林和马尾松林，以毛竹、苦槠、甜槠、厚皮香林、鹿角杜鹃、包石栎林，青冈、细叶青冈林和马尾松林等为主；海拔 800~1 200 为山地常绿落叶阔叶混交林及黄山松林，以黄山松、棉柯、甜槠、枹栎等树种为优势种；海拔 1 200m 以上主要为山地落叶阔叶林和灌草丛，以茅栗、锥栗、黄山栎、胡枝子（Lespedeza spp.）、半边月等为优势种。该区植被可划分为 5 个植被型组，11 个植被型，37 个群系。

九宫山自然保护区已记录陆生脊椎动物 4 纲 25 目 72 科 172 属 260 种。其中，两栖类 1 目 6 科 8 属 27 种，爬行类 2 目 8 科 26 属 39 种，鸟类 15 目 38 科 105 属 146 种，兽类 7 目 20 科 33 属 48 种。森林昆虫 980 多种，隶属于 24 目 182 科 592 属，其中以害虫为食的天敌昆虫占一半以上。首次在自然保护区发现的湖北省新记录和仅在本区有分布的陆生脊椎动物有 27 种。国家重点保护野生动物 39 种，其中国家 I 级保护动物有金雕、白颈长尾雉，金钱豹、华南虎、云豹 5 种；国家 II 级保护动物有 34 种，即：虎纹蛙、白琵鹭、小天鹅、鸳鸯、凤头蜂鹰、黑鸢、栗鸢、苍鹰、赤腹鹰、雀鹰、松雀鹰、白腹隼雕、游隼、燕隼、红隼、白鹇、勺鸡、花田鸡、褐翅鸦鹃、草鸮、红角鸮、领角鸮、雕鸮、领鸺鹠、斑头鸺鹠、长耳鸮、蓝翅八色鸫，中国穿山甲、豺、水獭、青鼬、小灵猫、河麂、中华鬣羚。

管理机构　1981 年 12 月 17 日，通山县人民政府通政发[1981]101 号文批准建立"通山县老鸦尖自然保护区"（县级），面积 4 123hm²，下设 7 个保护点，定编 40 人；1982 年 1 月成立自然保护区管理机构"九宫山老鸦尖自然保护区管理处"；1987 年 6 月 12 日，通山县人民政府通政发[1987]41 号文将九宫山老鸦尖自然保护区更名为"通山县九宫山自然保护区"，并将面积扩大到 4 698.7hm²；1988 年 2 月 21 日，湖北人民政府鄂政发[1988]23 号文批准晋升为省级自然保护区，并将面积扩大到 7 507.1hm²，同年成立"九宫山省级自然保护区管理处"，行政上隶属通山县林业局领导。2001 年 11 月，自然保护区管理机构名称更名为"湖北九宫山省级自然保护区管理局"，行政上隶属通山县人民政府，业务归口咸宁市林业局。

根据武汉大学和湖北省野生动植物保护总站等单位专家的考察建议，2001 年 12 月 17 日和 2001 年 12 月 31 日，通山县人民政府和咸宁市人民政府分别以通政文[2001]2 号和咸政文[2001]58 号文向湖北省人民政府申请将自然保护区面积扩大到 31 125hm²。2002 年 3 月 2 日，根据湖北省人民政府办公厅的意见，湖北省林业局组织专家对自然保护区扩大面积进行了论证；根据专家论证，2002 年湖北省人民政府在申报建立国家级自然保护区时同意将自然保护区面积扩大到 20 105hm²。为避免与九宫山国家级风景名胜区的重叠，2004 年 3 月，湖北省人民政府同意将自然保护区面积进一步调整为 16 608.7hm²。2007 年 4 月 6 日，国务院办公厅国办发[2007]20 号文批准晋升为国家级自然保护区。

2009 年 3 月 20 日，湖北省机构编制委员会鄂编发[2009]5 号文批准设立"湖北九宫山国家级自然保护区管理局"，为相当于正县级事业单位，委托咸宁市人民政府管理，核定全额拨款事业编制 24 名。2010 年 9 月 2 日，咸宁市人民政府办公室咸政办发[2010]142 号下发《市人民政府办公室关于印发九宫山国家级自然保护区管理局主要职责、内设机构和人员编制规定的通知》，设立"九宫山国家级自然保护区管理局",为咸宁市人民政府管理的相当正县级事业单位,挂"九宫山风景名胜区管理局"牌子;核定自然保护区管理局人员总编制为 60 名;内设机构 5 个,即办公室、计划财务科、资源保护科、景区管理科、农村工作科(产业科),机关全额拨款事业编制 24 人;下设直属机构 6 个,即咸宁市森林公安局九宫山自然保护区分局、科学研究所以及石龙沟、金家田、小源口、西隔口 4 个管理站,均为正科级,分别确定 6 人,共计 36 人。

通讯地址:湖北省咸宁市通山县九宫山风景名胜区云湖路 8 号,湖北九宫山国家级自然保护区管理局;邮政编码:437626;电话:0715 - 2422001,传真:0715 - 2422016;单位网站:http://www.jiugongshan.com.cn。

特点与意义 九宫山自然保护区处于华中植物区系、西南植物区系和华东植物区系的交汇点,其种子植物区系在总水平上以华东区系成份为主,在科、属水平上受华中区系的影响强烈,同时具有较为丰富的西南成份,是中亚热带向北亚热带过渡的典型区域,保护和研究这一地区的植物区系具有重要的科研价值和生态价值;植被类型丰富多彩,我国古老特产植物分布较多,鹅掌楸、红椿、椤树在自然保护区还保存有原始残林。分布有湖北省最大的国家Ⅰ级保护动物白颈长尾雉、云豹和国家Ⅱ级保护动物白鹇种群,是湖北省最重要的珍稀森林动物保存地。九宫山自然保护区是鄂东南中亚热带自然生态系统中保存完整的典型地段,是湖北省保护物种的重要基因库,是生态学、动植物学、环境科学等学科重要的研究基地和有关大专院校重要的教学实习基地。此外,著名的名胜古迹及奇特的冰川侵蚀地貌是历史学、考古及地质科学研究及观光旅游的重要场所。

隶属部门 林业

3.9 湖北七姊妹山国家级自然保护区
(2008-G/2002-S/1990-X)

地理位置与范围 七姊妹山国家级自然保护区位于鄂西南恩施土家族苗族自治州宣恩县的东部,东与鹤峰县交界,南与湖南省桑植县的八大公山国家级自然保护区毗连,北与恩施市相邻,行政区域包括长潭河侗族乡、椿木营乡和沙道沟镇 3 个乡(镇)。地理坐标为东经 109°38′30″~109°47′00″,北纬 29°39′30″~30°05′15″。自然保护区总面积为 34 550hm²,其中,核心区面积 11 560hm²,缓冲区面积 11 700hm²,实验区面积 11 290hm²。

自然环境 七姊妹山自然保护区地处武陵山余脉,为云贵高原的东北延伸部分,属鄂西南山区。全境地势表现为北东高西南低,最高峰火烧堡为宣恩县最高峰,海拔 2 014.5m,最低海拔 650m。自然保护区由七姊妹山、秦家大山和八大公山 3 个大的山脊构成,为贡水支流和酉水源头。境内喀斯特地貌发育,地貌类型丰富多彩。

气候属中亚热带季风湿润型气候,气候呈明显的垂直差异。海拔 800m 以下的低山带,年平均日照时数 1 136.2h,年平均气温 15.8℃,无霜期 294 天,年平均降水量 1 491.3mm;海拔 800~1 200m 的二高山地带,年平均日照时数 1 212.4h,年平均气温 13.7℃,无霜期 263 天,年平均降水量

1 635.3mm;海拔 1 200m 以上的高山地带,年平均日照时数 15 199h,年平均气温 8.9℃,无霜期 203天,年平均降水量 1 876mm。

区内有大小河溪 30 条,总长度 144.4km,河长在 10km 以上的有 4 条。自然保护区以中部的鸡公界、龙崩山为分水岭,形成全县相对独立的南北两大水系:北部贡水水系流归清江后入长江;南部酉水水系流进湖南省沅江,汇入洞庭湖。

土壤主要有黄壤、黄棕壤、棕壤、水稻土、石灰土和紫色土等 6 个土类;土壤随海拔高度变化而不同,海拔 1 500m 以下为山地黄棕壤,海拔 1 500m 以上的区域属棕壤,其中,黄棕壤、棕壤和黄壤是自然保护区的主要土壤,分别占自然保护区总面积的 55.9%、26.8%和 12.2%。

类型及主要保护对象 属自然生态系统类中的森林生态系统类型自然保护区,主要保护对象为中亚热带森林生态系统和中亚热带亚高山泥炭藓沼泽湿地生态系统。该区以珙桐群落分布面积大、树龄长、自然演替良好而闻名于世;区内东北部分布有面积约 940hm² 的亚高山泥炭藓沼泽湿地,属目前湖北省保存最为完好且正在发育的低位泥炭藓沼泽湿地。

生物多样性 维管植物 183 科 752 属 2027 种,其中,蕨类植物 24 科 47 属 119 种,种子植物 159科 705 属 1 908 种(裸子植物 8 科 16 属 20 种,被子植物 151 科 689 属 1 888 种)。国家重点保护野生植物 23 种,其中国家Ⅰ级保护植物有红豆杉、南方红豆杉、伯乐树、珙桐、光叶珙桐 5 种;国家Ⅱ级保护植物有 18 种,即:黄杉、篦子三尖杉、巴山榧树、鹅掌楸、厚朴、水青树、连香树、樟树、楠木、红豆树、花榈木、野大豆、榉树、秃叶黄檗(黄皮树)、红椿、金荞麦、喜树、香果树。区域特有植物有宣恩盆距兰(*Gastrochilus xuanenensis*)等;湖北省新分布植物 1 种,即龙胆科杯药草属的杯药草(*Cotylanthera paucisquama*);药用植物丰富,著名的珍贵药用植物有天目贝母、天麻、白及、黄耆(*Astragalus* sp.)、黄连、延龄草、武当玉兰等。自然植被划分为 5 个植被型组,9 个植被型,30 个群系。植被的垂直分带现象明显,其垂直带谱可大体区分为三个植被带:海拔 1 200m 以下为常绿阔叶林带,海拔 1 200～1 700m 为常绿落叶阔叶混交林带,海拔 1 700～2 000m 为落叶阔叶林带。

野生脊椎动物 4 纲 30 目 86 科 379 种,其中鱼类 2 目 4 科 24 种,两栖类 2 目 8 科 26 种,爬行类 3目 10 科 37 种,鸟类 15 目 40 科 225 种,兽类 8 目 24 科 67 种。国家重点保护野生动物 57 种,其中国家Ⅰ级保护动物有金雕、华南虎(历史记录)、金钱豹、云豹、林麝 5 种;国家Ⅱ级保护动物有 52 种,即:三尾褐凤蝶,大鲵、虎纹蛙、小天鹅、鸳鸯、褐冠鹃隼、黑鸢、苍鹰、赤腹鹰、雀鹰、松雀鹰、大鵟、普通鵟、鹰雕、秃鹫、鹊鹞、游隼、燕隼、灰背隼、红脚隼、红隼、红腹角雉、勺鸡、白冠长尾雉、红腹锦鸡、红翅绿鸠、白尾鹞、白腹鹞、草鸮、领角鸮、雕鸮、鹰鸮、领鸺鹠、斑头鸺鹠、纵纹腹小鸮、褐林鸮、灰林鸮、长耳鸮、短耳鸮、短尾猴、猕猴、中国穿山甲、豺、黑熊、水獭、青鼬、大灵猫、小灵猫、金猫、牙獐(河麂)、中华斑羚、中华鬣羚。

管理机构 1990 年 2 月 18 日,宣恩县人民政府办公室宣政办发[1990]8 号文批建县级自然保护区,面积为 1 733hm²;2002 年 2 月 25 日,湖北省人民政府办公厅鄂政办函[2002]18 号文批准晋升为省级自然保护区,面积核定为 55 176.5hm²;2004 年 12 月 16 日,湖北省人民政府办公厅鄂政办函[2004]112 号文对其功能分区进行调整(面积未变);2005 年 11 月 21 日,湖北省人民政府鄂政函[2005]146 号文将其面积调减到 34 550hm²;2008 年 1 月 14 日,国务院办公厅国办发[2008]5 号文批准晋升为国家级自然保护区。

2010 年 3 月 25 日,湖北省机构编制委员会鄂编文[2010]7 号文批准设立"湖北七姊妹山国家级自然保护区管理局",为正处级事业单位,委托恩施州人民政府管理,核定全额拨款事业编制 49 名;2010 年 7 月 21 日和 2011 年 8 月 8 日恩施土家族苗族自治州机构编制委员会分别以恩施州机编发[2010]38 号文和恩施州机编发[2011]82 号文明确授权委托宣恩县人民政府管理,核定事业编制 74 人(省财政编制 49 名,州和县财政编制各 10 名,森林公安政法专用编制 5 人)。自然保护区管理局现内设办公室、计划财务科、保护管理科、科研宣教科、社区事务科 5 个正科级职能科室和恩施州森林公安局七姊妹山自然保护区分局;下设长潭、椿木、沙坪、龙潭、雪落寨 5 个管理站和 8 个管护点。

通讯地址:湖北省恩施土家族苗族自治州宣恩县珠山镇民族路 41 号,湖北七姊妹山国家级自然保护区管理局;邮政编码:445500;电话:0718－5835929;单位网站:http://www.qzms.com.cn;http://124.205.185.3:8080/publicfiles/business/htmlfiles/qzmsbhq/index.html。

特点与意义 七姊妹山自然保护区处于我国地势第二阶地向第三阶地的过渡区域,是我国中亚热带向北亚热带的过渡地区,自然环境独特,地貌类型多样,野生动植物资源十分丰富,被《中国生物多样性保护行动计划》列为中国生物多样性关键地区。

本区位于武陵山脉深处,地处北纬 30°附近,为南北东西动植物区系交汇地,物种丰富,成为湖北,乃至华中地区重要的物种基因库。同时,由于避免第四纪冰川的袭击,保存了金钱豹、黑熊、珙桐、水青树、连香树等多种子遗动植物,成为动植物"活化石"的重要储备地。该区珍稀植物分布的重要特点是,不但区系丰富,而且多成群落分布。如有珙桐林、水青树林、天师栗林等,其中有分布面积达 300hm² 的原始珙桐林。值得一提的是,自然保护区东北部海拔 1 650～1 950m 的范围内,分布着 940hm² 亚高山泥炭藓沼泽湿地。这片湿地为酉水的发源地,属正在发育的低位泥炭沼泽湿地,在亚热带的华中地区罕见,对维持酉水流域水源稳定、防止水土流失起着关键性的作用,实为酉水源头"水塔"。加强对这片亚高山泥炭藓沼泽湿地的保护和监测,对研究华中地区气候变化、地质年代演变都具有重要的意义。因此本区具有重要的科学研究价值,可作为生态学、动物学、植物学、环境科学、保护生物学等多种学科的研究基地。有专家建议在此建立"世界珙桐研究中心"。

隶属部门 林业

3.10 湖北龙感湖国家级自然保护区
(2009－G/2002－S/2000－SH/1988－X)

地理位置与范围 龙感湖国家级自然保护区位于鄂东黄冈市黄梅县南部,南与江西省九江市隔长江相望,东与安徽省宿松县一水相连,地理坐标为东经 115°56′～116°07′,北纬 29°49′～30°03′。自然保护区总面积 22 322hm²,其中,核心区面积 8 214.6hm²,缓冲区面积 7 299.2hm²,实验区面积 6 898.2hm²,它以境内的龙感湖、人工湿地万牟湖和张湖为主体,包括周边的大源湖、小源湖及人工湿地。

自然环境 龙感湖在春秋战国时与江南的鄱阳湖连通一片,三国以后彭蠡泽(现今鄱阳湖)南移与江北大湖分离,形成龙感湖。黄梅龙感湖东与安徽龙感湖相连,北与大源湖、小源湖和下新镇、下湾相通,西和西南被"八一"大堤分隔并与溪阁闸相连的是围湖垦殖大片张湖、万牟湖和大沙湖以及龙感湖农场,南与八一港直通长江。在其周边有太白湖、柴湖、上沙湖和洋湖。黄梅龙感湖的断面形态呈浅盘状,湖岸缓斜不陡,湖底较平坦,湖滨浅滩稍有发育。黄梅龙感湖最大长度22km,最大宽度8km,最小宽度7km,湖岸线长69km,湖岸发育系数K值为2.14。海拔高度在8～17.5m之间。

属亚热带湿润季风气候区。季风气候明显,冬冷夏热,四季分明,光照充足,无霜期长。年平均气温16.8℃,绝对最高气温39.5℃,绝对最低气温-9℃,最热月7月平均气温29.1℃,最冷月1月平均气温3.9℃;年平均无霜期267天;年平均降水量1 302mm,降水日138.2天。

黄梅龙感湖为通江敞水湖,与安徽省宿松县龙感湖相连。20世纪50年代初期黄梅龙感湖总水域面积为24 693hm²。1978年建"八一"大堤围湖垦殖面积为13 900hm²,1981年湖水面积减为9 536hm²,湖泊容积为4.1×10⁸m³。

土壤分为潮土类和水稻土两大类,灰潮沙土属、灰潮泥沙土、烂泥田、青泥田、潮土田、灰淤泥田6个土属。

类型及主要保护对象　属自然生态系统类的内陆湿地和水域生态系统类型自然保护区,主要保护对象是永久性淡水湖泊湿地生态系统、淡水资源以及珍稀水禽。

生物多样性　龙感湖自然保护区气候条件适宜,具有独特的水生及环湖植被类型和众多野生动植物资源,尤其是湿地水禽资源丰富。浮游植物有8门39科81属171种,其中蓝藻门4科12属24种;隐藻门1科2属5种;甲藻门3科3属5种;金藻门2科2属4种;黄藻门3科3属3种;硅藻门9科17属43种;裸藻门3科7属11种;绿藻门14科35属76种。维管植物有3门63科135属183种,其中蕨类植物5科5属6种,裸子植物2科4属6种,被子植物56科122属171种。

湿地维管植物丰富,有118种,占维管植物总种数的69.0%。湿地植物按生活型划分,湿生和挺水植物86种,沉水植物19种,浮叶植物5种,漂浮植物8种;优势种有莲、芡实、菰、黑藻、菹草、苦草、小茨藻、水鳖、细果野菱、穗状狐尾藻、眼子菜、竹叶眼子菜、微齿眼子菜、欧菱和金鱼藻等。龙感湖水生植物带状分布十分明显,其特点是挺水植物、浮水植物、沉水植物和浮叶植物均各自形成独立的植物带,分别是湿生植物带、挺水植物带、浮叶植物带和沉水植物带。自然保护区水生植被型划分为沉水、浮叶、挺水、湿生4个植被亚型13个群落,即苦草+菹草群落,苦草+黑藻+金鱼藻群落,黑藻群落,小茨藻群落,荇菜群落,芡实+槐叶萍群落,菱群落,芡实群落,芡实+莲+菱群落,菰群落,莲群落,莲+菰+喜旱莲子草群落,粗梗水蕨+菰+凤眼蓝+水鳖群落。国家Ⅱ级保护植物有粗梗水蕨、莲、细果野菱3种,其中粗梗水蕨分布面积约为250hm²,野生莲的分布面积达333.3hm²,这是江汉湖群所罕见的。

浮游动物94种,其中,肉足类13种,纤毛虫类22种,轮虫类31种,枝角类18种,桡足类10种。底栖动物3门5纲27科80种,其中,腹足纲和瓣鳃纲种类最多,密度最大,优势种也最为明显,它们是中华圆田螺、铜锈环棱螺、中华沼螺、纹沼螺、耳萝卜螺、湖北钉螺、赤豆螺(圆沼螺)、鱼盘螺、梨形环棱螺、方格短沟蜷、背角无齿蚌、矛形楔蚌和河蚬等。野生脊椎动物5纲33目80科309种,其中鱼类8目16科46属65种,两栖类1目4科11种,爬行类3目8科28种,鸟类15目41科176种,兽类6目11科29种。国家重点保护野生动物32种。其中,国家Ⅰ级保护动物有东方白鹳、黑鹳、白头鹤、白鹤和大鸨 5 种;国家Ⅱ级保护动物 27 种,即:胭脂鱼,虎纹蛙,白额雁、大天鹅、小天鹅、黄嘴白鹭、白琵鹭、鸳鸯、灰鹤、黑鸢、普通鵟、苍鹰、雀鹰、白尾鹞、鹊鹞、白头鹞、赤腹鹰、游隼、灰背隼、红脚隼、红隼、草鸮、红角鸮、斑头鸺鹠、长耳鸮、短耳鸮,河麂。其中,白头鹤种群数量多达 425 只,是迄今为止我国发现的白头鹤越冬最大种群。

管理机构　1988 年 3 月黄梅县人民政府梅政发[1988]17 号文批准建立面积为 800hm² 的"龙感湖白头鹤县级自然保护区",由环保部门管理;1999 年 3 月 6 日,黄梅县人民政府梅政函[1999]2 号文设立(更名)为龙感湖县级自然保护区,划归林业部门管理;2000 年 2 月 1 日,黄冈市人民政府办公室黄政办函[2000]4 号文批准为市级自然保护区;2002 年 2 月 25 日,湖北省人民政府办公厅鄂政办函[2002]18 号文批准为省级自然保护区,面积核定为 35 950hm²;2005 年 7 月 19 日,湖北省人民政府鄂政函[2005]85 号文同意龙感湖省级自然保护区面积从 35 950hm² 调整为 22 322hm²,其中核心区、缓冲区和实验区面积分别调整为 8 214.6hm²、7 299.2hm² 和 6 808.2hm²。2009 年 9 月 18 日,国务院办公厅国办发[2009]54 号文批准晋升为国家级自然保护区,核定面积为 22 322hm²。

2001 年 2 月 5 日,黄梅县机构编制委员会梅编[2001]08 号文批准成立自然保护区管理机构"龙感湖自然保护区管理局",为正科级事业单位,内设办公室、公安股、经营股、财务股,定编 20 人;2004 年 12 月 27 日,黄冈市机构编制委员会办公室黄机编办函[2004]009 号文设立"湖北龙感湖自然保护区管理局",为隶属于黄冈市林业局的副处级事业单位,核定财政全额供给事业编制 53 名。2010 年 7 月 20 日,湖北省机构编制委员会鄂编文[2010]21 号文批准设立"湖北龙感湖国家级自然保护区管理局",为相当正县级事业单位,核定事业编制 32 名,委托黄冈市人民政府管理,业务工作归口湖北省林业厅和黄冈市林业局指导;2011 年 1 月 7 日,黄冈市机构编制黄机编[2011]7 号文委托黄梅县人民政府代管自然保护区,业务工作接受黄冈市林业局指导;2011 年 9 月 21 日,黄梅县机构编制委员会梅编[2011]16 号文批准湖北龙感湖国家级自然保护区管理局主要职责、内设机构和人员编制,即管理局内设办公室(挂政工科牌子)、计财科、保护管理科、社区科教科等 4 个职能科室;下设严家闸管理站、下新管理站(挂检查站牌子)、张湖管理站等 3 个正科级事业机构。

通讯地址:湖北省黄冈市黄梅县黄梅镇南二环路,湖北龙感湖国家级自然保护区管理局;邮政编码:435500;电话(传真):0713－3320326,3200101;单位网站:http://hblghbhq.arkoo.com;http://211.103.250.141/publicfiles/business/htmlfiles/lghbhq/index.html。

特点与意义　龙感湖(不包括安徽省部分)是湖北省第五大淡水湖泊,也是长江中下游地区重要的湿地之一。湿地生态系统典型,水质优良,生境多样,植被类型齐全,特别是白头鹤、黑鹳等湿地水禽资源丰富,国家Ⅰ级保护的珍禽达 5 种。白头鹤最大观测越冬种群数量达 425 只(1988 年),占白头鹤全球种群数量的 3.37%,是迄今为止我国发现的白头鹤越冬最大种群;黑鹳越冬种群达到 54 只(1999 年 2 月)和 32 只(2004 年 2 月),也是中国目前发现的最大黑鹳越冬种群之一。这里人口稀少,人为活动干扰小,自然生态系统表现出明显的自然性、典型性,同时是我国众多候鸟的栖息地、繁殖地、越冬地和中转站,具有极高的生态价值、科研价值和经济价值。

隶属部门　林业

3.11 湖北赛武当国家级自然保护区

(2011-G/2002-S/1987-SH)

地理位置与范围 赛武当国家级自然保护区位于鄂西北十堰市茅箭区南部。东与丹江口市相邻,距丹江口水库约100km;南与房县相连;东南距著名道教圣地武当山20余km;北距十堰市区约16km;地理坐标为东经110°35′40″~110°54′23″,北纬32°23′26″~32°32′19″。自然保护区由原国有赛武当林场的小川村、营子村、锅厂村、坪子村、大沟村、岩屋村,原国有五条岭林场的黄家村、阳坡村和茅塔乡的东沟村,共9个村组成。自然保护区总面积21 203hm²,南北宽15km,东西长28km,其中,核心区面积8 052hm²,缓冲区面积3 160hm²,实验区面积9 991hm²。

自然环境 赛武当自然保护区大地构造处于秦岭褶皱系南岭印支褶皱带的武当山隆起中部,属秦岭和大巴山东延余脉的武当山系。区内崇山峻岭,山峰林立,峡谷幽深,地形险峭,整个地势南高北低。岭脊均呈峰丛型,四壁临空,直刺云霄,气势磅礴壮观。主要地貌为中山,岭峰海拔一般在1 000m以上,最高峰菩陀山海拔1 722.8m,最低处大坪河口海拔260m。

属北亚热带大陆性湿润季风气候区,具有典型的南北过渡气候特征,且气候垂直分异明显,兼有变幻莫测的局地小气候。太阳年辐射总量410~448kJ/cm²,年平均日照时数1 650~1 984h,日照百分率37%~45%;赛武当山麓(十堰市,海拔205m)1977—2006年年平均气温15.5℃,绝对最高气温43.2℃(1966年7月20日),绝对最低气温-14.0℃(1977年1月30日),最热月7月平均气温27.1℃,最冷月1月平均气温3.0℃;日均气温≥10℃的年积温4 490~5 140℃;无霜期225~256天;年平均降水量968mm。

水系属长江流域汉江水系。汉江入丹江口水库库前南岸的最后2条主要支流——泗河和神定河均发源于赛武当主峰一带。在自然保护区境内,自西向东主要包括百二河、马家河、茅塔河、田湖堰河等4条河流。这些河流大致呈北西至北北东走向,自南向北流经自然保护区。其中百二河注入神定河,后3条河流汇入泗河,均流入汉江(丹江口水库)。自然保护区水质优良,马家河、茅塔河中、上游水质均为Ⅱ类,区内部分支沟水质达到了Ⅰ类;田湖堰河、百二河水质属Ⅱ类。靠近自然保护区北部的马家河水库和茅塔河水库均为十堰市茅箭区的生活水源。由于上游植被保护良好,没有工业污染,农业人口也比较稀少,因此目前水库水质优良。

自然保护区有黄棕壤、水稻土和潮土3个土类,6个亚类,10个土属。山地土壤主要是黄棕壤土类,分为黄棕壤和黄棕壤性土2个亚类。黄棕壤亚类是黄棕壤土类中发育较典型的一种类型,土层厚30~60cm,主要分布于北部低山区和南部的沟谷地段。黄棕壤性土是中山地带的主要土壤,土壤剖面发育不完整,土层浅薄(≤30cm),含有大量半风化的砾石、碎屑(>30%)。主要成土母岩为砂页岩,间有石灰岩分布。pH值5.0~6.5之间。土壤结构较好。

类型及主要保护对象 属自然生态系统类中的森林生态系统类型自然保护区,主要保护对象是北亚热带森林生态系统及自然景观。

生物多样性　由于赛武当自然保护区温和湿润的气候,加之近代少受战争影响,少有发生滥伐、滥采和滥捕,未发生森林火灾,因而形成并保存着险峻幽寂、清新秀丽、森林密茂、珍稀动植物种类共生、浑为一体的天然景色,自然生态系统较为原始、完整。森林覆盖率95%。综合科学考察表明,维管植物185科837属1752种。其中,蕨类植物24科41属66种;种子植物161科796属1686种(裸子植物9科22属58种,被子植物152科774属1628种)。国家重点保护野生植物15种,其中,国家Ⅰ级保护植物有银杏、红豆杉2种;国家Ⅱ级保护植物有13种,即:巴山榧树、红豆树、野大豆、鹅掌楸、厚朴、莲、喜树、金荞麦、香果树、秃叶黄檗(黄皮树)、呆白菜、水青树、榉树。100年以上的古大珍稀树木近100株。自然植被分为6个植被型组,11个植被型,6个植被亚型,48个群系。植被垂直分布可划分为3个不同的植被带:海拔800m以下为常绿落叶阔叶混交林带,海拔800～1500m为落叶阔叶林带,海拔1500～1722m为温性针叶林带。

野生脊椎动物共5纲30目81科216属320种,其中,鱼类4目7科16属18种,两栖类2目8科10属21种,爬行类3目9科26属35种,鸟类14目35科115属190种,兽类7目22科49属56种。另有昆虫12目109科626种。国家重点保护野生动物53种,其中国家Ⅰ级保护动物有金雕、白肩雕、金钱豹、林麝4种;国家Ⅱ级保护动物有49种,即:拉步甲、三尾褐凤蝶、中华虎凤蝶、大鲵、黑冠鹃隼、黑鸢、栗鸢、凤头蜂鹰、苍鹰、赤腹鹰、雀鹰、松雀鹰、大鵟、普通鵟、毛脚鵟、灰脸鵟鹰、鹰雕、秃鹫、白尾鹞、鹊鹞、白腹鹞、游隼、燕隼、灰背隼、红脚隼、红隼、红腹角雉、勺鸡、白冠长尾雉、红腹锦鸡、草鸮、纵纹腹小鸮、红角鸮、领角鸮、雕鸮、褐渔鸮、鹰鸮、斑头鸺鹠、灰林鸮、长耳鸮、短耳鸮、猕猴、豺、黑熊、青鼬、水獭、大灵猫、小灵猫、金猫、中华鬣羚、中华斑羚。

管理机构　1987年1月6日,十堰市人民政府十政[1987]3号文批准建立"十堰市赛武当自然风景自然保护区"(市级),面积550hm²,并成立风景自然保护区管理站,配2名专职管理人员,行政管理由小川乡人民政府领导,业务上由十堰市农林局负责;2002年2月25日,湖北省人民政府办公厅鄂政办函[2002]18号文批准晋升为省级自然保护区,面积核定为38778hm²;2008年3月24日,湖北省人民政府鄂政函[2008]66号文批准将自然保护区总面积调减到21203hm²;2011年4月16日,国务院办公厅国办发[2011]16号文批准晋升为国家级自然保护区。2011年6月13日,环境保护部环函[2011]158号文对其面积、范围及功能区划进行了公布和确认。

2001年十堰市茅箭区人民政府成立"赛武当自然保护区管理局",属财政拨款的副处级行政事业单位,定编35人;2003年3月28日,十堰市机构编制委员会十编发[2003]18号文成立"湖北省赛武当省级自然保护区管理局",为副县级事业单位,行政上隶属茅箭区人民政府领导,业务上接受市、区林业局指导,内设机构5个,核定事业编制55人;2003年5月23日,十堰市茅箭区人民政府办公室茅政办发[2003]25号文对其职能、内设机构和人员编制进行了审核批准,局内设办公室、资源保护科、规划发展科、社会事务科、公安消防科5个科室,下设科研所、小川保护站、营子保护站、五条岭保护站等4个直属事业单位和大川保护站、大坪保护站、茅塔保护站、马家河保护站等4个非直管事业单位。目前赛武当国家级自然保护区管理机构尚在等待批复中。

通讯地址:湖北省十堰市茅箭区赛武当路59号,湖北赛武当国家级自然保护区管理局;邮政编码:442014;电话:0719-8010500,8010537;单位网站:http://www.symjsswd.cn;http://124.205.185.3:8080/publicfiles/business/htmlfiles/hbswdbhq/index.html。

特点与意义　赛武当为武当山脉主峰,位于秦岭山脉和大巴山脉之间,是神农架以北的鄂西北地区主要山脉,自然环境具有相对的独立性,赛武当自然保护区是该区域自然保护的重要补充。赛武当自然保护区群峰矗立、峡谷幽深、古木参天、森林茂密,蕴藏着丰富的珍稀濒危野生动植物资源,保存着完好的原生森林植被,是鄂西北地区不可多得的天然物种基因库。自然保护区地理位置特殊,是南水北调中线工程水源区——丹江口水库的一级支流,是十堰市城区生活水源茅塔河、马家河的发源地,对保护国家重要水源的质量以及茅塔河水库、马家河水库(中型)和供应城区工农业生产及生活用水极为重要;其地域风景有华山之险、张家界之奇、黄山之秀、神农架之幽,融奇、险、秀、幽为一体,是湖北省"小而全"的山岳风景珍品,具有很大的生态旅游价值。因此,赛武当自然保护区是研究、考察、教学实习、保存林木种质资源、旅游景观等理想的基地和场所,同时具有重大的水资源生态安全功能。

隶属部门　林业

3.12　湖北木林子国家级自然保护区

(2012-G/1988-S/1983-X)

地理位置与范围　木林子国家级自然保护区位于鄂西南恩施土家族苗族自治州鹤峰县境内,地理坐标为东经 109°59′30″~110°17′58″,北纬 29°55′59″~30°10′47″。自然保护区总面积 20 838hm²,其中核心区面积 7 634hm²,缓冲区面积 5 621hm²,实验区面积 7 583hm²。

自然环境　木林子自然保护区属云贵高原武陵山脉石门支脉尾部地带,位于我国西部高山到东南低山丘陵的过渡地带。地势由西北和东南向中间逐渐倾斜,地形大致是南北高、中间低。自然保护区内海拔幅度为 610.0~2 098.1m,海拔 1 500m 以上的山峰多达 20 余座,其中主峰牛池海拔 2 098.1m,属恩施州长江以南的第一高峰,云蒙山主峰 2 054.2m,木林子主峰 1 998.5m。区内山峰林立、坡陡谷深,形成许多峭壁悬崖,高山有垴、坪,河谷有陡坡,间有石柱。在这些主峰附近区域高程多在海拔 1 500m 以上,在百鸟坪——罗龙大包一线海拔高程在 1 300m 以下。剑峰矗峙,翠谷清溪,银滩碧流,石灰岩构成众多溶洞,洞中多潜流潴渊四伏,或外泻成洞泉或悬岭为飞瀑。

属中亚热带大陆性季风湿润气候。区内地表高差悬殊,切割深、立体气候显著。太阳年辐射总量 364~377kJ/cm²,日照时数 1 253~1 342h;日均气温≥10℃的年积温 4 925.4℃;年平均气温 15.5℃,绝对最高气温 40.7℃,绝对最低气温-22.1℃,最冷月 1 月平均气温 4.6℃,最热月 7 月平均气温 26℃,年较差为 21.4℃;无霜期 270~279 天;年平均降水量 1 733.7mm,年平均蒸发量 1 016mm,降水量为蒸发量的 1.71 倍;年平均相对湿度 82%。

木林子自然保护区所在区域大部分属长江流域澧水水系,东北部分属长江流域清江水系,区内主要河流有溇水河、咸盈河等。

土壤可分为 8 个土类,21 个亚类,61 个土属,主要土壤为黄棕壤和棕壤,随着海拔升高依次出现黄红壤带、黄壤带、黄棕壤带、棕壤带。

类型及主要保护对象　属自然生态系统类中的森林生态系统类型自然保护区,主要保护对象为中亚热带森林生态系统。包括典型的中亚热带常绿落叶阔叶混交林生态系统、原始天然的以伯乐树、珙桐、水青树等为主的珍稀植物群落,以及多种原始、古老、珍稀动植物及其栖息环境。

生物多样性　经综合科学考察,木林子自然保护区已记录维管植物 206 科 943 属 2 797 种,其中蕨类植物 35 科 76 属 283 种,种子植物 171 科 867 属 2 514 种(裸子植物 7 科 19 属 28 种,被子植物 164 科 848 属 2 486 种)。国家重点保护野生植物 29 种,其中国家Ⅰ级保护植物有银杏、红豆杉、南方红豆杉、伯乐树、珙桐、光叶珙桐 6 种,国家Ⅱ级保护植物有 22 种,即:金毛狗蕨、黄杉、巴山榧树、篦子三尖杉、鹅掌楸、厚朴、峨嵋含笑、香果树、喜树、水青树、连香树、楠木、闽楠、樟树、榉树、秃叶黄檗(黄皮树)、花榈木、红豆树、野大豆、金荞麦、红椿、呆白菜。

自然植被划为 3 个植被型组,7 个植被型,34 个群系。随着海拔的升高,植被类型具有明显的分带性。海拔 1 300m 以下的地带性植被——中亚热带常绿阔叶林已遭到不同程度的破坏,仅在局部地段残存有小块原生林;在中亚热带山地海拔 1 300～2 098.1m 左右的范围内所出现的原生性森林中,落叶阔叶树种明显增多,常绿阔叶树种也与低海拔处的种类明显不同。自然植被的垂直带谱中以亚热带山地常绿落叶阔叶混交林占重要地位。其垂直分布带谱为:①常绿阔叶林带(海拔 1 300m以下);②常绿落叶阔叶混交林带(海拔 1 300～2 000m);③山顶杜鹃林带(海拔 2 000～2 098.1m)。此外,沿厂湾、黑湾至主峰脊还分布有较大面积的细叶青冈矮林,这一类型可作为细叶青冈常绿阔叶林在山顶高海拔生境中出现植株矮化现象而产生的生态变型,是种的生态适应性和生境共同作用的结果。细叶青冈矮林是木林子自然保护区的特色植被类型,在湖北省其他自然保护区罕见。

陆生野生脊椎动物有 4 纲 26 目 75 科 190 属 302 种,其中两栖类 2 目 7 科 10 属 24 种,爬行类 2 目 10 科 29 属 45 种,鸟类 14 目 35 科 98 属 155 种,哺乳类 8 目 23 科 53 属 78 种。国家重点户野生动物有 55 种,其中国家Ⅰ级保护动物有金雕,金钱豹、云豹、华南虎(历史记录)、林麝 5 种,国家Ⅱ级保护植物有 50 种,即:大鲵、虎纹蛙、褐冠鹃隼、黑冠鹃隼、凤头蜂鹰、黑翅鸢、白头鹞、白尾鹞、鹊鹞、白腹鹞、凤头鹰、赤腹鹰、松雀鹰、雀鹰、苍鹰、灰脸鵟鹰、普通鵟、毛脚鵟、鹰雕、红隼、灰背隼、燕隼、红腹角雉、勺鸡、白冠长尾雉、红腹锦鸡、红翅绿鸠、小鸦鹃、领角鸮、红角鸮、雕鸮、毛腿渔鸮、褐渔鸮、灰林鸮、领鸺鹠、斑头鸺鹠、鹰鸮、纵纹腹小鸮、长耳鸮、短耳鸮、猕猴、中国穿山甲、豺、黑熊、大灵猫、小灵猫、青鼬、金猫、中华鬣羚、中华斑羚。

管理机构　1983 年 4 月 2 日,恩施地区行政公署恩地行文[1983]8 号文批准建立县级自然保护区,面积 467hm²;1988 年 2 月 21 日,湖北省人民政府鄂政发[1988]23 号文批准晋升为省级自然保护区,面积核定为 2 133hm²;2008 年 3 月 24 日,湖北省人民政府鄂政函[2008]65 号文同意将自然保护区面积调整扩大到 20 838hm²;2012 年 1 月 21 日,国务院办公厅国办发[2012]7 号文批准晋升为国家级自然保护区。2012 年 8 月 21 日,环境保护部环函[2012]206 号文对其面积、范围及功能区划进行了发布和确认。

1983 年 4 月 2 日,恩施地区行政公署恩地行文[1983]8 号文批准成立"木林子自然保护管理所",属县林业局二级单位,同年,鹤峰县人民政府鹤政文[1983]15 号文核定事业编制 5 人;2002 年 7 月 9 日,鹤峰县机构编制委员会鹤机编发[2002]45 号文将自然保护区管理机构更名为"湖北木林子省级自然保护区管理局",核定事业编制 20 名;2008 年 2 月 20 日,恩施土家族苗族自治州机构编制委员会恩施州机编发[2008]01号文确定为鹤峰县林业局管理的正科级事业单位。目前木林子国家级自然保护区管理机构尚在等待批复中。

通讯地址:湖北省恩施土家族苗族自治州鹤峰县容美镇满山大道642号,湖北木林子国家级自然保护区管理局;邮政编码:445800;电话(传真):0718－5282423;单位网站:http://124.205.185.3:8080/publicfiles/business/htmlfiles/mlzbhq/index.html。

特点与意义　木林子自然保护区地处中国地势第二阶地向第三级阶地的过渡地带,属中亚热带,受冰川的影响较小,加上成陆时间早,使其成为古近纪和新近纪古热带植物的"避难所"和生物区系富集区。从地理区域上看,木林子自然保护区显然处于中国种子植物三大特有现象中心的"川东——鄂西特有现象中心"的核心地带,其种子植物特有属以古老子遗为特征。包括木林子自然保护区在内的武陵山区由于其特殊的地理位置、重要的生态功能和丰富的生物多样性资源而被《中国生物多样性保护行动计划》和《中国生物多样性国情研究报告》列为中国优先自然保护区域和具有全球意义的生物多样性关键地区。该区保存了较多的珍稀濒危野生动植物物种,生物多样性十分丰富,是湖北省西南部典型的植被代表类型,是中国优先自然保护区域和具有全球意义的生物多样性关键地区,具有重要的生态价值,是研究生物多样性、保存种质资源及教学实习的理想基地。

隶属部门　林业

3.13　湖北咸丰忠建河大鲵国家级自然保护区

(2012－G/1994－S/1987－X)

地理位置与范围　咸丰忠建河大鲵国家级自然保护区位于鄂西南恩施土家族苗族自治州咸丰县忠建河流域,范围以忠建河干流源头至草坪(咸丰县与宣恩县交界处)39km河段和沿河两岸所有支流58.74km河段的历史最高水位线向外扩展50m为界;地理坐标为东经108°37′08″～109°20′08″,北纬29°19′28″～30°02′52″;总面积1 043.3hm²,其中核心区面积359.5hm²,缓冲区面积531.8hm²,实验区面积152hm²。自然保护区范围区涉及高乐山镇、忠堡镇的4个行政村,共751户,2 645人。

自然概况　忠建河大鲵自然保护区地处鄂西南山区,属云贵高原延伸部的武陵山余脉,境内山峦叠嶂,沟壑纵横,溪流密布。流域地质地貌特征为石灰岩区峰丛槽谷发育,碎屑岩区山坡较缓,构造剥蚀现象明显。受新华夏构造的控制,区内地层自寒武至二叠系均有出露。流域内出露地层有第四系、二叠、泥盆、志留、奥陶及寒武系,岩性以碳酸盐岩和碎屑岩为主,低地带为第四系松散堆积层。

属中亚热带湿润季风气候,气候温和,冬无严寒,夏无酷暑,雨量充沛,雾日多,无霜期长。太阳年辐射总量为410～427kJ/cm²,历年平均可照时数4 008.3h,实照时数1 212.4h,日照率27.11%;年平均气温14.1℃,绝对最高气温37.6℃(1959年8月23日),绝对最低气温－13.0℃(1977年1月30日);无霜期260天左右;年平均降水量1 555.1mm,蒸发量1 124.8mm;多年平均风速1.5～2.0m/s;相对湿度81%～85%。

忠建河位于咸丰县东部,属于长江水系清江支流,发源于咸丰县境内赵家山,流经宣恩县注入清江；咸丰县内流域面积 238km²，县境内长 39km，多年平均流量 7.24m³/s；河床坡降为 6.66‰，高程范围是 875～617m。河流沿线分布有高乐山镇、忠堡镇 2 个镇、20 个村民小组。忠建河河床多处于山间峡谷地带，两岸植被条件好，河谷为"U"型或"V"形。除主河忠建河水面平均宽 30m 外，溪沟水面宽大多在 10m 左右，平均长 5～7km。河床多由溶蚀性的石灰岩、卵石等组成，多平坦，两岸的溶洞、岩洞、暗河出口等比比皆是，其中，溶洞 4 处、暗河 17 条、深潭 67 口，水质清新、无污染。忠建河在咸丰县境内有 12 条主要支流，分别是麻谷沟、田坝沟、野猫溪、老沟溪、展马河钟溪口、大堰沟、杨柳沟、龙潭溪、沙坝沟、架涧沟和郭家湾，总长 58.74km。

忠建河每年 4～11 月水温变化范围是 9～23℃，水体 pH 值 8.0 左右，这些自然生态条件十分适宜于大鲵的生长繁殖。自然保护区主要河段均在海拔 500m 以上，河流两岸森林及灌木覆盖率大，常年的枯枝败叶和有机碎屑随降雨还流入水，加上水中的大量水生昆虫、蟹以及短体副鳅、宽鳍鱲等 10 余种野杂鱼类，为大鲵提供了良好的饵料。

自然保护区内忠建河干流建有一座小 I 型水库——龙坪水库，位于高乐山镇龙坪村，建成于 1990 年。水库承雨面积 271km²，正常水位 619m，总库容 165 万 m³，调节库容 131 万 m³ 米，死库容 0.1 万 m³，电站装机 2×200kW，设计灌溉面积 150hm²。根据最近的水质监测资料，按照《地表水环境质量标准》(GB 3838－2002)进行评价，忠建河干流 39km 地表水达到 II 类标准，12 条主要支流地表水符合 I 类标准，完全满足大鲵的水质要求。

由于受地质地貌和复杂多变的地形条件以及气候垂直变化的影响，忠建河流域土壤分布多呈地带性，自低山河谷黄壤分布开始，逐步向上分布着黄棕壤、棕壤。自然保护区主要分布有黄壤、黄棕壤、水稻土、石灰土和紫色土等 5 个土类。

类型及主要保护对象　属野生生物类中的野生动物类型自然保护区，主要保护对象为大鲵及其生境。

生物多样性　浮游植物 8 门 60 属，其中硅藻门 20 属、绿藻门 22 属、蓝藻门 8 属、裸藻门 3 属、黄藻门 2 属、甲藻门 1 属、隐藻门 2 属、金藻门 2 属；维管植物 183 科 752 属 2 027 种，其中，蕨类 24 科 47 属 119 种，种子植物 159 科 705 属 1 908 种（裸子植物 8 科 16 属 20 种，被子植物 151 科 689 属 1 888 种）。

自然保护区所在区域河流纵横，山高林茂，人烟稀少，栖息着多种野生动物，其中常见的浮游动物有 3 门 4 纲，鱼类 5 目 9 科 40 种，两栖类 2 目 8 科 26 种，爬行类 3 目 10 科 37 种，常见鸟类 20 余种，兽类 8 目 24 科 67 种，昆虫 22 目 177 科 1 317 种。

管理机构　1985 年咸丰县水电局对忠建河县境内大鲵资源进行了详细调查，完成了《咸丰县大鲵资源调查报告》。1987 年 3 月咸丰县人民政府制定了保护大鲵资源的规范性文件，即《咸丰县人民政府关于加强渔政管理保护水产资源的通告》(咸政办发［1987］45 号)，并于 1990 年 1 月在忠建河划定了大鲵自然保护区范围。1994 年 8 月 24 日，湖北省人民政府办公厅鄂政办函［1994］82 号文批准晋升为省级自然保护区，具体范围是从白水乡新田沟村至草坪河段；2009 年 5 月 7 日，咸丰县人民政府咸政函［2009］36 号文决定将咸丰县忠建河(高乐山镇白水坝至草坪)及其沿河两岸所有支流最高水位线 50m 范围纳入自然保护区管理；2012 年 1 月 21 日，国务院办公厅国办发［2012］7 号文批准晋升为国家级自然保护区，面积 1 043.3hm²。2012 年 8 月 21 日，环境保护部环函［2012］206 号文对其面积、范围及功能区划进行了发布和确认。

2005 年 7 月 28 日,咸丰县机构编制委员会咸县机编发[2005]28 号文批复成立"湖北省咸丰县忠建河大鲵自然保护区管理处",属咸丰县水利水产局管理的全额拨款事业单位,核定事业编制 12 人;2013 年 4 月 7 日,咸丰县机构编制委员会咸县机编发[2013]7 号文批复同意自然保护区管理处更名为"湖北咸丰忠建河大鲵自然保护区管理局",明确为隶属咸丰县水利水产局管理的正科级财政全额拨款事业单位。目前咸丰忠建河大鲵国家级自然保护区管理机构尚在等待批复中。

通讯地址:湖北省恩施土家族苗族自治州咸丰县高乐山镇沿河路 35 号,湖北咸丰忠建河大鲵自然保护区管理局;邮政编码:445600;电话:0718—6821631,传真:0718—6831795。

特点与意义   自然保护区主要保护对象大鲵是中国特产的国家Ⅱ级保护野生动物,属于由水生脊椎动物向陆生脊椎动物演化过渡的类群。其独特的分类地位及奇特的形态、构造功能对研究动物的进化具有重要的科研价值。大鲵对水环境的依赖非常强,迁移能力较差,自然繁殖力弱,虽在我国分布广泛,但受环境污染、水利工程阻隔、人为捕捉以及非法毒鱼、炸鱼等影响,大鲵种群数量急剧下降,有些地方已经灭绝。目前已被 IUCN 列为极危(CR)等级,被 CITES 公约列为附录Ⅰ物种而禁止国际贸易。忠建河大鲵自然保护区特有的地质地貌和得天独厚的自然生态条件适宜大鲵的生长繁育,是鄂西南主要的分布区,也是我国大鲵重要的集中分布区,具有重大保护价值。

隶属部门   农业(水产)

3.14 湖北堵河源国家级自然保护区
(2013—G/2003—S/2002—SH/1987—X)

地理位置与范围   堵河源国家级自然保护区位于鄂西北十堰市竹山县南部,即在瓦桑河至百里河口的巨大断裂以南,南接神农架林区、重庆市巫溪县,东交房县,西界竹溪县,北连本县官渡镇新街村;地理坐标为东经 109°54′24″～110°10′32″,北纬 31°30′28″～31°57′54″;行政范围包括柳林乡的墨池村、民主村、洪坪村、屏峰村、公祖村、花坪村、白河村、天台村、柳河村,官渡镇的桃园村、百里河村、新街村,以及四方扒药材场,共 2 个乡镇 13 个村场。自然保护区总面积 47 173hm²,其中,核心区面积 17 808.6hm²,缓冲区面积 11 603.1hm²,实验区 17 761.3hm²。

自然环境   堵河源自然保护区属秦巴山汉水流域,系大巴山北缘,山脉走向为西北—东北,属扬子地槽区,以元古代地层为主,新生代地层等也有出露,属褶皱石灰岩山地,山体由中基性火山岩、板岩、炭岩、页岩等组成。地貌类型复杂多样,以亚高山地貌为主体。最高峰枪刀山海拔 2 635m,最低处百里河口海拔 400m,相对高差 2 235m,平均海拔为 1 518m;地面平均坡度 36.8°,平均切割深度达 1 215m。

区内山峦重叠、谷峡沟深,河道比降大,落差大,具有丰富的水资源,有大小河流 18 条,总长度超过 200km,其中河长在 10km 以上的有 8 条,即官渡河、洪坪河、百里河、马场河、沟元子河、顺水坪河、墨池河、公祖河,全部属汉江流域堵河水系。堵河是汉江的一大支流,流域面积 12 430km²,其接纳陕西省镇平县、湖北省竹溪县和竹山县的全部及房县、神农架林区的一部分河流。堵河在竹山县境内全长142.5km,其中官渡河是堵河的最大支流,流域面积2 961km²,河长126.9km,发源于神农架林区的台子乡,流经神农架林区的板仓、房县的九道梁和竹山县境内的柳林、官渡,在上庸的两河口汇入堵河。

属北亚热带大陆性湿润季风气候区,区内海拔相对高差大,山地立体气候非常明显。太阳年总辐射量409kJ/cm²,年平均日照时数1 200~1 700h;日均气温≥0℃和≥10℃的年积温分别为4 628℃和3 750℃;年平均气温12.9℃,无霜期225~256天;年平均降水量956~1 086.7mm。

土壤可分为5大土类(水稻土、潮土、石灰岩性土、黄棕壤土、棕壤土)、7个亚类(水稻土、潮土、石灰岩性土、黄棕壤土、黄棕壤性土、山地棕壤土、山地棕壤性土)、8个土属。其中,山地黄棕壤、黄棕壤、黄棕壤性土和山地黄棕壤性土是自然保护区的主要土壤,分别占自然保护区总面积的31%、22%、28%和15%。黄棕壤和黄棕壤性土主要分布在海拔800m以下的低山,山地黄棕壤和山地黄棕壤性土主要分布在海拔大于1 200m的亚高山、高山。

类型及主要保护对象　属自然生态系统类中的森林生态系统类型自然保护区,主要保护对象为北亚热带森林生态系统。

生物多样性　维管植物212科949属2440种,其中,蕨类植物36科67属133种,种子植物176科882属2 307种(裸子植物7科21属33种,被子植物169科861属2 274种)。国家重点保护野生植物24种,其中国家Ⅰ级保护植物有珙桐、光叶珙桐、红豆杉、南方红豆杉、银杏5种,国家Ⅱ护保护植物有黄杉、秦岭冷杉、大果青杆、巴山榧树、鹅掌楸、连香树、楠木、野大豆、红豆树、厚朴、水青树、香果树、榉树、金荞麦、秃叶黄檗(黄皮树)、樟树、喜树、红椿、呆白菜19种。自然植被分为4个植被型组,9个植被型(寒温性针叶林、温性针叶林、暖性针叶林,常绿阔叶林、常绿落叶阔叶混交林、落叶阔叶林,竹林、灌丛、草丛),50个群系。森林类型多样,落叶阔叶林是自然保护区森林的主体。地带性植被为北亚热带常绿落叶阔叶混交林,植被垂直带谱明显:海拔1 700m以下为常绿落叶阔叶混交林,海拔1 700~2 400m为温性针叶、落叶阔叶混交林,海拔2 400m以上为寒温性针叶林。

野生脊椎动物5纲30目98科343种,其中,鱼类3目8科26属32种,两栖类2目8科24种,爬行类2目11科36种,鸟类16目49科175种,兽类7目22科76种。国家重点保护野生动物40种,其中,国家Ⅰ级保护动物有金雕、白肩雕,金钱豹、林麝4种;国家Ⅱ级保护动物有36种,即:大鲵、虎纹蛙、黑鸢、赤腹鹰、雀鹰、松雀鹰、普通鵟、灰脸鵟鹰、白尾鹞、白头鹞、秃鹫、鹊鹞、蛇雕、灰背隼、红脚隼、红隼、红腹角雉、勺鸡、白冠长尾雉、红腹锦鸡、楔尾绿鸠、草鸮、红角鸮、雕鸮、褐渔鸮、斑头鸺鹠、纵纹腹小鸮、灰林鸮、长耳鸮、短耳鸮,藏酋猴、猕猴、豺、黑熊、青鼬、水獭、大灵猫、小灵猫、中华鬣羚、中华斑羚、金猫。昆虫23目192科1 456种。

管理机构　1987年12月10日,竹山县人民政府办公室竹政办发[1987]36号文批准建立"竹山县香獐自然保护区",面积92 815hm²,同时成立"竹山县香獐自然保护区管理站",主管单位为竹山县城乡建设环境保护局;1999年12月25日,竹山县人民政府竹政函[1999]40号文批准将其更名为"竹山县堵河源自然保护区",重新划定面积为71 208hm²;2002年6月3日,十堰市人民政府办公室十政办函[2002]17号文确定为市级自然保护区;2003年8月4日,湖北省人民政府办公厅鄂政办函[2003]84号文批准晋升为省级自然保护区,面积核定为48 452hm²;2009年2月1日,湖北省人民政府鄂政函[2009]18号文批准其面积和功能区调整,面积调减到47 173hm²;2013年6月4日,国务院办公厅国办发[2013]48号文批准晋升为国家级自然保护区。2013年7月17日,环境保护部环函[2013]161号文对其面积、范围及功能区划进行了发布和确认。

2000年2月8日,竹山县机构编制委员会竹机编[2002]3号文批复撤销"竹山县香獐自然保护区管理站",成立"竹山县堵河源自然保护区管理局",隶属竹山县林业局管理,核定人员编制30人,并明确自然保护区管理局依法管理自然保护区的核心区。2004年5月27日,十堰市机构编制委员会十编发[2004]10号文批准成立"湖北堵河源省级自然保护区管理局",为副县级全额拨款的事业单位,行政上隶属于竹山县人民政府领导,业务上接受十堰市和竹山县林业局指导,核定内设机构5个,事业编制30人;2004年12月7日,竹山县机构编制委员会竹机编[2004]4号文进一步明确了局职能配置、内设机构和人员编制方案。目前堵河源国家级自然保护区管理机构尚在等待批复中。

通讯地址:湖北省十堰市竹山县城关镇广场路19号千福广场7号楼,湖北堵河源国家级自然保护区管理局;邮政编码:442200;电话(传真):0719－4226605;单位网站http://www.dhynre.com;http://124.205.185.3:8080/publicfiles/business/htmlfiles/dhybhq/index.html。

特点与意义 堵河源自然保护区地处北亚热带向暖温带的过渡地带,保存有较为典型的北亚热带森林生态系统,海拔高差较大,生境多样,生物多样性丰富,珍稀濒危野生动植物较多,在鄂西北地区具有典型性和代表性;从自然保护区网络布局看,它连接神农架和竹溪十八里长峡两个自然保护区,具有理想的区域布局和集中连片的保护效果;同时还处在秦巴山区地质断裂带,是国家南水北调中线工程的主要水源地,地理位置和生态安全地位十分重要。

隶属部门 林业

4 省级自然保护区

截至 2013 年 6 月底统计,湖北省共有省级自然保护区 25 个,即:湖北万江河大鲵省级自然保护区、长江湖北宜昌中华鲟省级自然保护区、湖北洪湖湿地省级自然保护区、湖北梁子湖湿地省级自然保护区、湖北十八里长峡省级自然保护区、湖北沉湖湿地省级自然保护区、湖北三峡大老岭省级自然保护区、湖北网湖湿地省级自然保护区、湖北野人谷省级自然保护区、湖北五道峡省级自然保护区、湖北丹江口库区湿地省级自然保护区、湖北大别山省级自然保护区、湖北崩尖子省级自然保护区、湖北神农架大九湖湿地省级自然保护区、湖北神农溪省级自然保护区、湖北南河省级自然保护区、湖北二仙岩湿地省级自然保护区、湖北三峡万朝山省级自然保护区、湖北漳河源省级自然保护区、湖北五龙河省级自然保护区、湖北药姑山省级自然保护区、湖北五朵峰省级自然保护区、湖北上涉湖湿地省级自然保护区、湖北八卦山省级自然保护区、湖北大崎山省级自然保护区。湖北省 25 个省级自然保护区的总面积为 42 7671.0hm²,数量占湖北省自然保护区总数量的 39.06%,面积占湖北省自然保护区总面积的 43.78%。省级自然保护区无论在数量上还是在面积上均是湖北省自然保护区的主体。

4.1 湖北万江河大鲵省级自然保护区

(1994-S/1990-X)

地理位置与范围 万江河大鲵省级自然保护区位于鄂西北十堰市竹溪县万江河流域,西与陕西省镇坪县为邻,南与重庆市巫溪县接壤,其范围是从万江河源至太平电站,全长 25km,涉及杨家扒农场、泉溪镇、八卦山国有林场,行政属于泉溪镇的太平关村、马家坝村、八卦山国有林场;地理坐标为东经 109°28′~110°02′,北纬 29°29′~30°08′。自然保护区总面积 264hm²,其中核心区面积 40hm²,缓冲区面积 80hm²,实验区面积 144hm²。本自然保护区与八卦山省级自然保护区在万江河流域的范围相邻,万江河河道及岸边平均宽度 100m 的范围属本自然保护区,其他陆域范围属八卦山省级自然保护区。

自然概况 万江河大鲵自然保护区地处秦岭地槽区南缘,大巴山东段的北坡,为山地地形,地势由西南向东北倾斜,垂直落差较大。区内河流纵横,山大、林密、谷深,主要河段海拔均在 500m 以上,森林覆盖率达 92%,降雨丰富,是堵河暴雨中心之一。区内河流生境多样,有倾倒巨石堆积而成的种种大小不一的间隙、洞穴等,水中常年有腐蚀碎叶、大量水生昆虫及野杂鱼类,天然饵料丰富,是大鲵最适宜的摄食、生长和繁殖场所。

属北亚热带季风气候区,山地气候特征比较明显,四季分明,气温高差悬殊,光照充足,雨量充沛。以距自然保护区最近的鄂坪乡(海拔500m)气象资料推算,太阳年辐射总量385～423kJ/cm²,年平均日照时数1 500～1 800h,全年日照率40%;年平均气温11.0℃,绝对最高气温38℃,绝对最低气温-13℃,最热月7月平均气温17～27℃,最冷月1月平均气温-10～2℃;无霜期211天;年平均降水量1 231mm,随海拔高差差异较大,其中上游杨家扒多年平均雨量达1 520mm。东、西风频率较高,风速2.3～2.6m/s,最大风速为21.6m/s,最大风力可达8级。

自然保护区群山环抱,溪流众多,主要河流为万江河。万江河发源于鄂、陕两省交界的大营盘(刘家坪、冷水河河源),主峰海拔2 375.5m,属汉江流域堵河右岸三级支流。万江河沿西南向东北从自然保护区的中心地带穿过,至横断山与红岩沟河汇合,称双河口,经汉江最大支流堵河注入丹江口水库。万江河流域面积295km²,相对高差1 227m,年径流量2.24×10⁸m³,干流长47.2km,干流平均比降为18.7%。

类型及主要保护对象 属野生生物类中的野生动物类型自然保护区,主要保护对象是大鲵及其生境。

生物多样性 尚未进行综合科学考察。

管理机构 1990年6月10日,竹溪县人民政府办公室溪政办函[1990]66号文批建县级自然保护区,其范围是泉溪镇刘家坪至太平电站,属竹溪县水利电力局管理;1994年8月24日,湖北省人民政府办公厅鄂政办函[1994]82号文批准晋升为省级自然保护区,其范围是从万江河源至太平电站,按河道及岸边平均宽度100m计算,区划自然保护区面积为264hm²。

1994年10月8日,竹溪县人民政府办公室溪政办函[1994]28号文成立“竹溪县万江河大鲵自然保护区工作领导小组”;2004年6月28日,竹溪县机构编制委员会溪机编字[2004]28号文成立“竹溪县万江河大鲵自然保护区管理处”,为竹溪县水务局管理的全额拨款事业单位,核定事业编制12名;2011年12月8日,竹溪县人民政府办公室溪政办函[2011]36号文调整竹溪县万江河大鲵自然保护区工作领导小组。2013年8月5日,竹溪县机构编制委员会溪机编字[2013]5号文成立“竹溪县万江河大鲵自然保护区管理局”,为竹溪县水务局管理的正科级全额拨款事业单位。目前,万江河大鲵省级自然保护区尚未设置独立的省级管理机构的专职管理人员,管理职责由竹溪县万江河大鲵自然保护区管理局行使。

通讯地址:湖北省十堰市竹溪县鄂陕大道1559号,竹溪县水务局/竹溪县万江河大鲵自然保护区管理局;邮政编码:442300;电话:0719-2728317,传真:0719-2733512。

特点与意义 大鲵在动物界独特的分类地位及奇特的形态、构造功能对研究动物进化和科学技术启示有重要的价值。就生态学意义讲,保护好了濒危野生动物大鲵,实际上就是保护好了山区生物多样性。万江河大鲵自然保护区水量充沛、分配均匀,河流水质清新,底质多样,终年水温保持在0～18℃左右,是大鲵理想的栖息地。该区是鄂西北大鲵资源的集中分布区,也是湖北省大鲵的主要栖息地之一。长期以来,由于大鲵对生态环境要求特异,分布区域狭窄,加上人为的破坏,导致大鲵资源量锐减,已趋于灭绝。建立自然保护区以后,一是有利于对大鲵比较集中的地区加以保护,为大鲵提供了一个合适的生存环境,二是对大鲵等珍稀动物起到了很好的宣传作用。本自然保护区的建立,具有自然保护、人工养殖等综合效益,可以采取保护措施,对大鲵进行人工养殖和自然增殖相结合,有效地控制大鲵种群数量进一步下降的趋势,并逐步使其成为研究大鲵的重要科研基地。2013

年八卦山省级自然保护区的建立,有利于本自然保护区陆域和水源头区域的保护,将强化其保护和建设。

隶属部门　农业(水产)

4.2　长江湖北宜昌中华鲟省级自然保护区

(1996－S)

地理位置与范围　长江湖北宜昌中华鲟省级自然保护区位于鄂西南宜昌市点军区境内的葛洲坝下至枝江市白洋镇的长江江段,地理坐标为 111°16′～111°36′,北纬 30°16′～30°44′之间,全长约50km,其中葛洲坝下至伍家岗 20km 江段为核心区,伍家岗至古老背(猇亭)10km 江段为缓冲区,古老背至枝江市白洋 20km 江段为实验区;按行政区域划分,北岸涉及宜昌市西陵区、伍家岗区、猇亭区、枝江市,南岸涉及宜昌市点军区、宜都市。以平均江面 1 000m 宽度计算,自然保护区总面积约5 000hm²,其中核心区面积 2 000hm²,缓冲区面积 1 000hm²,实验区面积 2 000hm²。

自然概况　宜昌中华鲟自然保护区属于典型的河流生态系统。长江在此出三峡,地势由高山走向丘陵,河道自上而下走向开阔,比降逐渐减小。葛洲坝至古老背 30km 的江段内有较为丰富的砾石河床,特别是坝下至胭脂坝江段和虎牙滩江段,江底岩石浅滩或溃坝与深潭相间分布,浅处不及3m,深处可达 35～40m。过虎牙滩,河床比降降低,流速减缓,并在宜都市清江口、白洋、洋溪等支流汇入处形成多个洄水湾。区内支流众多,沿岸有大面积淤积砂滩和良好的浅滩,河道大部分均属砂砾河床,沿岸还有一些突出的矶头。有名的虎牙滩两岸陡壁,江面狭窄,水流湍急,是长江中游"四大家鱼"大型产卵场之一,虎牙滩滩口南岸形成了一大面积砂砾石浅滩缓冲区,这种环境多数是中华鲟上溯繁衍栖息的理想生境。

属亚热带季风气候区,中亚热带和北亚热带的交汇地带。太阳年幅射总量 421kJ/cm²,年平均日照时数 1 590～1 925.8h,;年平均气温 13～18℃,绝对最高气温 41.4℃,绝对最低气温－6.2℃,最热月 7 月平均气温 27～29℃,最冷月 1 月平均气温 1～4℃;年平均降水量 996.9～1 414mm,蒸发量800mm 左右;无霜期 200～307 天。

宜昌江段多年年平均水温 18.1℃,鱼类主要生长期 250～260 天;江段年平均径流量4.098×10¹¹m³,多年平均流量 13 800m³/s,年输沙量 9.78×10⁷t,年平均含沙量 0.24kg/m³;年平均水位变幅4.11m,年平均水位 43.88m(吴淞高程)。江段水质优良,总体上达到国家地表水Ⅲ类标准。

类型及主要保护对象　属野生生物类中的野生动物类型自然保护区,主要保护对象是中华鲟繁殖群体及其栖息地和产卵场。

生物多样性　自然保护区江段有浮游植物 8 门 59 种,主要为硅藻和绿藻;水生维管植物种类和数量均较少。浮游动物 43 种;底栖动物 40 种,主要为水生昆虫和软体动物;鱼类资源丰富,多达 123 种,分属 10 目 23 科 77 属。整个宜昌江段(坝下)全长 131.25km,而"四大家鱼"产卵场分布就占112km,产卵量占全长江的 29.05%。国家重点保护野生动物 6 种,其中国家Ⅰ级保护动物有中华鲟、达氏鲟、白鲟3种,国家Ⅱ级保护动物有胭脂鱼、大鲵、长江江豚3种。主要鱼类有青鱼、草鱼、鲢、鳙、鲤、鲫、鳊、鮰,还有名特优长吻鮠、赤眼鳟、长薄鳅、黄颡、大口鲇等。

管理机构　在农业部和湖北省人民政府的重视下,从1982年开始在长江建立了宜昌、枝城、石首、荆沙江段4个中华鲟保护站。从1993年开始,湖北省水产局委托中国水产科学研究院长江水产研究所起草了《建立长江湖北宜昌中华鲟自然保护区可行性论证报告》,1994年8月23日本报告通过专家论证;湖北省水产局先后于1994年和1995年分别以鄂渔管[1994]32号和鄂渔管[1995]24号文向湖北省人民政府申请建立长江湖北宜昌中华鲟自然保护区。1996年4月5日,湖北省人民政府鄂政函[1996]35号文批准建立"长江湖北宜昌中华鲟自然保护区",明确自然保护区范围是:葛洲坝下至芦家河浅滩,位于东经111°16′~111°36′,北纬30°16′~30°44′之间,全长约80km,水域总面积约80km²;湖北省水产局进一步明确:葛洲坝下至古老背(猇亭)30km里江段为核心区,古老背以下50km江段为缓冲区,暂未设立实验区。2008年10月28日,湖北省人民政府鄂政函[2008]263号文对自然保护区范围及功能区进行了调整,调整后的自然保护区面积缩小到5 000hm²,即范围从长江干流长度80km调减到50km,葛洲坝下20km江段为核心区,宜昌长江公路大桥上游10km江段为缓冲区,宜昌长江公路大桥下游20km江段为实验区,调减的30km江段(即枝江市白洋至松滋市芦家河浅滩段)作为自然保护区的外围保护地带。

1998年2月5日,湖北省水产局鄂渔管[1998]64号文提出设立"长江湖北宜昌省级中华鲟自然保护区管理处",行政上属宜昌市水产局领导,业务上属宜昌市水产局和省水产局双重领导,定编10人。2002年12月31日,中共宜昌市委机构编制委员会宜市编办[2002]52号文《关于同意市渔政船检港监管理处加挂"长江湖北宜昌中华鲟自然保护区管理处"牌子的批复》规定:"其单位性质,隶属关系,经费渠道等均维持不变"。目前宜昌市渔政船检港监管理处为全额拨款事业单位(参公),正科级,人员编制为控编单位,控制数25人,现有人员21人,其中科技人员3人,与中华鲟自然保护区管理处实行一套班子、两块牌子,合署办公。

通讯地址:湖北省宜昌市东山大道259号,长江湖北宜昌中华鲟自然保护区管理处;邮政编码:443003;电话:0717-6914022,传真:0717-6914048。

特点与意义　中华鲟隶属鲟形目,鲟科,鲟属,长江大型经济鱼类,国家Ⅰ级保护动物。鲟鱼属在世界上共有27种,中国有6种(即主产长江的中华鲟、达氏鲟,黑龙江流域的史氏鲟,新疆额尔齐斯河的西伯利亚鲟、小体鲟和新疆伊利河的裸腹鲟)。中华鲟是江海洄游性鱼类,幼鱼降河栖息于北起朝鲜西海岸,南至我国东南沿海的大陆架地带(海南岛以东到黄渤海等海口和珠江、钱塘江、长江、黄河等淡水干流),9~18年后,性成熟群体由浅海溯河到长江上游和金沙江下游繁殖,另在珠江也发现有少数中华鲟产卵。长江葛洲坝水利枢纽修建前,中华鲟的产卵场主要在长江上游干流和金沙江下段。1980年10月竣工的葛洲坝水利枢纽工程,一方面阻断了其上溯产卵的通道,使中华鲟无法溯游到原产卵场,另一方面由于汛后蓄水,下泄流量减小,而此时正值中华鲟的产卵季节,对在葛洲坝下形成新的产卵场也带来一定影响。研究部门监测表明,在1982年葛洲坝截流以前,每年洄游到长江上游产卵的中华鲟超过3500尾,如今不足500尾,锐减了70%。此外,葛洲坝截流前,从四川雷波帽水域到重庆木洞水域800km长的江段,有16处中华鲟天然产卵场,如今这16处产卵场全部消失,只在葛洲坝下游30km的江段发现1处新的天然产卵场。

本区是中华鲟繁殖群体主要栖息地和目前已知唯一的、稳定的产卵场,同时也是其他珍稀鱼类如白鲟、胭脂鱼和"四大家鱼"主要的栖息地或产卵场。因此,本自然保护区对维持长江流域水生生物多样性和生态系统的完整性、保存珍稀物种遗传资源和主要经济鱼类种质资源均具有重要的意义。同时本自然保护区容易受到人类活动的干扰,因此,加强对该区现有中华鲟产卵场及其栖息水域的保护显得尤为紧迫。

隶属部门　农业(水产)

4.3　湖北洪湖湿地省级自然保护区
(2000－S/1996－X)

地理位置与范围　洪湖湿地省级自然保护区位于江汉平原荆州市所辖的洪湖市和监利县境内的长江中游北岸,系江汉平原四湖流域的下游,地理坐标为东经113°12′28″～113°28′49″,北纬29°41′40″～29°58′01″,自然保护区以洪湖围堤为界,地跨洪湖市和监利县,现规划总面积41 412.069hm²,其中核心区面积12 851hm²,缓冲区面积4 336hm²,实验区面积24 225.069hm²。

自然环境　洪湖属我国东部新华夏系第二沉降带的江汉沉降区,是由燕山运动开始形成的内陆断陷盆地;是长江和汉水支流东荆河之间的大型浅水洼地壅塞湖,具有典型的泛洪平原的地貌组合特征。湖底平均海拔22.5m,一般地面海拔24～28m。洪湖汇水面积广阔,总流域面积达3 314km²,多年平均入湖水量19.6×10⁸m³,地面径流主要通过四湖总干渠汇入湖泊,然后经若干涵闸通过长江对湖内水量进行排蓄和调节。平均水深1.5m,最大水深4.2m;中水位(25.0m)时湖泊面积34 440hm²,库容6.5929×10⁸m³;高水位(26.5m)时湖泊面积354 600hm²,库容11.7589×10⁸m³;低水位(23.5m)时湖泊面积29 810hm²,库容1.5678×10⁸m³。

属北亚热带湿润季风气候。太阳年辐射总量440～461kJ/cm²;年平均气温15.9～16.6℃,日均气温≥10℃的年积温5 100～5 300℃;最热月7月份平均气温28.9℃,最冷月1月平均气温3.8℃,无霜期250天;年平均降水量1 000～1 300mm,年平均蒸发量1 354mm。土壤类型主要有水稻土和潮土,在湖洲滩地上有少面积的草甸土分布。

类型及主要保护对象　属自然生态系统类的内陆湿地和水域生态系统类型自然保护区,主要保护对象是永久性淡水湖泊湿地生态系统、淡水资源及珍稀水禽。

生物多样性　1992年调查,浮游植物7门77属280种(其中绿藻门32属137种,硅藻门20属97种,蓝藻门13属26种,裸藻门4属11种,金藻门5属8种,甲藻门2属4种,隐藻门1属2种);湿地维管植物116科303属494种(含20变种1变型),其中,水生植物44科94属165种。在水生植物中,蕨类植物5科5属5种,裸子植物2科5属6种,被子植物37科84属154种(双子叶植物25科44属69种,单子叶植物12科40属85种)。国家Ⅱ级保护野生植物有粗梗水蕨、莲、细果野菱、野大豆4种。主要水生植被有微齿眼子菜群落、穗状狐尾藻＋微齿眼子菜＋金鱼藻群落、光叶眼子菜群落、微齿眼子菜＋穗状狐尾藻群落,菰群落、莲群落、菰＋莲群落,水杉群落等。

浮游动物 345 种,其中原生动物 8 纲 29 目 63 科 99 属 198 种,轮虫类 1 纲 5 目 14 科 45 属 103 种,枝角类 1 目 6 科 18 属 29 种,桡足类 2 目 4 科 12 属 15 种。底栖无脊椎动物 98 种(软体动物门 2 纲 21 种;环节动物门寡毛纲水栖寡毛类 2 科 13 种,蛭纲 9 种;节肢动物门昆虫纲水生昆虫 8 目 46 种,甲壳纲 6 种;线形动物门 1 种;其他 2 种),以软体动物的种类和生物量占优势,其次是水生昆虫,再次是寡毛类。

野生脊椎动物 5 纲 31 目 73 科 226 种,其中,鱼类 7 目 18 科 57 种;两栖类 1 目 2 科 6 种;爬行类 2 目 7 科 12 种;鸟类 16 目 40 科 138 种(其中水禽 70 种);兽类 5 目 6 科 13 种。国家重点保护野生动物 22 种,其中国家Ⅰ级保护动物 6 种,全部是鸟类,即东方白鹳、黑鹳、中华秋沙鸭、白尾海雕、白肩雕和大鸨;国家Ⅱ级保护动物 16 种,即:鱼类 1 种(胭脂鱼),两栖类 1 种(虎纹蛙),鸟类 13 种(白琵鹭、白额雁、鸳鸯、大天鹅、小天鹅、黑鸢、松雀鹰、大鵟、普通鵟、红脚隼、斑头鸺鹠、短耳鸮、草鸮),兽类 1 种(河麂)。

管理机构　1996 年 6 月 10 日,洪湖市人民政府洪政发[1996]47 号文设立"洪湖湿地县级自然保护区",面积 88 000hm²;2000 年 10 月 23 日,洪湖市人民政府洪政函[2000]93 号文批复《洪湖湿地自然保护区总体规划》,面积核定为 46 580hm²,其中核心区面积 5 960hm²,缓冲区面积 3 565.8hm²,实验区面积 37 054.2hm²。2000 年 12 月 1 日,湖北省人民政府办公厅鄂政办函[2000]107 号文批准晋升为省级自然保护区,其范围是:东、西、北以洪湖围堤为界,西与监利县接壤;核定自然保护区总面积为 37 088hm²,其中核心区面积 5 960hm²,缓冲区面积 3 566hm²,实验区面积 27 562hm²;自然保护区管理局为事业单位,行政上隶属洪湖市人民政府管理,事业经费纳入市财政预算,业务上由省林业行政主管部门管理。2005 年 7 月 19 日,湖北省人民政府鄂政函[2005]85 号文同意自然保护区总面积调整为 41 412.069hm²,其中核心区、缓冲区和实验区面积分别调整为 12 851hm²、4 336hm² 和 24 225.069hm²,自然保护区边界四至洪湖围堤。2005 年 6 月 24 日,荆州市国土资源局为荆州市洪湖湿地自然保护区管理局核发了面积为 41 412.069hm² 的《国有土地使用证》。

2000 年 5 月 12 日,洪湖市机构编制委员会洪机编[2000]35 号文成立"洪湖市湿地自然保护区管理局",为正科级事业单位,业务归林业部门管理,市政府直接领导,局内设办公室、财务审计科、资源管理科,下设 2 个保护站、湿地动植物研究所,核定事业编制总计 28 人。2001 年 4 月 11 日,洪湖市人民政府印发《湖北洪湖湿地自然保护区管理办法》(洪政发[2001]25 号),授权自然保护区管理机构对自然保护区辖区内生产经营活动、生物资源和生态环境直接行使管理权。

2004 年 11 月 29 日,省委、省政府在洪湖召开加强洪湖生态建设现场办公会议,于 2005 年 1 月 7 日形成《省委、省政府关于加强洪湖生态建设现场办公会议纪要》(鄂办文[2005]1 号)并印发执行。《纪要》确定撤销洪湖湿地自然保护区管理局和洪湖渔业管理局,组建荆州市洪湖湿地自然保护区管理局,全面负责洪湖的生态保护与科学利用工作。2005 年 4 月 20 日,湖北省机构编制委员会鄂编发[2005]18 号文正式批复组建"荆州市洪湖湿地自然保护区管理局",加挂"荆州市洪湖水产分局"牌子,为相当正县级事业单位,行政上隶属荆州市政府领导,业务上接受省林业局和省水产局指导,同时撤销"荆州市洪湖渔业管理局"和洪湖市、监利县洪湖湿地自然保护区管理局;核定事业编制 80 名、工勤编制人员 5 名。2005 年 6 月 20 日,中共荆州市机构编制委员会荆编[2005]18 号文对自然保护区管理局主要职责、内设机构、直属机构、人员编制及领导职数、经费渠道进行了批复,核定事业编制 85 名。自然保护区管理局现内设办公室(加挂宣教中心牌子)、计划财务科、湿地保护科、渔政管理科(加挂湖北渔政船舶检验局洪湖大湖检查站牌子)、法制科、旅游航运管理科,同时加挂荆州市水产分局的牌子;局直属机构有荆州市洪湖湿地自然保护区森林公安局、行政执法支队、荆州市洪湖湿地研究所、船舶检验站、新堤、小港、桐梓湖 3 个保护站、港航海事管理处、示范基地办公室。2006年 11 月,湖北省人民政府鄂政办函[2006]186 号文批复了《荆州市人民政府关于呈报荆州市洪湖湿地自然保护区管理局开展相对集中行政处罚权工作方案的请示》(荆州政文[2006]33 号),明确了洪湖湿地自然保护区管理局在洪湖自然保护区范围内开展自然保护区管理、野生动植物保护、渔政管理、船检港监、旅游和航运管理方面的相对集中行政处罚权。

通讯地址:湖北省洪湖市新堤大道,荆州市洪湖湿地自然保护区管理局;邮政编码:433200;电话:0716－2088066,0716－2088029,传真:0716－2088066;单位网站:http://www.chhhsd.cn;http://124.205.185.3:8080/publicfiles/business/htmlfiles/hbhhbhq/index.html。

特点与意义　洪湖是湖北省面积最大的湖泊湿地,也是全国第七大淡水湖泊,水资源丰富,是长江中下游最典型的淡水湖泊湿地之一,是众多迁徙水禽重要栖息地、越冬地,是湿地生物多样性重要区域,是长江中游华中地区湿地物种"基因库"。洪湖湿地具有调洪蓄水、物种保护、水源供给、渔业养殖、旅游、航运等多种功能,是长江中游地区天然蓄水库,是荆楚大地重要的生态屏障,不仅在保护湿地生物多样性方面具有重要的价值,而且丰富的水资源和生物资源对促进地方社会经济发展具有重要意义。洪湖湿地被《中国湿地保护行动计划》列为"中国重要湿地"并优先行动,在《全国林业系统自然保护区体系规划》中重要性排序 7,也是 WWF 确定的全球最重要的 238 个生态区之一。2008年 2 月,经国际湿地公约局批准,洪湖湿地被正式列入《国际重要湿地名录》。这是湖北省第一个被国际湿地组织接纳的成员,意味着洪湖湿地已融入世界湿地保护的大家庭。

隶属部门　林业和农业(水产)

4.4　湖北梁子湖湿地省级自然保护区

(2001－S/1999－SH)

地理位置与范围　梁子湖湿地省级自然保护区位于鄂东鄂州市梁子湖区境内,以鄂州市境内的东梁子湖(亦称为高塘湖)为主体,包括东梁子湖(面积 11 921hm²)及其周边湿地,范围是:东、南、北分别与沼山镇、涂家垴镇、东沟镇湖滨地区接壤,西与梁子镇相连;地理坐标为东经 114°31′19″～114°42′52″,北纬 30°04′55″～30°20′26″。自然保护区总面积 37 946.3hm²,其中,核心区面积 4 000hm²,缓冲区面积 12 438hm²,实验区面积 21 508.3hm²。

自然环境　梁子湖区地质构造上属新华夏构造体系,被称为梁子湖压扭性大断裂,呈北—北—东向贯穿湖区,断裂上部与江北团风麻城大断裂相连接,在大断裂的两边,伴生东西向张性断裂和北西向扭性断裂。滨湖地表绝大部分为第四系松散堆积物。梁子湖属河谷沉弱湖(即构造湖)类型。梁子湖以大断裂为界,分为东西两区,两边的区域地质地貌特征存在显著的差别。湖东地区地势较高,最高山峰海拔 418m,为侵蚀剥削低山丘陵地区,是我省著名的多金属产地。湖西地区为剥蚀堆积垅岗地形,除少数孤山外,地表高程海拔 25～60m,相对高差 10～20m,地表一般由更新世红色黏土组成,多呈长条形土岗和宽阔的坳沟相间排列,呈树枝状向湖心倾斜延伸,湖水则顺着这些坳沟伸入陆地,形成岬湾形湖岸,致使梁子湖形态十分复杂。

梁子湖水系由梁子湖、鸭儿湖、三山湖和保安湖等较大湖泊组成,总承雨面积 3 265km²,其中梁子湖承雨面积 2 085km²,主要发源于大冶市毛铺的金牛港、咸宁市咸安区高桥镇大幕山的高桥河以及从咸安区贺胜桥、武汉市江夏区的山坡、土地堂、乌龙泉一带汇入的几条河港。梁子湖多年平均水位为 17.81m;3 月份水位最低,为 16.69m。8 月份最高,为 18.78m。梁子湖原为通江敞水湖,大水时和保安鸭儿湖连成一片,水势浩瀚。据 20 世纪 50 年代初期水利部门测定,当梁子湖水位为 21m 时全湖系总水面积为 949.42km²,相应容积为 38.75×10⁸m³,其中梁子湖本湖水面积近500km²。如以多年平均水位 17.81m 计,则梁子湖水系总水面积为 613.91km²,梁子湖本湖水面积为 347.42km²,湖泊容积为 8.41×10⁸m³。20 世纪 50 年代初开始,先后在鄂州市和武汉市江夏区内围垦,1958 年以后,不仅鸭儿湖、保安湖、三山湖与梁子湖完全分开,梁子湖本湖面积也不断减小。目前,当中水位 19.0m 时,梁子湖的湖泊面积(包括子湖)308.98km²,容积 11.592×10⁸m³,调蓄库容6.0645×10⁸m³。湖泊面积比解放初期减少 25.1%。梁子湖自然保护区地表水水质总体上达到国家 Ⅱ 类标准。

属亚热带湿润季风气候,季风气候明显,冬冷夏热,四季分明,雨量充沛,光照充足,无霜期长。年平均日照时数为 2 004h,平均每天为 5.5h,年平均日照率为 45%,为鄂东地区最高值;年平均气温17.0℃,日均气温≥10℃的年积温 5 300℃,绝对最高气温 40.7℃,绝对最低气温−12.4℃,最热月 7月平均气温 29.3℃,最冷月 1 月平均气温 4.2℃,气温年较差 25.1℃;无霜期 266 天;多年平均降水量 1 347.4mm,实测最大年降水量为 1 805.0mm,最小年降水量 777.0mm。从降水年内分配来看,主要集中于春夏二季,其中以 6 月份为最大,达 229.5mm,1 月份最少,仅 30.7mm。梁子湖区接近鄂南暴雨中心,实测 24h 最大降水量为 209.3mm,3 日降水量为 391.0mm,7 日降水量为 510.7mm,均出现于 1964 年 6 月。每年 4～7 月为梁子湖丰水期,10 月至翌年 3 月为枯水期。洪水期间,4 个子湖与沟渠河道连成一片,水深 3～6m;枯水期则水退滩出,出现大片沼泽草甸,形成浅湖与沼泽草甸相连接的湿地生态系统,为越冬水禽尤其是涉禽提供了优良的栖息环境。

土壤分为 4 个土类(红壤土、紫色土、潮土、水稻土)11 个亚类,其中,旱地土壤 3 个土类 6 个亚类,水稻土壤 1 个土类 5 个亚类。红壤为旱地的主要土壤,占耕地总面积的 26% 左右;潮土是棉麦两熟地主要土壤,占耕地总面积的 17% 左右;水稻土是主要耕地土壤,占本区总面积的 18%。

类型及主要保护对象 属自然生态系统类中的内陆湿地和水域生态系统类型自然保护区,主要保护对象是永久性淡水湖泊湿地生态系统、淡水资源及珍稀水禽。

生物多样性 生物多样性丰富,珍稀濒危物种较多。浮游藻类 7 门 58 属 73 种(其中绿藻门 25属 28 种,硅藻门 12 属 19 种,蓝藻门 10 属 14 种,金藻门 4 属 4 种,裸藻门 2 属 3 种,甲藻门 3 属 3种,隐藻门 2 属 2 种);高等植物 86 科 221 属 331 种,其中苔藓植物 8 科 8 属 8 种,蕨类植物 6 科 6 属9 种,种子植物 70 科 188 属 314 种(裸子植物 5 科 9 属 10 种,被子植物 65 科 179 属 304 种)。国家重点保护野生植物 4 种,其中国家 Ⅰ 级保护植物有莼菜 1 种,国家 Ⅱ 级保护植物有水蕨、细果野菱和莲

3种。

浮游动物3门4纲89种,其中原生动物31种,轮虫类38种,枝角类13种,桡足类7种;底栖动物3门4纲16科24属49种,其中环节动物1纲2科10种,软体动物2纲10科26种,节肢动物1纲2目4科13种;野生脊椎动物5纲36目86科304种,其中鱼类10目20科94种(历史记录,现在只有70余种),两栖类1目4科8种,爬行类2目7科15种,鸟类16目42科166种,兽类7目13科21种。国家重点保护野生动物25种,其中,国家Ⅰ级保护动物有白鹤、白头鹤、白鹳、黑鹳、丹顶鹤、大鸨6种;国家Ⅱ级保护动物有19种,即:胭脂鱼,虎纹蛙,白额雁、卷羽鹈鹕、小天鹅、黄嘴白鹭、灰鹤、鸳鸯、松雀鹰、大鵟、普通鵟、黑鸢、红脚隼、短耳鸮、斑头鸺鹠、雕鸮、草鸮,中国穿山甲、水獭。

管理机构 1999年5月7日,鄂州市人民政办公室鄂州政办函[1999]16号文批准批准设立"梁子湖区域自然湿地自然保护区"(市级),隶属鄂州市林业局管理;2001年11月16日,湖北省人民政府办公厅鄂政办函[2001]118号文批准晋升为"梁子湖省级湿地自然保护区",明确自然保护区管理局为事业单位,隶属鄂州市人民政府管理,事业经费纳入鄂州市财政预算。

1999年5月20日,鄂州市机构编制委员会鄂州编字[1999]39号文成立"鄂州市梁子湖湿地保护局",为鄂州市林业局管理的副局级机构,内设办公室、科研科、保护科、公安科,定编20名。2007年7月20日,湖北省委专题办公会议纪要[2007]第13号文明确规定:梁子湖水域、岸线及梁子岛群的生态建设、环境保护及科学利用等统一由梁子湖管理局依法管理,撤销"鄂州市湿地保护局"。2007年12月19日,湖北省人民政府鄂政函[2007]280号文同意梁子湖管理局在梁子湖范围内(梁子湖水域、岸线)开展相对集中行政处罚权。2008年4月15日,湖北省机构编制委员会办公室鄂编办发[2008]37号文明确湖北省梁子湖管理局管理梁子湖湿地自然保护区。但目前梁子湖省级湿地自然保护区尚未设置独立的管理机构和管理人员,由湖北省梁子湖管理局代管。

通讯地址:湖北省鄂州市梁子湖区梁子镇建设新街45号,湖北省梁子湖管理局;邮政编码:436064;电话:0711-2473006。

特点与意义 梁子湖是江汉湖群中第二大湖泊,具有完整的生态系统、自然景观、人文景观和优良的水质,具备生活供水、调蓄、渔业、航运、旅游、灌溉等多种功能,属永久性淡水湖泊湿地,滩涂发育良好,是多种野生动物越冬、栖息的场所,生物多样性丰富,珍稀濒危水禽较多,是我国自然湿地资源中不可多得的一块宝地,受到国内外的广泛关注。此外,梁子湖还是团头鲂(俗称武昌鱼)(*Megalobrama amblycephala*)和湖北圆吻鲴(*Distoechodon hupeinensis*)的模式标本产地,也是扬子狐尾藻(*Myriophyllum oguraense* Miki subsp. *yangtzense* Wang)的标本模式产地。鉴于梁子湖湿地自然保护区生物多样性保护的价值,1989年梁子湖湿地被收入世界自然保护联盟(IUCN)、国际鸟类保护联合会(ICBP)和国际湿地和水禽研究署(IWRB)编著的英文版《亚洲湿地名录》中,符合国际意义湿地标准,被列为国际主要湿地。2000年国家林业局等17部委(局)发布的《中国湿地保护行动计划》将梁子湖群湿地列为中国重要湿地;2001年国家林业局《全国林业系统自然保护区体系规划》、《全国野生动植物保护及自然保护区建设工程总体规划》将梁子湖列为国家级自然保护区发展规划。

隶属部门 农业(水产)

4.5 湖北十八里长峡省级自然保护区

(2003—S/2002—SH/1988—X)③

地理位置与范围 十八里长峡省级自然保护区位于鄂西北十堰市竹溪县南部,为鄂、渝、陕交界处,东与竹山县境内的堵河源国家级自然保护区交界,南面和西面与重庆市巫溪县境内的阴条岭国家级自然保护区毗连,北与本县桃源乡相邻;地理坐标为东经109°43′52″~109°56′51″,北纬31°31′10″~31°42′16″。自然保护区现总面积25 604.95hm²,其中,核心区面积9 683.9hm²,缓冲区面积4 008.95hm²,实验区面积1 1912.1hm²。

自然环境 十八里长峡自然保护区属大巴山系,处大巴山脉东段北坡,我国地势第二阶地和第三阶地的结合边缘,全境地势为从西南向东北逐渐降低,最高峰葱坪海拔2 740.2m(竹溪县最高峰),最低点向坝河口海拔570.0m,相对高差2 170.2m,南北水平距20.6km,东西水平距20.7km。由于地表长期侵蚀、风化,以及堵河水系由南向北,顺序而列,由西南向东北直流而下,山脉与地层走向一致,河谷曲流发育,峡谷与盆地相间,构成了丘陵、盆地、低山、中山、亚高山及喀斯特地貌等多种地貌类型,表现为山体突兀、奇特,山峰巍峨,峡谷幽深,并间有溶峰、溶柱、溶芽以及漏斗、竖井、地下洞等岩溶景观,以及一些小的盆地、岗地、小型盆地、平坝等。

自然保护区地处北亚热带向温带过度地带,气候区划上为亚热带季风气候区,受垂直高度的影响,兼有暖温带气候型。太阳年辐射总量为419kJ/cm²,全日照时数1 709h,全日照率34%;年平均气温14.4℃,日均气温≥10℃的年积温3 150℃,绝对最高气温40℃(1984年),绝对最低气温−12.9℃(1969年),最热月7月气温24℃,最冷月1月气温−3℃;无霜期210天;年平均降水量1 250mm,年平均蒸发量687mm,降水量为蒸发量的1.82倍,年平均大气相对湿度85%。

自然保护区是南水北调中线工程重要的水源涵养地之一,境内水系主要由汉江一级支流——堵河支流之一的大河及其支流构成,所有径流均汇入汉江,注入丹江口水库。大河亦称五道河,是区内最大的河流,源于区内的长岭沟,由西向东再北折入向坝乡,再东流入竹山县官渡河上游的公祖河,全长40km,流域面积313km²,高差1 755m,径流量3.13×10⁸m³。大河的主要支流为向坝河,全长20km。另外还有大小河溪近20条,总长近50km。

主要岩石及成土母质有石灰岩、板岩、页岩、千枚岩、石英砂岩及部分古生物化石岩类,土壤划分为黄棕壤、棕壤、暗棕壤大区,分为6大土类(黄棕壤土、棕壤土、暗棕壤、石灰岩土、潮土、水稻土),9个亚类,10个土属,主要土壤为黄棕壤和棕壤。自然保护区内土壤分布垂直带谱非常明显,随着海拔升高,依次出现泥质黄棕壤带、山地黄棕壤带、棕壤带、暗棕壤带。

类型及主要保护对象 属自然生态系统类中的森林生态系统类型自然保护区,主要保护对象为北亚热带森林生态系统及自然景观。

---

③ 十八里长峡自然保护区已于2013年12月25日由国务院办公厅国办发[2013]111号文批准为国家级。

生物多样性　十八里长峡自然保护区因其独特的地形地貌和相对封闭的环境,野生动植物资源十分丰富。科学考察表明,维管植物204科1 004属2915种,其中蕨类植物34科75属213种,种子植物170科929属2 702种(裸子植物6科22属38种,被子植物164科907属2 664种)。国家重点保护野生植物26种,其中国家Ⅰ级保护植物有银杏,珙桐、光叶珙桐、红豆杉、南方红豆杉5种,国家Ⅱ护保护植物有21种,即:秦岭冷杉、油麦吊云杉、大果青杆、黄杉、巴山榧树、榧树,鹅掌楸、厚朴、水青树、连香树、樟树、楠木、金荞麦、野大豆、红豆树、榉树、秃叶黄檗(黄皮树)、红椿、喜树、香果树和呆白菜。自然植被分为5个植被型组,13个植被型(寒温性针叶林、温性针叶林、暖性针叶林,常绿阔叶林、常绿落叶阔叶混交林、落叶阔叶林,竹林,常绿革叶灌丛、常绿阔叶灌丛、落叶阔叶灌丛、灌草丛,水生植被,草甸),51个群系。森林类型多样,落叶阔叶林在自然保护区中占重要地位。地带性植被为北亚热带常绿落叶阔叶混交林,植被垂直带谱明显:海拔1 200m以下为常绿落叶阔叶混交林和暖性针叶林;海拔1 200～1 600m为落叶阔叶混交林;海拔1 600～2 200m为温性针叶林、落叶阔叶混交林;海拔2 200m以上为寒温性针叶林。

记录到野生脊椎动物5纲28目98科218属318种,其中鱼类3目6科12属14种,两栖类2目8科10属21种,爬行类2目11科26属33种,鸟类14目50科114属180种,哺乳类有7目23科56属70种。国家重点保护野生动物39种,其中,国家Ⅰ级保护动物有金雕,金钱豹、林麝3种,国家Ⅱ级保护动物有36种,即:大鲵、虎纹蛙、鸳鸯、黑鸢、苍鹰、赤腹鹰、雀鹰、松雀鹰、大鵟、普通鵟、秃鹫、白尾鹞、白头鹞、灰背隼、红脚隼、红隼、红腹角雉、勺鸡、白冠长尾雉、红腹锦鸡、草鸮、领角鸮、领鸺鹠、斑头鸺鹠、长耳鸮、短耳鸮,猕猴、豺、黑熊、水獭、青鼬、大灵猫、小灵猫、金猫、中华鬣羚、中华斑羚。湖北省重点保护野生动物80种。以施氏巴鲵、大鲵、丽纹龙蜥、蓝尾石龙子、白头鹀、白冠长尾雉、红腹锦鸡、纹背鼩鼱、复齿鼯鼠等为代表的中国特有种及主要分布于中国的动物多达58种,占自然保护区脊椎动物总种数的18.2%,反映了自然保护区是我国特有种分布较多、较集中的区域,具有重要的保护价值。

初步记录到昆虫15目87科355种。

管理机构　1988年10月20日,竹溪县人民政府溪政发[1988]53号文批准建立"十八里长峡县级自然风景保护区",面积1 775hm²,隶属竹溪县地方国有双坪采育场管辖;1994年,竹溪县人民政府溪政文[1994]29号文批为县级自然保护区,纳入双坪采育场管理,设公安派出所、办公室、科研室等,有职工6人;2002年6月3日,十堰市人民政府办公室十政办函[2002]17号文确定为市级自然保护区,面积扩大到30 824hm²;2003年8月4日,湖北省人民政府湖北省人民政府办公厅鄂政办函[2003]84号文批准晋升为省级自然保护区,面积核定为30 459.3hm²;2012年2月4日,湖北省人民政府鄂政函[2012]13号文同意调整自然保护区面积及功能区划,其中面积调减到25 604.95hm²。

2001年竹溪县人民政府溪政函[2001]50号文批复将双桥乡4个村成建制纳入十八里长峡自然保护区,划为双坪采育场管理;2011年8月17日,竹溪县机构编制委员会溪机编字[2001]21号文批复成立"十八里长峡自然保护区管理处",为正科级全额拨款事业单位,核定编制6名,隶属竹溪县林业局管理;2002年9月20日,竹溪县机构编制委员会溪机编字[2002]66号文撤销县国有双坪林场,将其山林、土地面积全部划归十八里长峡自然保护区管理处管辖;2004年5月27日,十堰市机构编制委员会十编发[2004]10号文批准成立"湖北十八里长峡省级自然保护区管理局",为副县级全额拨款事业单位,行政上隶属于竹溪县人民政府领导,核定内设机构 5 个,事业编制 30 人;2004 年 11 月 23 日,竹溪县人民政府办公室溪政办发[2004]89 号文进一步明确了自然保护区管理局职能配置、内设机构和人员编制。现自然保护区管理局内设有办公室、规划发展科、计财科、资源林政科、社会事务科等 5 个科室,下设有森林公安分局、科研所及 5 个保护站等二级单位,有干部职工 58 人。

通讯地址:湖北省十堰市竹溪县双桥村 88 号,湖北十八里长峡省级自然保护区管理局;邮政编码:442333;电话:0719—2848088,2721959,传真:0719—2848089;单位网站:http://124.205.185.3:8080/publicfiles/business/htmlfiles/hbsblcxbhq/index.html。

特点与意义 十八里长峡自然保护区因其独特的地形、险峻的地势、茂密的森林、急流的河水,自古无路可走,长期处于自然封闭与自然演替状态,珍稀濒危野生动植物异常丰富,自然景象奇特繁多,有大量的溶洞、矿泉、流泉瀑布等,是湖北省北亚热带地区残存的一片较大面积的原始林,是鄂西北地区最为重要的生物多样性自然保护区,也是一个山、林、水、洞组合完美的自然风景区,具备名山、名川的众多景态。此外,本区还是我国南水北调中线工程主要水源——堵河的源头。因此,本区生物多样性和生态地位都非常重要,具有重要的生态保护和科学研究价值。

隶属部门 林业

4.6 湖北沉湖湿地省级自然保护区
(2006—S/1995—SH/1994—X)

地理位置与范围 沉湖湿地省级自然保护区位于武汉市蔡甸区西南部,长江与汉江交汇的三角地带,地理坐标为东经 113°46′09″～113°53′53″,北纬 30°15′10″～30°25′53″,距武汉市中心城区 58km,东部与蔡甸区永安街、桐湖农场相连,西部与仙桃市接壤,南与武汉市汉南区隔通顺河相望,北部与蔡甸区侏儒街毗邻。自然保护区总面积 11 579.1hm²,其中,核心区面积 5 849.1hm²,缓冲区面积 1 277.3hm²,实验区面积 4 452.7hm²。

自然环境 沉湖湿地自然保护区地貌上属于现代冲积性江汉水网平坦平原东缘,汉江河漫滩斜面,长江河漫滩斜面与汉阳丘陵性红土台地接合部。地貌类型单一,除北部部分地区为波状平原外,其余皆为低洼平原,组成物质为河湖沉积物。海拔高程在 17.5～21m 之间,由多个碟形洼地复合构成。

自然保护区主要湖泊由沉湖、张家大湖、王家涉湖 3 个子湖组成。河流主要为自然保护区北面的黄丝河和南面的东荆河(又称长河)。黄丝河从仙桃市东流进自然保护区内,自西向东与汉江分洪道(杜家台分洪道)融为一体,沿洪北大堤向东延伸至自然保护区外的香炉山,汇入通顺河,全长 21.1km,自然保护区内长 14.3km;南面的东荆河自西向东在黄陵闸汇合流入长江。

每年夏季长江汛期涨水,受通顺河和东荆河洪水的顶托或倒灌和降水内渍,沉湖地区的沟渠河道便和湖区连成一片汪洋,面积可达 6 801.47hm²(平均水深 3.51m);而在秋、冬及早春枯水季节,随着湖水排江,只有湖心、渠道保持着水面约 1 059hm²(水深 0.5～1m)的水面(占丰水期湖水面积的

15.57%),其余部分则形成了大片的沼泽草甸,构成了浅湖——沼泽——草甸相连续的湿地生态系统,且各自成为分离的碟形湖泊。泛区湖泊容量为 9 232 万 m³,占蔡甸区主要水系地表水资源总量(12 593 万 m³)的 73.3%。地表水水质在Ⅱ~Ⅲ类之间,大多数指标达到地表水Ⅱ类标准。

属北亚热带大陆性湿润季风气候。太阳年辐射总量 471kJ/cm²,年平均日照时数 2 122h;年平均气温 16.5℃,日均气温≥10℃的年积温 5 253℃,绝对高气温 38.8℃,绝对最低气温-14.3℃,最热月 7 月平均气温 28.9℃,最冷月 1 月平均气温 3.5℃;无霜期 270 天;年平均降水量 1 250mm。

自然保护区土壤共有 3 个类型(潮土、水稻土、草甸土),8 个亚类(潮土、灰潮土、淹育型水稻土、潴育型水稻土、潜育型水稻土、沼泽型水稻土、灰草甸土、沼泽草甸土),12 个土属(潮泥土、灰河潮土、浅黄泥田、红黄泥田、潮泥田、灰潮泥田、青沟泥田、灰青沟泥田、青泥田、灰青泥田、烂泥田、灰烂泥田),共 24 个土种,主要以潮土、水稻土为主,在湖滩有少面积的草甸土分布。

类型及主要保护对象 属自然生态系统类的内陆湿地和水域生态系统类型自然保护区,主要保护对象是永久性淡水湖泊生态系统及珍稀水禽。该区东方白鹳越冬种群数量为长江中下游之首而闻名国内外。

生物多样性 浮游藻类 7 门 28 科 50 属 65 种(蓝藻门 3 科 7 属 11 种,甲藻门 4 科 4 属 4 种,隐藻门 1 科 1 属 2 种;金藻门 3 科 4 属 5 种,硅藻门 6 科 9 科 15 种,裸藻门 1 科 2 属 3 种,绿藻门 10 科 23 属 25 种);维管植物 74 科 198 属 315 种,其中,蕨类植物 6 科 6 属 7 种,种子植物 68 科 192 属 308 种(裸子植物 2 科 5 属 5 种,被子植物 66 科 187 属 303 种)。国家Ⅱ级保护野生植物有水蕨、莲、细果野菱 3 种。自然保护区水生植被可划分为 6 个群落类型,其中挺水植物带 1 个类型,即芦苇+菰群丛;浮叶植物带 3 个群落类型,即欧菱群丛、欧菱+金鱼藻群丛、欧菱+狸藻+金鱼藻群丛;沉水植物带 2 个群落类型,即金鱼藻群丛、穗状狐尾藻+金鱼藻群丛。

浮游动物 3 门 4 纲 92 种(肉足类 16 种、纤毛虫类 18 种、轮虫类 36 种、枝角类 16 种、桡足类 6 种);底栖动物 3 门 5 纲 11 目 29 科 73 种(环节动物 1 纲 1 目 2 科 14 种,软体动物 2 纲 3 目 8 科 27 种,节肢动物 2 纲 7 目 19 科 32 种),主要种类有长萝卜螺、卵萝卜螺、湖北钉螺、扁旋螺、中国圆田螺、梨形环棱螺、蚶形无齿蚌、圆顶珠蚌、河蚬等。

野生脊椎动物 5 纲 30 目 75 科 272 种,其中,鱼类 6 目 13 科 55 种,两栖类 1 目 4 科 4 属 10 种,爬行类 2 目 8 科 22 属 28 种,鸟类 15 目 38 科 153 种,兽类 6 目 12 科 23 属 26 种。国家重点保护野生动物 30 种,其中国家Ⅰ级保护动物有东方白鹳、黑鹳、白头鹤、白鹤、中华秋沙鸭、大鸨、金雕、白尾海雕、遗鸥 9 种;国家Ⅱ级保护动物有 21 种,即:虎纹蛙,卷羽鹈鹕、白琵鹭、白额雁、鸳鸯、小天鹅、黑鸢、苍鹰、白尾鹞、鹊鹞、白头鹞、乌雕、游隼、燕隼、红隼、灰鹤、白枕鹤、褐翅鸦鹃、红角鸮、雕鸮,河麂。

管理机构 1994 年 1 月 13 日,武汉市蔡甸区人民政府蔡政[1994]1 号文批准建立"武汉沉湖珍稀湿地水禽自然保护区";1995 年 10 月 6 日,武汉市人民政府办公厅武政办[1995]238 号文批为市级自然保护区,面积核定为 21 916hm²;2006 年 8 月 21 日,湖北省人民政府鄂政函[2006]128 号文批准晋升为省级自然保护区,面积核定为 11 579.1hm²。2012 年 2 月 4 日,湖北省人民政府鄂政函[2012]13 号文对其 3 个功能区的面积进行了调整,但自然保护区总面积不变。

1994 年 8 月 11 日,武汉市蔡甸区机构编制委员会蔡编[1994]99 号文批准成立"武汉沉湖珍稀湿地水禽自然保护区办公室",为科级事业单位,受蔡甸区林业特产局领导,定编 5 人;2007 年 7 月

27 日,武汉市蔡甸区机构编制委员会蔡编[2007]27 号文批复同意成立"蔡甸区沉湖湿地自然保护区管理局",为蔡甸区林业局所属事业单位;2007 年 11 月 7 日,武汉市机构编制委员会武编[2007]70 号确定自然保护区管理局为副处级事业单位,隶属蔡甸区林业局领导;2008 年 4 月 15 日,武汉市蔡甸区机构编制委员会蔡编[2008]19 号文批复自然保护区保护局为蔡甸区林业局所属副处级事业单位,业务上接受省、市林业局指导,内设办公室、湿地保护和生态监测科、治安科 3 个职能科室,核定全额拨款事业编制 15 名。

通讯地址:湖北省武汉市蔡甸区莲花大道 225 号(蔡甸区林业和旅游局五楼 509 室),武汉市蔡甸区沉湖湿地自然保护区管理局;邮政编码:430100;电话:027－69819101;单位网站:http://www.hbchsd.com.cn。

特点与意义 沉湖自然保护区属于长江中游为数不多的吞吐型、季节性浅水型湖泊,是江汉平原上最大的典型洪泛湖泊,也是我国距离特大城市最近的一处重要湿地,浅湖与沼泽、草甸相连续的湿地生态系统比较完整,为湿地越冬水禽尤其是涉禽提供了优良的栖息地,具有重要的保护和研究价值,已成为武汉市大专院校生物学、环境科学、生态学和保护生物学等学科的野外教学实习和科研基地,同时吸引了国内外众多的水禽专家前来考察。

该区水禽资源十分丰富。据调查,该区越冬的东方白鹳历史最大种群达 500～900 只(1987 年 12 月～1988 年 1 月),黑鹳 42 只(1988 年 1 月 1 日,我国最大的越冬种群),白头鹤 127 只(1994 年 3 月 15 日)、白鹤 3～5 只(1998 年 1 月 1～3 日,湖北省最大的种群)、大鸨 3～5 只(1988 年 1 月和 1992 年 12 月)、白琵鹭 400 多只(1987 年 1 月 4 日,我国最大的越冬种群),灰鹤 53 只(2002 年 12 月 1 日)、大白鹭 286 只(1993 年 12 月 16 日)。与此同时,还集中了大量的鸿雁、豆雁、灰雁、白额雁和野鸭(*Anas* spp.,*Netta* spp.,*Aythya* spp.)达 74758 只,使湿地水禽分成两种鲜明的生活型——涉水群和浮水群。

2013 年 10 月 16 日,沉湖湿地自然保护区被列入《国际重要湿地名录》。

隶属部门 林业

4.7 湖北三峡大老岭省级自然保护区

(2006－S/2001－SH)

地理位置与范围 三峡大老岭省级自然保护区位于宜昌市夷陵区西北部、长江西陵峡北岸,东邻宜昌市夷陵区下堡坪乡、邓村乡、太平溪镇,南隔长江三峡水库与秭归县茅坪镇相对,西与秭归县屈原乡相连,北与兴山县峡口镇、水月寺镇接壤,范围包括原宜昌市国有大老岭林场、夷陵区高峰林场、邓村乡所属 4 个村和太平溪镇 4 个村,最近处距三峡大坝仅 7.5km;地理坐标为东经 110°51′08″～110°00′26″,北纬 30°52′35″～31°07′24″。自然保护区现总面积 14 225hm²,其中,核心区面积 5 127hm²,缓冲区面积 4 410hm²,实验区面积 4 598hm²。

自然环境 大老岭自然保护区位于大巴山山脉向江汉平原凹陷带过渡的地段,在地貌上位于大巴山系东端的荆山余脉南部,与武陵山系北部隔长江对峙,均属我国地势第二阶地东缘的一部分,总体上为侵蚀中山类型。地形大势以主峰为中心成斗笠状向四周降低,最高处天宝山(天柱峰)海拔2 004.8m,最低处(太平溪镇美人沱村江边自然保护区边界)海拔145m,高差约1 860m,地形复杂多样。基岩主要有花岗岩、石灰岩、板页岩、砂页岩等,其发育的土壤保水性能差,植被遭到破坏后,极易造成水土流失。

大老岭自然保护区地处中亚热带北缘,具有过渡性的亚热带湿润季风气候。气候特点是:四季分明,冬暖夏热,春早秋长,降雨丰沛。垂直气候差异显著,中山气候凉湿,夏有冰雹,冬季多冰雪冻害。据自然保护区内海拔1 670m处多年观测记录,太阳年辐射总量410kJ/cm²,年平均日照时数915.5h;年平均气温7.84℃,绝对最高气温29.9℃,绝对最低气温-14.5℃,最热月7月平均气温18.56℃,最冷月1月平均气温-3.28℃;全年无霜期185～260天;年平均降水量1 446.8mm。

区内水系主要属于长江三峡库区北岸坝前最后的入库河流,另有一条在三峡大坝与葛洲坝之间入长江。这些河流均发源于区内核心区主峰天宝山。在自然保护区内河流呈辐射状发育,分别经香溪河、百岁溪、磨刀溪、乐天溪等溪流最后汇入长江。其中百岁溪穿过自然保护区全境,流域面积190km²,总长度约100km。

自然保护区在土壤地理区划中属西南山地棕壤—山地黄棕壤,在水平位置属我国东部北亚热带山地棕壤南缘、中亚热带黄棕壤的北缘,在土壤类型和组成上表现出明显的过渡性特点。自然保护区共有5个土类(水稻土、黄壤、黄棕壤、棕壤、棕色石灰土),8个亚类(潴育型水稻土,黄壤、黄壤性土,山地黄棕壤、黄棕壤性土,山地棕壤、山地棕壤性土,棕色石灰土),9个土属35个土种。其中,山地黄棕壤、黄棕壤性土、黄壤和黄壤性土是自然保护区的主要土壤,分别占自然保护区总面积的31%、28%、22%和15%。由于受海拔高度的直接影响,大老岭自然保护区土壤分布出现明显的垂直梯度变化:黄壤和黄壤性土主要分布在海拔800m以下的低山,在海拔801～1 200m的中山也有分布;山地黄棕壤和黄棕壤性土主要分布在海拔大于1 200m的亚高山,在海拔801～1 200m的中山也有分布。土壤有机质含量丰富,大多在3%以上。

类型及主要保护对象　属自然生态系统类的森林生态系统类型自然保护区,主要保护对象是亚热带森林生态系统,以及三峡库首特色景观和坝区重要的生态防护林。

生物多样性　高等植物246科1010属2 469种。其中,自然分布的苔藓植物有60科96属152种,蕨类植物有32科67属155种,裸子植物有5科9属14种,被子植物有141科785属2 033种。此外,还记录到藻类8门23目48科99属141种,大型真菌2门29科56属101种,其中包含丰富的食用和药用菌种资源。国家重点保护野生植物22种,其中国家Ⅰ级保护植物有红豆杉、南方红豆杉、珙桐、光叶珙桐、伯乐树、银杏6种,国家Ⅱ级保护植物有16种,即:巴山榧树、篦子三尖杉、连香树、樟树、闽楠、楠木、野大豆、红豆树、鹅掌楸、厚朴、水青树、喜树、金荞麦、香果树、秃叶黄檗(黄皮树)、伞花木。还有黄花珍珠菜(*Lysimachia stenosepala* var. *lutea*)等大老岭特有种。

自然保护区在植被区划上属于北亚热带常绿落叶阔叶混交林带,地带性植被为常绿落叶阔叶混交林。自然植被分为8个植被型组,13个植被型,64个群系。植被类型具有明显的垂直分带性,在海拔梯度上,植被类型自下而上从亚热带向暖温带过渡,其垂直分布规律为:海拔900m以下为常绿阔叶林带,海拔900～1 800m为常绿落叶阔叶混交林带,海拔1 800m以上为落叶阔叶林带。森林植被共有针叶林、阔叶林和灌丛 3 个植被型组和温性针叶林、温性针阔叶混交林、暖性针叶林、亚热带山地落叶阔叶林、常绿落叶阔叶混交林、常绿阔叶林、山地硬叶常绿阔叶林、灌丛 8 个植被型和日本落叶松林等 50 多个群系。

野生脊椎动物 5 纲 33 目 92 科 266 属 418 种。其中,鱼类 6 目 13 科 50 属 59 种,两栖类 2 目 7 科 8 属 23 种,爬行类 1 目 7 科 24 属 31 种,鸟类 17 目 43 科 135 属 240 种,哺乳类 7 目 22 科 49 属 65 种。国家重点保护野生动物 52 种,其中国家 Ⅰ 级保护动物有中华鲟、达氏鲟、白肩雕、金雕、金钱豹、林麝 6 种;国家 Ⅱ 级保护动物有 46 种,即:胭脂鱼,大鲵、虎纹蛙、鸳鸯、黑鸢、褐冠鹃隼、白腹鹞、白头鹞、白尾鹞、鹊鹞、赤腹鹰、松雀鹰、灰脸鸳鹰、普通鵟、大鵟、红隼、红脚隼、灰背隼、燕隼、红腹角雉、勺鸡、白冠长尾雉、红腹锦鸡、红翅绿鸠、小鸦鹃、领角鸮、红角鸮、雕鸮、毛腿渔鸮、褐渔鸮、灰林鸮、斑头鸺鹠、纵纹腹小鸮、鹰鸮、长耳鸮、短耳鸮、仙八色鸫,猕猴、豺、黑熊、金猫、小灵猫、水獭、青鼬、中华鬣羚、中华斑羚。列入《国家保护有益的或者有重要经济、科学研究价值的陆生野生动物名录》的有 186 种(其中哺乳动物 22 种,鸟类 119 种,爬行类 28 种,两栖类 17 种);湖北省重点保护野生动物 79 种。首次在本区发现的新亚种有毛冠鹿华中亚种(*Elaphodus cephalophus ichangensis*)和湖北省新记录白喉林鹟指名亚种(*Rhinomyias brunneata brunneata*)。陆生昆虫 21 目 269 科 1499 种 2412 种。

管理机构　2001 年 11 月 21 日,宜昌市人民政府宜府文[2001]186 号文批准建立"宜昌市大老岭自然保护区";2006 年 8 月 21 日,湖北省人民政府鄂政函[2006]128 号文批准晋升为省级自然保护区,面积核定为 22 244hm²;2010 年 6 月 10 日,湖北省人民政府办公厅鄂政办函[2010]69 号文对自然保护区范围及功能区划进行了调整,其中面积调减到 14 225hm²。

2004 年 12 月 21 日,宜昌市机构编制委员会办公室宜编办[2004]39 号文批复成立"宜昌三峡大老岭自然保护区管理局",将原宜昌市国有大老岭林场、大老岭国家森林公园管理处的职责划入自然保护区管理局,为副处级事业单位,隶属宜昌市林业局领导;人员定编 56 名,内设 9 个科室和 1 个公安派出所,现有在职干部职工 42 人,其中科技人员 30 人。

通讯地址:湖北省宜昌市西陵区湖堤街 3 号,湖北三峡大老岭自然保护区管理局;邮政编码:443000;电话(传真):0717-6223838;单位网站:www. sxdll. com. cn。

特点与意义　三峡大老岭自然保护区处于我国地势第二阶地向第三阶地的过渡区域,是汉江平原与鄂西山地的分界线,为我国中亚热带向北亚热带的过渡地区,自然环境独特,地貌类型多样,野生动植物资源比较丰富,是三峡库区生物多样性典型和关键地区,尤其以亮叶水青冈和米心水青冈为建群种的亚高山顶级落叶阔叶林和由珙桐、瘿椒树、华榛、金钱槭、领春木、白辛树等多种珍稀濒危树种形成的群落具有很大的保护和科研价值,已吸引中外专家的关注,成为多家大专院校和科研单位的教学、研究基地,发表论著多篇。此外,本自然保护区是长江三峡库区坝前生态屏障,是三峡坝区最重要、最直接的水源涵养林区,生态作用非常巨大,其植被的好坏直接影响着三峡大坝、水库的安全运行。在生态旅游方面也具有十分广阔的前景:不但自然资源丰富,而且旅游区位独特,可东连葛洲坝、三峡大坝,西接神农架,南连长江三峡,如果建成国家级自然保护区,将会更加提升其生态旅游的品位和档次,更加提高经济收入,充分体现自然保护区的社会和经济效益。

隶属部门　林业

4.8 湖北网湖湿地省级自然保护区
（2006－S/2004－SH/2001－X）

地理位置与范围 网湖湿地省级自然保护区位于鄂东南黄石市阳新县境内，居长江中游南岸、富水河下游，东临长江，南接阳新县枫林镇和木港镇，西与陶港镇、兴国镇和县综合管理区相连，北与陶港镇和半壁山管理区紧邻，地理坐标为东经 $115°14'00''\sim115°25'42''$，北纬 $29°45'11''\sim29°56'38''$。行政范围涉及陶港镇、富池镇、木港镇、枫林镇的 17 个村，以及半壁山管理区的五爪嘴大队和综合管理区的新塘大队。自然保护区总面积 20 495hm²，其中核心区面积 6 598hm²，缓冲区面积 2 106hm²，实验区 11 791hm²。

自然环境 网湖湿地自然保护区处幕阜山脉向江汉平原过渡地带，系富水河入江口处的汇水区，为地质运动和泥砂沉积形成的内陆湖泊。

网湖湿地自然保护区主要由网湖、猪婆湖、下羊湖、夹节湖、宝塔湖、绒湖、赛桥湖、杨赛湖等富河下游大片低洼湖泊群及其湖岸山地组成。其中，网湖总面积 3 911.18hm²，为自然保护区的核心区之一。湖底海拔为 7.3m，最高海拔 439.5m。洪水泛滥期间，自然保护区的多个湖泊与富河河道连成一片，水深 5～8m；枯水期则水退，出现大片沼泽草甸，形成浅湖与沼泽草甸相连接的湿地生态系统，出现五爪嘴、下羊湖两个较大的栖息地，为越冬水禽尤其是涉禽提供了优良的栖息环境。

自然保护区属长江流域富河水系，直接接受双港、长乐源、龙口源、冷水源、木石港等来水，区内主要河流为富河、长乐源、冷水源。富河发源于通山、崇阳、修水三县交界处三界尖通山一侧，全长 196km，总落差 613m，最宽处约 1 000m，最窄处为 300m 左右，至富池口入长江。长乐源河长 38.2km，流域面积 293.3km²，发源于锡瓶山、父子山南麓，先后流经三宫殿、石家大桥、潘家大桥处，于良荞河过南湖入网湖，出富河；龙口源发源于江西省瑞昌县大德垴，入阳新县境后，称干港，流经皮家山、樟桥、港下垅后，在黄桥畈北纳瑞昌市下湾来水，再经小坡塘、夹节湖入猪婆湖；冷水源发源于江西省瑞昌市境内，流经何月朗、外仓下等处，接纳杨柳井、大沿冲方向来水，过湖田畈、石田驿后，入绒湖，至龙下水处入富水。

解放以前，每逢夏季，网湖受长江涨水，富河洪水的顶托或倒灌和降水内渍，网湖地区的沟渠河道便和湖区连成一片汪洋；秋冬之际，水位下落，各湖始分，统称为泛区水系。建国初期，当水位 21.5m 时，网湖连接五里湖、十里湖、牧羊湖、百煞湖等百十来个湖泊，总面积为 400 多 km²，相应容积 $5×10^8$m³，湖底高程 7.3m；猪婆湖水位 20m 时，湖泊面积为 18km²，湖底高程 12.3m；赛桥湖水位 21m 时，湖泊面积为 3.3km²。20 世纪 60 年代开始对网湖地区泛水区进行修筑堤坝、围湖造田等综合治理，各湖便形成封闭型水体，水陆面积相对稳定；现在修建网湖分洪灭螺控制闸以后，可以通过控制闸来调节水位。现在网湖最高水位为 22.5m，最低水位 13.2m，平均水位 15.5m，平均水深 3.5m；在秋、冬及早春枯水季节，随着湖水排放，部分地方露出地表，水面约 3 800hm²（水深 0.5～3m），占平水期湖水面积的 74%，其余部分则形成了大片的沼泽草甸，构成了浅湖——沼泽——草甸、丘陵相连续的湿地生态系统。目前,网湖、猪婆湖和下羊湖3湖紧紧相连,仅一河堤之隔,湖水经富河汇合流入长江。

总体看,网湖水体理化性质基本与天然状态下一致,水质较好,总体达到国家地表水Ⅲ类标准。土壤划分为4个土类(红壤土、紫色土、潮土、水稻土),15个亚类。

属中亚热带湿润季风气候区。年平均日照时数1 897.1h;年平均气温16.9℃,日均气温≥10℃的年积温4 446.6~5 407.6℃,绝对高气温41.4℃,绝对最低气温−14.9℃,最热月7月平均气温29.6℃,最冷月1月平均气温4.1℃;平均无霜期265天;年平均降水量1 385.2mm,年平均蒸发量1 568.6mm。每年5~8月为网湖丰水期,10月至翌年3月为枯水期。

类型及主要保护对象　属自然生态系统类的内陆湿地和水域生态系统类型自然保护区,主要保护对象为永久性淡水湖泊湿地生态系统及珍稀水禽,尤其是约3600只的小天鹅越冬种群。

生物多样性　浮游植物5门46属;维管植物141科257属591种,其中蕨类植物21科31属50种,种子植物120科157属541种(裸子植物4科10属13种,被子植物116科147属528种)。国家Ⅱ级保护野生植物3种,即莲、细果野菱、樟树。湿地植被主要有苦草、芦苇、黑藻、细果野菱、石龙芮等,以苦草占绝对优势。

浮游动物4大类33属45种,其中原生动物18属22种,轮虫类8属15种,枝角类6属7种,桡足类1属1种;底栖动物4大类30种,其中软体动物中腹足类10种、瓣腮类7种,环节动物5种,节肢动物7种,线虫动物1种。我国特有淡水经济蚌类——绢丝丽蚌(*Lamprotula fibrosa*)因其贝壳壳厚、坚硬和皎白,是制造可溶性钙粉和珍珠核的特优材料,经济价值极高,在我国淡水水域中可广泛地进行移殖、增殖和养殖。据报道,网湖的绢丝丽蚌生物量居世界第2位。

野生脊椎动物5纲36目78科299种。其中,鱼类9目15科53属74种,两栖类1目6科14种,爬行类3目8科19种,鸟类16目39科167种,兽类7目10科25种。国家重点保护野生动物32种,其中国家Ⅰ级保护动物有东方白鹳、黑鹳、白鹤3种;国家Ⅱ级保护动物有29种,即:小天鹅、白琵鹭、白额雁、鸳鸯、灰鹤、黑冠鹃隼、黑鸢、雀鹰、松雀鹰、大鵟、普通鵟、白尾鹞、白头鹞、游隼、灰背隼、红隼、白鹇、勺鸡、小鸦鹃、草鸮、红角鸮、领鸺鹠、斑头鸺鹠、鹰鸮、长耳鸮、短耳鸮、草鸮、中国穿山甲、水獭。

管理机构　2001年6月25日,阳新县人民政府阳政函[2001]12号文批准建立"网湖县级湿地自然保护区",面积为27 876hm²;2004年3月13日,黄石市人民政府办公室黄政办函[2004]7号文批为市级自然保护区;2006年8月21日,湖北省人民政府鄂政函[2006]128号文批准晋升为省级自然保护区,面积核定为20 495hm²,其中核心区面积6 886hm²,缓冲区面积4 593hm²,实验区面积9 016hm²。2013年3月25日,湖北省环境保护厅鄂环函[2013]156号文批准调整其功能区划,其中核心区、缓冲区和实验区面积分别调整为6 598hm²、2 106hm²和11 791hm²,自然保护区总面积不变。

2004年8月8日,黄石市机构编制委员会黄编[2004]35号文批准成立"黄石市网湖湿地自然保护区管理局",为阳新县管理的事业单位;2010年12月13日,阳新县人民政府办公室阳政办发[2010]143号文明确自然保护区管理局为县政府管理的正科级事业单位,定编10名,其中事业编制9名,工勤人员编制1人,设置办公室和资源管理站,其中局长高配副县级。

通讯地址:湖北省黄石市阳新县兴国镇桃花泉街 82 号,黄石市网湖湿地自然保护区管理局;邮政编码:435200;电话(传真):0714－7596219;单位网站:http://www.hbwhsd.org；http://124.205.185.3:8080/publicfiles/business/htmlfiles/whbhq/index.html。

特点与意义　网湖湿地是长江中游南岸的一个中型浅水草型湖泊,由于具备较好的原始性和丰富的湿地水禽而被纳入亚洲和中国重要湿地。该湿地是湖北省迄今为止发现的最大的小天鹅、黑鹳和青头潜鸭的越冬地。20 世纪 80 年代初,网湖小天鹅越冬种群达 2 万只左右,2004 年发现约 3600只左右;2011 年发现 14 只黑鹳,8 只青头潜鸭。该湿地自然保护区的建立将保护湖北省乃至长江中下游最大的天鹅、黑鹳和青头潜鸭越冬地。

隶属部门　林业

4.9　湖北野人谷省级自然保护区
(2006－S/2004－SH/2003－X)

地理位置与范围　野人谷省级自然保护区位于鄂西北十堰市房县西南部,东交房县野人谷镇(原桥上乡)东坪村,南与神农架林区相连,西界房县上龛乡黄龙山村,北与房县回龙乡、门古镇交界,东西长 39.2km,南北宽 19.4km,地理坐标为东经 110°22′05″～116°46′35″,北纬 31°48′08″～31°58′43″;包括国有杨岔山林场,野人谷镇杜川村、三座庵村和上龛乡白玉坪村,房县代东河林场,野人谷镇古泉村和西蒿坪村的部分地区。自然保护区总面积 28 517hm²,其中核心区面积 8 564hm²,缓冲区面积 5 704hm²,实验区面积 14 294hm²。

自然环境　野人谷自然保护区地处我国地势第二阶地向第三阶地过渡地带,处在秦巴山区地质断裂带,属大巴山系东端余脉,位于国家南水北调中线工程丹江口库区上游,属秦巴山汉水流域。自然保护区以震旦系及下古生界海相沉积为主,属杨子准地台,为沉积岩区,以石灰岩为主。山势巍峨陡峻,山脉呈北东——东西走向,主要由天坪山、黑山等山脉组成,大部海拔在 1 000m 以上,最高海拔 2 134.3m(代东河林场的天坪山),最低海拔 710m(仙家坪村与门古镇会家营村交界处),相对高差1 424.3m。山峦耸立,山高谷峡,孤峰林立,角峰尖锐,峭壁悬崖,洞深谷幽,十分险峻,且多急流、瀑布,多属构造浸蚀地形或浸蚀和堆积而成的坡陡中山地形。

气候属于北亚热带温润气候区。因区内高峰叠起,相对高差大,山地气候明显。全年日照时数1 700～2 000h;年平均气温 10～15℃,绝对最高气温 40.4℃(1973 年 7 月 20 日),绝对最低气温－17.6℃(1977 年 1 月 30 日),最热月 7 月平均气温 23.8℃,最冷月 1 月平均气温 0.4℃;无霜期174～201 天;年平均降水量 914mm。

自然保护区东部河流属南河水系,西部河流属堵河水系水系,均属长江流域的汉江水系。区内有大小河流 24 条,总长度超过 300km,其中河长超过 5km 的有杨岔河、咸水河、盘峪河、小河和横鱼河。

自然保护区有黄棕壤、棕壤、石灰岩土、潮土和水稻土等 5 个土类、黄棕壤等 8 个亚类、碳酸盐黄棕壤等 11 个土属。海拔 1 500m 以上形成典型的黄棕壤土类山地黄棕壤。山地黄棕壤是自然保护区主要的土壤类型,占自然保护区土壤总面积的 95.5%。

类型及主要保护对象　属自然生态系统类中的森林生态系统类型自然保护区,主要保护对象为北亚热带森林生态系统及自然景观。

生物多样性　维管植物 182 科 801 属 1 652 种,其中,蕨类植物 27 科 48 属 85 种,种子植物 155 科 753 属 1 567 种(裸子植物 6 科 19 属 31 种,被子植物 149 科 734 属 1 536 种)。国家重点保护野生植物 21 种,其中国家 I 级保护植物有银杏、红豆杉、南方红豆杉、珙桐 4 种;国家 II 级保护植物有 17 种,即:秦岭冷杉、篦子三尖杉、大果青杆、巴山榧树、鹅掌楸、厚朴、水青树、连香树、樟树、红豆树、野大豆、榉树、喜树、楠木、香果树、呆白菜和秃叶黄檗(黄皮树)。

陆生野生脊椎动物 4 纲 26 目 79 科 187 属 285 种,其中两栖类 2 目 8 科 11 属 25 种,爬行类 3 目 9 科 23 属 34 种,鸟类 13 目 37 科 101 属 165 种,兽类 8 目 25 科 52 属 61 种。国家重点保护野生动物 58 种,其中国家 I 级保护动物有金雕、白肩雕,川金丝猴(历史记录)、金钱豹、林麝 5 种,国家 II 级保护动物有 53 种,即:大鲵、虎纹蛙,褐冠鹃隼、黑冠鹃隼、黑鸢、栗鸢、苍鹰、赤腹鹰、凤头鹰、雀鹰、松雀鹰、大鵟、普通鵟、毛脚鵟、灰脸鵟鹰、鹰雕、秃鹫、白尾鹞、鹊鹞、白腹鹞、白头鹞、游隼、燕隼、灰背隼、红脚隼、红隼、红腹角雉、勺鸡、白冠长尾雉、红腹锦鸡、褐翅鸦鹃、草鸮、红角鸮、领角鸮、雕鸮、毛腿渔鸮、褐渔鸮、鹰鸮、斑头鸺鹠、灰林鸮、长耳鸮、短耳鸮、猕猴、中国穿山甲、豺、黑熊、青鼬、水獭、大灵猫、小灵猫、金猫、中华鬣羚、中华斑羚。

管理机构　2003 年 8 月 5 日,房县人民政府房政文[2003]51 号文批准建立“房县神农峡自然保护区”;2004 年 8 月 6 日,十堰市人民政府十政函[2004]39 号文确定为市级自然保护区,面积核定为 36 492hm²,确定自然保护区管理机构为事业单位,其人员编制、基建投资和事业经费由房县人民政府统筹解决;2006 年 8 月 21 日,湖北省人民政府鄂政函[2006]128 号文批准晋升为省级自然保护区,面积核定为 28 517hm²。

2004 年 10 月 18 日,房县机构编制委员会房机编[2004]23 号文批准成立“房县野人谷自然保护区管理局”,为正科级全额拨款事业单位,挂靠房县林业局,定编 45 人;2007 年 12 月 25 日,十堰市机构编制委员会十编发[2007]90 号文批准成立“湖北野人谷省级自然保护区管理局”,为副县级全额拨款事业单位,行政上隶属房县人民政府领导,核定编制 40 人。该自然保护区管理局现有干部职工 20 人,其中管理人员 13 名,技术人员 7 名。

通讯地址:湖北省十堰市房县城关镇联观社区凤凰山路 102 号,湖北野人谷省级自然保护区管理局;邮政编码:442100;电话(传真):0719－3229485;单位网站:http://124.205.185.3:8080/publicfiles/business/htmlfiles/yrgbhq/index.html。

特点与意义　野人谷自然保护区处我国地势第二阶地向第三阶地过渡地带,是我国北亚热带向暖温带的过渡地区,位于神农架北坡,群山起伏,地形复杂,北有秦岭屏障,南有巴山相隔,受第四纪冰川影响较轻,使其成为第三纪植物的“避难所”,不但生物多样性丰富,而且珍稀物种多(历史上曾是川金丝猴的分布区,现在仍为神农架川金丝猴种群的游荡地域),而且保存有较为典型的北亚热带常绿落叶阔叶混交林,具有明显的地带典型性,是鄂西北地区较为典型的生物多样性保存基地。同时自然保护区地处国家南水北调中线工程主要水源地——堵河的源头,其植被的好坏直接影响着水质的安全,将对国家南水北调中线工程生态安全具有一定影响。因此,本自然保护区的建立不但有利于神农架国家级自然保护及其周边地区生物多样性的保护,更为重要的是将有利于建立自然保护区群,形成大面积较完整的生物多样性保护地带。

隶属部门　林业

4.10　湖北五道峡省级自然保护区
（2009－S/2003－SH/1990－X）

地理位置与范围　五道峡省级自然保护区位于鄂西北襄阳市保康县中东部的后坪镇和龙坪镇境内;其范围是:东以龙坪镇莲花村、仁和村、龙坪村为界,南至国有大水林场与两峪乡、歇马镇界为界,西至歇马镇为界,北至后高路、黄堡镇为界,包括国有大水林场,国有官山林场麻坑分场,横冲药材场,龙坪镇的川山村、后坪镇的九池、分水岭（部分）、后坪（部分）、洪家院（部分）、三岔、堰塘等6个村,共10个行政单位;地理坐标为东经111°03′18″～111°30′00″,北纬31°37′36″～31°46′30″。自然保护区总面积23 816hm²,其中核心区面积7 650hm²,缓冲区面积4 500hm²,实验区面积11 666hm²。

自然环境　五道峡自然保护区地处秦岭地槽区向扬子江淮地台区地质构造的过渡地区。地质结构为复向斜构造和黄陵背斜北翼单斜构造两大构造单元。岩面走向与荆山山脉走向一致,以褶皱为主,岩层挤压紧密,地质构造复杂,具有典型的地台型构造特征。山脉多由沉积岩和石灰岩及变质岩构成,喀斯特地貌特征明显。本区处于大巴山东延余脉——荆山山脉主峰,地势由西向东南倾斜,区内山峦重叠,沟壑纵横,地势起伏多状,区内海拔1 000m以上的山峰达70多座。荆山主脉横贯其中,山势高突,河谷狭窄,最高峰望佛山海拔1 946m,最低点五道峡海拔550m。

属长江流域汉江水系和长江支流沮漳河水系,有大小河流3条,即东流水、板仓河、重溪河。其中东流水河流流量最大,为6m³/s,源于自然保护区内董家寨,区内流程12km,汇入清溪河,经汉江一级支流——南河入汉江;自然保护区北部的水流汇入东流水进入清溪河,再汇入南河,进入汉江;板仓河汇入沮,经长江一级支流——沮漳河流入长江。

地处我国北亚热带向暖温带过渡性地带,气候属北亚热带大陆性季风气候。年平均气温8.5℃,日均气温≥10℃的年积温3 840℃,绝对最高气温35℃,绝对最低气温－21.5℃,最热月7月平均气温25.6℃,最冷月1月平均气温－1.6℃;年平均无霜期180～210天;年平均降水量900～1 200mm,相对湿度87%。

土壤类型多样,垂直地带分布明显,地域差异较强,水平分异性较小,共有5个土类（黄棕壤、棕壤、石灰土、紫色土、潮土）、7个土亚类、14个土属、82个土种。海拔800m以下为山地黄壤,海拔800～1 800m的地带为山地黄棕壤,海拔1 500～1946m的地带为棕壤。

类型及主要保护对象　属自然生态系统类中的森林生态系统类型自然保护区,主要保护对象为北亚热带森林生态系统及自然景观。

生物多样性　维管植物189科828属1 698种,其中蕨类植物27科50属93种,种子植物160

科778属1 605种(裸子植物7科20属32种,被子植物155科759属1 573种)。国家重点保护野生植物24种,其中国家Ⅰ级保护植物有银杏、红豆杉、南方红豆杉、珙桐、光叶珙桐5种,国家Ⅱ级保护植物有19种,即:篦子三尖杉、大果青杆、巴山榧树、连香树、樟树、楠木、闽楠、野大豆、鹅掌楸、厚朴、水青树、红豆树、香果树、喜树、秃叶黄檗、红椿、呆白菜、榉树、金荞麦。

森林类型多样,自然植被分为3个植被型组、6个植被型(常绿针叶林、常绿阔叶林、常绿落叶阔叶混交林、落叶阔叶林、灌丛、草丛)、21个群系,其中落叶阔叶林是自然保护区森林的主体。珍稀植物群落有红豆杉林、大果青杆林、华榛林、领春木林、青檀+黑壳楠林等。地带性植被属北亚热带常绿落叶阔叶混交林,植被垂直分布规律比较明显:海拔1 600m以下为常绿落叶阔叶混交林带,海拔1 600m以上为落叶阔叶林带。

野生脊椎动物5纲29目89科308种,其中鱼类4目10科40种,两栖类2目8科23种,爬行类3目9科34种,鸟类12目37科151种,兽类8目25科60种。昆虫25目257科1 644种。国家重点保护野生动物48种,其中国家Ⅰ级保护的有金雕,林麝、金钱豹、云豹4种,国家Ⅱ级保护的有大鲵、虎纹蛙、褐冠鹃隼、黑冠鹃隼、黑鸢、苍鹰、赤腹鹰、凤头鹰、棕尾鵟、大鵟、普通鵟、灰脸鵟鹰、白尾鹞、鹊鹞、白头鹞、白腹鹞、红脚隼、红隼、红腹角雉、勺鸡、白冠长尾雉、红腹锦鸡、褐翅鸦鹃、草鸮、红角鸮、雕鸮、毛腿渔鸮、斑头鸺鹠、灰林鸮、长耳鸮、短耳鸮,猕猴、短尾猴、中国穿山甲、豺、黑熊、青鼬、水獭、大灵猫、小灵猫、金猫、牙獐(河麂)、中华斑羚、中华鬣羚44种。

管理机构　目前的五道峡省级自然保护区是在原五道峡市级自然保护区、保康红豆杉市级自然保护区的基础上合并、扩大而成。1990年2月13日,保康县人民政府保政发[1990]2号文批准建立五道峡县级自然保护区,面积为1 666.7hm²,由保康县林业局和后坪林业工作站管理,并固定了4名兼职人员从事自然保护区管理工作;2003年9月28日,原襄樊市人民政府办公室襄樊政办函[2003]40号文将五道峡县级自然保护区批升为市级,将面积扩大到20 225hm²,并在龙坪镇建立面积为4 000hm²的保康红豆杉市级自然保护区,均属保康县林业局管理;2009年2月23日,湖北省人民政府鄂政函[2009]40号文批准晋升为省级自然保护区,面积核定为23 816hm²。

2004年10月28日,襄樊市机构编制委员会襄机编[2004]38号文批准成立“保康县五道峡自然保护区管理局”,为副科级事业单位,由保康县林业局管理,经费自收自支;2004年11月24日,保康县机构编制委员会保机编[2004]24号文同意成立“保康县五道峡自然保护区管理局”,为隶属保康县林业局的副科级事业单位,定编12人。2012年12月31日,湖北省机构编制委会办公室鄂编办文[2012]204号文批复成立“湖北五道峡省级自然保护区管理局”,为襄阳市林业局所属事业单位,委托保康县人民政府管理,正职可按副县级选配,所需编制在保康县本级编制内调剂。

通讯地址:湖北省襄樊市保康县城关镇清溪路73号,湖北五道峡省级自然保护区管理局;邮政编码:441600;电话:0710－5812686,传真:0710－5812438;单位网站:http://124.205.185.3:8080/publicfiles/business/htmlfiles/wdxbhq/index.html。

特点与意义　五道峡自然保护区地处荆山山脉主峰,因其独特的山形地貌和温湿的气候条件,蕴藏着丰富的野生动植物资源,孕育出秀丽迷人的峡谷、奇松、秀竹、怪石、温泉、瀑布、云海等自然景观,是鄂西北荆山山脉最具代表性的自然保护区和重要的生物多样性保存地域。自然保护区是蜡梅和紫斑牡丹模式标本产地,保存有大面积的蜡梅群落、紫斑牡丹群落、小勾儿茶居群和红豆杉古树群落,是湖北省紫斑牡丹、蜡梅、红豆杉和小勾儿茶等珍稀野生植物重要的保存地。

隶属部门　林业

4.11　湖北丹江口库区湿地省级自然保护区

（2009－S/2003－SH）

地理位置与范围　丹江口库区湿地省级自然保护区位于鄂西北十堰市境内,东起丹江口市均县镇,沿汉江西至郧西县的涧池乡,其范围是自丹江大坝沿汉江上溯至郧西县涧池乡泥河口,两岸以丹江口水库二期工程淹没区(汉江主航道海拔157m)以上至迎水面第一道山脊为界,涉及的行政区域有丹江口市1个镇、郧县8个乡(镇)、郧西县3个乡(镇)、十堰市张湾区1个乡,计13个乡(镇)。地理坐标为东经110°20′45″(郧县红椿沟)″～111°09′20″(丹江口市均县水面),北纬32°33′28″(丹江口市均县水面)～32°53′37″(郧西县天河口)。自然保护区总面积45 103hm²,其中,核心区面积24 911hm²,缓冲区面积9 862hm²,实验区面积10 330hm²。

自然环境　丹江口库区湿地自然保护区地处秦岭余脉与大巴山东延余脉武当山脉过渡区的汉江谷地,位于汉江上游。以汉江为线将自然保护区一分为二,北边是秦岭余脉,有郧西大梁、玉皇山、云盖寺山等;南边是武当山脉,属大巴山东延余脉,主要有岺峧山、大佛山、赛武当、武当山。汉江干流穿行其间,丹江口水库平卧其内,河道蜿蜒曲折,西窄东阔,西高东低使流域向东倾斜。北有夹河、天河来汇,南有堵河、将军河、神定河注入,两侧纵横密布的沟溪呈心型汇入河道。汉江干流从白河至丹江口水库黄家港站全长217km,因两岸地形及河道变化,在自然保护区内分为西、中、东三段。西段天河至郧县红椿沟,长32km,该段两侧群峰耸立,溪谷纵横,地势陡峻,水流湍急,多险滩。中段红椿沟至郧县县城,长80km,为丘陵盆地地貌,汉江九曲回环,形成一系列河湾地;河流侧蚀与下切严重,并形成柳陂离堆山与牛轭湖。东段从郧县县城至丹江口水库大坝,为丹江口水库库区,水深河宽,两岸岗地浑圆,滩涂发育。堵河为汉江中段最大支流,于韩家州处入汉江,系山溪性河流,水系暴涨暴落。黄龙滩水库位于中段。

丹江口水库水质优良,达到国家地表水Ⅱ类标准。

属北亚热带大陆性湿润季风气候。由于自然保护区范围由郧西至丹江大坝,东西跨度大,地形复杂,呈现东低西高的立体气候分异现象。年平均气温15.4～16.9℃,年平均降水量820mm。

自然保护区土壤涵盖4个土类(水稻土、石灰土、紫色土、黄棕壤)、6个亚类(潴育型水稻土,棕色石灰土,灰紫色土,黄棕土壤、黄褐土、黄棕壤性土)、10个土属,水平地带性土壤类型为黄棕壤。

类型及主要保护对象　属自然生态系统类的内陆湿地和水域生态系统类型自然保护区,主要保护对象为河道型库塘生态系统及优质的淡水资源(指南水北调中线工程竣工蓄水淹没后的情况,目前仍为陆域)。

生物多样性　维管植物161科543属942种,其中蕨类植物21科32属48种;种子植物140科511属894种(裸子植物5科10属12种,被子植物135科501属882种)。国家Ⅱ级保护野生植物

10种,即:金毛狗蕨、金钱松、红椿、香果树、鹅掌楸、厚朴、樟树、野大豆、红豆树、秃叶黄檗(黄皮树)。自然保护区自然植被分为4个植被型组,9个植被型,47个群系。

丹江口库区浮游植物8门86属,其中绿藻门42属,硅藻门19属,蓝藻门13属,裸藻门、甲藻门、金藻门各3属,黄藻门2属,隐藻门1属;浮游动物4大类96种(属),其中原生动物22属,轮虫类32种(属),枝角类23种,桡足类19种;底栖生物35种,其中寡毛类5种,水生昆虫8种,软体动物18种,甲壳动物4种。

野生脊椎动物共5纲33目99科363种,其中,鱼类4目12科53属68种,两栖类2目8科21种,爬行类3目10科26种,鸟类17目47科191种,兽类7目22科57种。国家重点保护野生动物63种,其中国家Ⅰ级保护动物有8种,即:东方白鹳、白鹤、金雕、白肩雕、胡兀鹫、白尾海雕,金钱豹、林麝,国家Ⅱ级保护动物有55种,即:大鲵、虎纹蛙、白琵鹭、小苇鳽、疣鼻天鹅、大天鹅、海南鳽、鸳鸯、黑鸢、黑翅鸢、苍鹰、凤头鹰、雀鹰、松雀鹰、棕尾鵟、大鵟、普通鵟、灰脸鵟鹰、鹰雕、白腹隼雕、秃鹫、白尾鹞、鹊鹞、白腹鹞、白头鹞、蛇雕、游隼、燕隼、灰背隼、红脚隼、红隼、红腹角雉、勺鸡、白冠长尾雉、红腹锦鸡、灰鹤、小杓鹬、草鸮、红角鸮、毛腿渔鸮、褐渔鸮、领鸺鹠、褐林鸮、灰林鸮、长耳鸮、短耳鸮,猕猴、豺、黑熊、水獭、青鼬、大灵猫、小灵猫、中华鬣羚、中华斑羚。

管理机构　2003年3月18日,十堰市人民政府办公室十政办发[2003]129号文批准建立"丹江口库区湿地市级自然保护区",面积为107 560hm²;2009年2月23日,湖北省人民政府鄂政函[2009]40号文批准晋升为省级自然保护区,面积核定为45 103hm²。

2010年1月27日,十堰市机构编制委员会办公室十编办发[2010]3号文批准成立"湖北丹江口库区省级湿地自然保护区管理局",为十堰市林业局管理的科级全额拨款事业单位,暂定编制5人;2012年10月15日,十堰市机构编制委员会办公室十编办发[2012]87号文批准成立"湖北丹江口库区省级湿地自然保护区管理局",为十堰市林业局管理的相当正科级全额拨款事业单位,核定事业编制12名。目前该局已设立办公室、计划财务科、资源保护科、科研监测科、档案室等职能科室,下设郧县、郧西、丹江3个管理站;在岗人员6人,其中管理人员2人,专业技术人员4人。

通讯地址:湖北省十堰市市府路六堰山四区6号,湖北丹江口库区省级湿地自然保护区管理局;邮政编码:442000;电话:0719—8683646,8687887,传真:0719—8683646,8673887;单位网站:http://124.205.185.3:8080/publicfiles/business/htmlfiles/djkbhq/index.html。

特点与意义　丹江口库区湿地自然保护区为面积巨大的河道型水库,是国家南水北调中线工程直接供水区和重要的水源区。

隶属部门　林业

4.12　湖北大别山省级自然保护区
(2009—S/2003—SH)

地理位置与范围　大别山省级自然保护区位于大别山南麓、鄂东黄冈市罗田县和英山县的北部,地理坐标跨东经 115°31′08″～116°03′45″,北纬 30°57′29″～31°12′45″之间,总面积为 16 048.2hm²,其中,核心区面积 5 441.4hm²,缓冲区面积 1 925hm²,实验区面积 8 681.8hm²。大别山自然保护区分西北和东南两段。西北段位于罗田县和英山县境内,东与安徽省交界于黑沟,西与麻城市毗邻,北接安徽省金寨县(部分接安徽天马国家级自然保护区);地理坐标为东经 115°31′08″～115°50′37″,北纬 31°03′35″～31°12′45″;面积为 14 221.8hm²,其中核心区 4 630.6hm²,缓冲区 1 764.6hm²,实验区 7 826.6hm²。东南段位于英山县境内,东接安徽鹞落坪国家级自然保护区,南距大花尖仅 1km,西紧邻肖家寨,北与安徽鹞落坪国家级自然保护区的三天门毗邻,地理坐标为东经 116°00′00″～116°03′45″,北纬 30°57′29″～31°00′56″;面积为 1 826.4hm²,其中核心区 810.8hm²,缓冲区 160.4hm²,实验区 855.2hm²。自然保护区辖 6 个国有林场和 1 个镇,即英山县的桃花冲林场、吴家山林场,罗田县的天堂寨林场、青苔关林场、薄刀峰林场、黄狮寨林场以及九资河镇的赵家坳村、中湾村、邱家湾村、唐家畈村、小寨集体林场、三省垴集体林场。

自然环境 山体构造较为复杂,属淮阳山字型构造体系的脊柱,为秦岭褶皱带的延伸。大别山呈西北——东南走向,地势为北高南低,其地形自北向南呈阶地状坡降,依次出现中山、低山、丘陵,并以中山山岳为主要特征,山势雄伟;北部相对高差较大,坡陡流急,峰峦叠嶂,峭壁千仞,沟壑深邃,峡谷幽长;西南部缓平,多为低山丘陵。海拔多为 1 200～1 600m,最高点天堂寨海拔 1 729m,位于本区内。区内有大量的酸性花岗岩出露,因受水蚀、风蚀等多种因素影响,发生球状风化,形成许多造型奇特的巨石。岩体内裂理断层较为发育,产生了许多陡崖、裂谷、瀑布,造型地貌众多。

属北亚热带湿润季风气候。气候温湿,雨量充沛,四季分明。具有典型的山地气候特征,气温随海拔上升而递减,降水随海拔高度上升而增加。冬无严寒,夏无酷暑,气温宜人。年平均气温 12.5℃,日均气温≥10℃的年积温 4 500～5 500℃,绝对最高气温 37.1℃,绝对最低气温 -16.7℃,最热月 7 月平均气温 23℃,最冷月 1 月平均气温 0.2℃。年平均降水量 1 433.4mm,是湖北省多雨区之一。

自然保护区境内多山,河系较为发达。大别山地势绵亘,山体雄伟,壁峭谷深,成为长江、淮河 2 大水系的分水岭,是长江中游主要支流倒水、举水、浠水、蕲水、巴水、华阳河的发源地。水资源丰富,有天堂河、胜利河、巴干河、东河、西河等 6 大河流和红花咀和张家咀 2 座水库。

自然保护区土壤多由花岗岩、片麻岩风化而成,以黄棕壤为主。海拔 800m 以下为黄棕壤,AB 层 60～80cm,有机质含量为 1%～2.6%,pH 值为 5.5～6.0,呈弱酸反应;海拔 800～1 500m 为山地黄棕壤;海拔 1 500m 以上为山地棕壤。山地黄棕壤和山地棕壤 AB 层一般为 40～60cm,有机质含量为 0.8%～1.3%,pH 值为 5.5,呈弱酸反应。

类型及主要保护对象 属自然生态系统类中的森林生态系统类型自然保护区,主要保护对象为北亚热带森林生态系统及自然景观。

生物多样性 维管植物 186 科 671 属 1 315 种,其中,蕨类植物 31 科 50 属 73 种,种子植物 155 科 621 属 1 242 种(裸子植物 7 科 10 属 14 种,被子植物 148 科 611 属 1 228 种)。国家重点保护野生植物 17 种,其中国家Ⅰ级保护植物有南方红豆杉 1 种;国家Ⅱ级保护植物有 16 种,即:金毛狗蕨、大别五针松、金钱松、巴山榧树、厚朴、鹅掌楸、连香树、樟树、楠木、榉树、金荞麦、野大豆、秃叶黄檗(黄皮树)、喜树、秤锤树、香果树。自然植被有 4 个植被型组、10 个植被型、29 个群系。基带植被为常绿落叶阔叶混交林,植被垂直分布规律较为明显。海拔 800m 以下为常绿落叶阔叶混交林带,在一些沟谷地带,残存有北亚热带地区少见的常绿阔叶林;海拔 800~1 200m 为落叶阔叶林带;海拔 1 200~1 729m 为温性针叶林带。

野生脊椎动物 5 纲 34 目 77 科 259 种,其中鱼类 8 目 12 科 41 属 51 种,两栖类 2 目 6 科 13 种,爬行类 3 目 8 科 32 种,鸟类 14 目 33 科 122 种,兽类 7 目 18 科 41 种。国家重点保护野生动物 25 种,其中国家 I 级保护动物有金雕、白鹳、白肩雕、白尾海雕,金钱豹、原麝 6 种;国家 II 级保护动物有 19 种,即:拉步甲,细痣疣螈、虎纹蛙,白额雁、黑鸢、赤腹鹰、普通鵟、白腹隼雕、秃鹫、白尾鹞、鹊鹞、灰背隼、红隼、白冠长尾雉、勺鸡、斑头鸺鹠、中国穿山甲、豹、水獭、小灵猫。昆虫有 16 目 88 科 353 种。

管理机构 2003 年 9 月 28 日,黄冈市人民政府黄冈政函[2003]59 号文批准建立市级自然保护区,范围涉及罗田县天堂寨、青苔关、薄刀峰和黄狮寨 4 个国有林场,九资河镇、胜利镇 2 个镇和英山县桃花冲、吴家山和五峰山 3 个国有林场,石头嘴镇、草盘地镇、陶家河乡 3 个乡镇,总面积为 50 000hm²;2009 年 2 月 23 日,湖北省人民政府鄂政函[2009]40 号文批准晋升为省级自然保护区,总面积核定为 16048.2hm²。

2004 年 12 月 14 日,黄冈市机构编制委员会办公室黄机编办函[2004]7 号文批准设立"湖北大别山自然保护区管理局",核定事业编制 100 名,为隶属黄冈市林业局的副县级事业机构;目前已落实 7 名工作人员。

通讯地址:湖北省黄冈市黄州区新港大道新港三路 9 号,湖北大别山自然保护区管理局;邮政编码:438000;电话(传真):0713-8115121。

特点与意义 大别山地处河南、湖北和安徽三省交界,地理位置十分重要,是流域、气候和生物地理分区的重要分界线。在流域上,是长江和淮河流域的分水岭;在气候上,是亚热带向暖温带过渡区域;在植被区划上,是北亚热带植被和暖温带植被的分界线;在植物区系分区上,是华东植物区系向华中植物区系的过渡区域。大别山自然保护区地处大别山南麓,是大别山主峰所在地,因此,建立大别山自然保护区具有生物地理省一级的保护价值。

大别山自然保护区生物多样性丰富,珍稀濒危保护野生植物较多,是一些特有种和珍稀濒危种在湖北省唯一或主要的分布区,具有较高的保护价值。该区是湖北省大别山南坡幸存的较为完整的华东植物区系代表地,保存有大别五针松(*Pinus fenzeliana* var. *dabeshanensis*)、光柱铁线莲(*Clematis longistyla*)、大别山丹参(*Salvia dabieshanensis*)等大别山特有植物种,为鄂东北珍稀濒危植物的集中分布地;是鄂东北北亚热带森林生态系统的典型代表,发育的北亚热带常绿落叶阔叶混交林具有典型性和代表性;该区分布的黄山松林、黄山栎林、黄山杜鹃灌丛等都是湖北省唯一的,或发育最好或分布面积最大的植被类型;该区是国家 I 级保护野动物原麝、国家 II 级保护野植物大别五针松在湖北省唯一分布地,也是国家 II 级保护野动物细痣疣螈在湖北省的少数分布地(另一分布地点是宜昌市五峰土家族自治县长乐坪镇洞口村雨坪坡,但其不属后河国家级自然保护区管辖范围)。

此外,该区生态地位重要,为长江、淮河两大水系的分水岭,是大别山南麓下游重要的水源涵养地,对长江流域水生态安全具有重要的意义。

隶属部门 林业

4.13 湖北崩尖子省级自然保护区

(2010-S/2001-SH/1988-X)

地理位置与范围 崩尖子省级自然保护区位于鄂西南宜昌市长阳土家族自治县南部的都镇湾镇和资丘镇交汇处,清江中下游,东面沿响石溪与本县都镇湾镇相邻,南沿中溪河及崩尖子山脉与五峰土家族自治县白鹿庄乡高峰村毗连,西沿对舞溪河与本县资丘镇交界,北沿清江与本县资丘镇隔江相对;地理坐标为东经110°36′23″~110°48′02″,北纬30°16′04″~30°26′10″。自然保护区总面积13 313hm²,其中核心区面积3 198hm²,缓冲区面积4 372hm²,实验区面积5 743hm²。

自然环境 崩尖子自然保护区地处武陵山脉东段北部余脉,清江南岸,最高处崩尖子(又名剪刀山)海拔2 259.1m,也是长阳县的最高点,最低处清江库区海拔200m。境内山体重峦叠嶂,延绵起伏,河流深切,峡谷瀑布普遍,岩溶发育。

属中亚热带湿润季风气候。光照充足,雨量充足,雨热同季;气候垂直差异明显。太阳年辐射总量410~419kJ/cm²,年平均日照时数1 875.5h;年平均气温13~16℃。海拔1 800m左右地区,年平均气温8℃,日均气温≥10℃的年积温1 900~2 900℃,绝对最高气温35℃,绝对最低气温-20.1℃,最热月7月平均气温24~28℃,最冷月1月平均气温1~5℃。年平均无霜期181天;年平均降水量1 300~1 460mm,相对湿度77%。

属长江流域清江水系,位于清江南面的响石溪、中溪河、曲溪等河流均发源于本自然保护区。土壤有7个土类(水稻土、潮土、石灰土、紫色土、棕壤土、黄棕壤土、黄壤土)。

类型及主要保护对象 属自然生态系统类中的森林生态系统类型自然保护区,主要保护对象为中亚热带森林生态系统。

生物多样性 崩尖子自然保护区位于中亚热带与北亚热带过渡地区,动植物区系具有明显的过渡性质。由于受海侵和第四纪冰川的影响较小,该区还保留了大量的孑遗成分和珍稀濒危植物,极具保护价值。初步调查,维管植物189科739属1 588种,其中蕨类植物33科73属165种,种子植物156科666属1 423种(裸子植物6科15属23种,被子植物150科651属1 400种)。国家重点保护野生植物18种,其中国家Ⅰ级保护植物有珙桐、光叶珙桐、红豆杉、南方红豆杉4种,国家Ⅱ级保护植物有14种,即:篦子三尖杉、巴山榧树、连香树、香果树、水青树、鹅掌楸、闽楠、楠木、野大豆、喜树、樟树、秃叶黄檗(黄皮树)、呆白菜、大叶榉。

区内地形特异,森林植被丰富多彩,自然植被有3个植被型组,7个植被型,22个群系。以落叶阔叶林为主要群落,具有珙桐+曼青冈林、珙桐林、白辛树林、水青树林等珍稀树种群落。珙桐群落中有树高21m、胸径45cm的珙桐大树;香果树与珙桐一样,生长在山坡或山谷沟槽,喜深厚湿润肥沃土壤,皆有零星原生大树。地带性植被为中亚热带常绿阔叶林,植被垂直分布规律比较明显,海拔1 200m以下为常绿阔叶林带,海拔1 200~1 500m为常绿落叶阔叶混交林带,海拔1 700m以上为落叶阔叶林带。

陆生野生脊椎动物4纲28目88科335种,其中两栖类2目9科39种,爬行类3目10科43种,鸟类15目46科195种,哺乳类8目23科58种。国家重点保护野生动物52种,其中国家Ⅰ级保护动物有金雕,金钱豹、云豹、林麝4种,国家Ⅱ级保护动物有48种,即:大鲵、虎纹蛙,鸳鸯、白尾鹞、褐冠鹃隼、黑鸢、栗鸢、苍鹰、赤腹鹰、雀鹰、松雀鹰、普通鵟、毛脚鵟、灰脸鵟鹰、鹰雕、林雕、鹊鹞、白腹鹞、游隼、燕隼、红脚隼、红隼、红腹角雉、勺鸡、白冠长尾雉、红腹锦鸡、褐翅鸦鹃、草鸮、红角鸮、领角鸮、雕鸮、领鸺鹠、斑头鸺鹠、鹰鸮、纵纹腹小鸮、灰林鸮、长耳鸮、短耳鸮,猕猴、豺、黑熊、水獭、中国穿山甲、小灵猫、金猫、牙獐(河麂)、中华鬣羚、中华斑羚,

管理机构   1988年8月5日,长阳县人民政府长政函[1988]67号文批准建立"崩尖子县级森林保护区",面积1 666.7hm²,成立崩尖子林区管理站,人员配备由县林业局负责;2001年12月31日,宜昌市人民政府宜府文[2001]187号文批为市级自然保护区,面积13 500hm²;2010年6月3日,湖北省人民政府鄂政函[2010]195号文批准晋升为省级自然保护区,面积核定为13 313hm²。

1999年长阳土家族自治县机构编制委员会长机编[1999]2号文设立"长阳县崩尖子自然保护区管理站",定编10人,实有职工4人(其中在编1人,聘用3人);2005年9月8日,中共长阳土家族自治县机构编制委员会长机编[2005]33号文批准设立"长阳土家族自治县崩尖子自然保护区管理站",在长阳县国有银峰林场挂牌,与其合署办公。目前崩尖子省级自然保护区尚未设置独立的管理机构和管理人员,管理职责由长阳县林业局代为行使。

通讯地址:湖北省宜昌市长阳土家族自治县龙舟坪镇龙舟大道103号,长阳县崩尖子自然保护区管理站;邮政编码:443500;电话:0717—5332038,传真:0717—5328692。

特点与意义   该区是湖北省珙桐群落主要分布区之一,具有较高的保护价值;原生植被较为典型,在全省具有典型性和代表性;是国家Ⅰ保护动物金钱豹和中国特有、湖北省重点保护濒危两栖动物——中国小鲵(*Hynobius chinensis*)模式标本产地和重要的栖息地。2006年中国小鲵在本区重新被发现。

隶属部门   林业

4.14 湖北神农架大九湖湿地省级自然保护区
(2010—S/2003—SH)

地理位置与范围   神农架大九湖湿地省级自然保护区位于神农架林区西南边缘的大九湖镇,东面和南面与神农架国家级自然保护区相连,西北与竹山县境内的堵河源国家级自然保护区毗邻;西南与重庆市巫溪县、巫山县相连;地理坐标为东经109°56′02″~110°11′32″,北纬31°25′11″~31°33′34″。自然保护区总面积9 320hm²,其中核心区面积3 262hm²,缓冲区面积1 491.2hm²,实验区面积4 566.8hm²。

自然环境   大九湖位于我国地势第二级阶地的东部边缘,由大巴山东延的余脉组成亚高山盆地地貌,盆地底部海拔1 730m,周围群山环绕,东南的最高峰霸王寨海拔2 624.2m,南面的四方台顶高2 600m,相对高差894m。盆地周边山体岩性为白云岩、白云质灰岩等碳酸盐岩组成,加上神农架地

区雨水充沛,植被发育良好,在第三纪、第四纪冰川侵蚀作用下,峡谷地形复杂,山峦起伏多变,中间地势平坦,成为沼泽植被和自然泥炭沼泽湿地。自然保护区湿地总面积 1 753hm²,其中,大九湖 1 384.6hm²,小九湖 260.4hm²,坪阡 108hm²(人工)。

地处北亚热带季风气候区,属亚高山寒温带潮湿气候。日照时间短,气候温凉。全年日照 1 000h 左右,平均每天日照 2.7h;年平均气温 7.4℃,日均气温≥10℃的年积温 2 099.7℃,绝对最高气温 29.3℃,绝对最低气温-21.2℃,最热月 7 月平均气温 17.2℃,最冷月 1 月平均气温-4.3℃;无霜期短,只有 140 天;年降水量 1 560mm,降水丰富且分布均匀,云雾天气较多,相对湿度 80%。冬长夏短、春秋相连的独特气候条件造就了大九湖独特的亚高山湿地资源。由于流域内山势高大,表现出明显的垂直气候特征。

神农架大九湖湿地自然保护区雨量充沛,且年内分配比较均匀,蒸发小,湿度大,年径流量十分丰富,河流含沙量低,主体部分大、小九湖盆地总汇水面积 5 721hm²。大九湖内有黑水河和九灯河两条溪流,均汇入落水孔,经地下暗河自竹山堵河源流经堵河水系。黄柏阡由落阳河汇入堵河水系。坪阡河流原属堵河水系,因麻线坪水电站调水工程形成人工水库(坪阡水库)而将坪阡水系的水调入了长江流域的沿渡河水系,现为人工水库湿地。大九湖无其他排水通道,而岩溶洞穴又不能通畅排水,因而地下水位普遍较高,在大九湖盆地中部,广阔的河漫滩地带,地下水位接近于地表,形成独特的亚高山湖沼景观。小九湖内有铜洞沟溪流,流入洛阳河,经房县九道梁汇入堵河。堵河水系经黄龙滩水库注入汉江。

大九湖湿地自然保护区主要分布有暗棕壤、草甸暗棕壤、山地黄棕壤、沼泽土、草甸沼泽土、黄棕壤性土、石灰土、紫色土、潮土。

类型及主要保护对象 属自然生态系统类中的内陆湿地和水域生态系统类型自然保护区,主要保护对象为北亚热带亚高山淡水泥炭沼泽湿地生态系统,以及云豹、林麝、白鹳、黑鹳、金雕和珙桐、红豆杉、秦岭冷杉等珍稀野生动植物。

生物多样性 高等植物 158 科 491 属 1 002 种,其中苔藓植物 13 科 17 属 18 种,蕨类植物 15 科 21 属 37 种,种子植物 130 科 453 属 947 种(裸子植物 4 科 9 属 17 种,被子植物 126 科 444 属 930 种)。国家重点保护野生植物 13 种,其中国家Ⅰ级保护植物有红豆杉、珙桐 2 种,国家Ⅱ级保护植物有巴山榧树、篦子三尖杉、大果青杆、秦岭冷杉、连香树、厚朴、野大豆、秃叶黄檗(黄皮树)、鹅掌楸、水青树、榉树 11 种。自然植被类型有 4 个植被型组,7 个植被型,24 个群系,常见的有沼泽、水生、草甸、温性针叶林、落叶阔叶林和灌丛等 6 个类型。

大九湖湿地自然保护区兼具湿地和森林生态系统,生境类型比较丰富,群落交错区发育明显,为野生动物的繁衍提供了良好的栖息场所,野生动物种类比较丰富。陆生野生脊椎动物有 4 纲 18 目 37 科 64 属 152 种,其中,两栖类 2 目 3 科 3 属 5 种,爬行类 1 目 1 科 1 属 1 种,鸟类 10 目 20 科 36 属 118 种,兽类 5 目 14 科 24 属 28 种。国家重点保护野生动物 35 种,其中国家Ⅰ级保护动物有东方白鹳、金雕、云豹、林麝、梅花鹿(引进,野化种)5 种,国家Ⅱ级保护动物有三尾褐凤蝶,虎纹蛙,白琵鹭、褐冠鹃隼、栗鸢、苍鹰、凤头鹰、普通鵟、鹰雕、草原雕、秃鹫、草原鹞、红脚隼、红腹角雉、勺鸡、白冠长尾雉、红腹锦鸡、楔尾绿鸠、黄嘴角鸮、领鸺鹠、灰林鸮、短耳鸮,黑熊、中华鬣羚、中华斑羚、小灵猫、豹、中国穿山甲、青鼬、金猫 30 种。

管理机构　2003年12月1日,神农架林区人民政府神政函[2003]36号文批准建立区(市)级自然保护区,面积1 645hm²;2008年9月26日,神农架林区人民政府神政函[2008]55号文调整自然保护区面积到8 326hm²;2010年6月3日,湖北省人民政府鄂政函[2010]195号文批准晋升为省级自然保护区,面积核定为9 320hm²。2013年3月25日,湖北省环境保护厅鄂环函[2013]156号文批准调整其功能区划,其中核心区、缓冲区和实验区面积分别调整为3 262hm²、1 491.2hm²和4 566.8hm²,自然保护区总面积不变。

2006年2月28日,神农架林区机构编制委员会办公室神编办[2006]4号文设立"神农架林区大九湖湿地自然保护区管理处",为神农架林区林业管理局直属的正科级事业机构,定编30人;2007年3月15日,湖北省机构编制委员会鄂编发[2007]26号文批准设立"湖北神农架大九湖国家湿地公园管理局",为正处级事业单位,定编60人;2010年11月2日,湖北省机构编制委员会办公室鄂编办文[2010]252号文设立"神农架林区大九湖森林公安局",为正科级单位,核定政法专项编制11人。目前大九湖湿地省级自然保护区尚未设置独立的管理机构和管理人员,由湖北神农架大九湖国家湿地公园管理局代管,该局人员编制总计71人,现有人员42人,其中科技人员5人。

通讯地址:湖北省神农架林区大九湖九湖大道特1号,湖北神农架大九湖国家湿地公园管理局;邮政编码:442418;电话(传真):0719-3336505,3472258。

特点与意义　该区水文条件及生境条件独特,周围群山环绕,中央为一冰川谷地,在特定的条件下,形成平坦的湖状盆地,地势平坦,甚少起伏,没有外流河溪,仅靠地下溶洞排水。由于整个山地盆地地势低洼,排水不良,大部分地方地表有常年或季节性滞水。该区湿地植被主要类型为草本沼泽和藓类沼泽,其中红穗薹草、葱状灯心草和泥炭藓丛是其代表。在泥炭藓群系中,华刺子莞—泥炭藓群丛是中国亚热带山地的典型代表。该群落以泥炭藓为优势种,形成低矮的藓丘;丘上伴生有莎草科植物华刺子莞。此外,群落类型独特,小黑三棱群落和睡菜群落为华中地区首次记载;植物种类在湖北较为独特,有食虫植物2种,分别为沉水植物黄花狸藻和陆生植物圆叶茅膏菜,在薹草群落中分布的浮毛茛和圆叶茅膏菜均为湖北省首次记载。

大九湖湿地沼泽堆积物——泥炭的C¹⁴年龄测定表明,大九湖湿地的沼泽早在距今约1.5~2万年前的晚更新世末期就已经形成并完整保存至今。对比其他地区,大九湖湿地沼泽早于远古时形成,连续性强,积累速度缓慢。该区泥炭层最大厚度达3.5m,表明该区域曾经是发育良好的泥炭沼泽湿地。该区藓类沼泽是湖北省最为典型的一块亚高山泥炭藓沼泽湿地,也是中国南方亚高山地区十分珍稀的湿地资源,具有重大的科研和经济价值,是进行全球气候变化研究的重要材料。此外,大九湖湿地是汉江一级支流堵河的源头,堵河是南水北调中线工程的源头水,也是堵河源、十八里长峡自然保护区和小三峡的水源地之一,其水质将影响到当地居民的饮用安全;大九湖湿地位于湖北省、陕西省和重庆市的交界处,北邻丹江口水库,南接三峡库区,其周边的森林和沼泽植被是丹江口水库、三峡库区和汉江流域的"第二蓄洪区",对于这些区域的水源涵养、水土流失治理以及防洪、调蓄、灌溉、工业和居民供水、养殖与发电等方面都有巨大的价值。

2013年10月16日,神农架大九湖湿地被列入《国际重要湿地名录》。

隶属部门　林业

4.15 湖北神农溪省级自然保护区

(2010—S)

地理位置与范围 神农溪省级自然保护区位于鄂西恩施土家族苗族自治州巴东县北部,行政上涉及沿渡河镇的小溪、茅芋坪、送子园、石东坡、芋头沟、茶园等村,地理坐标为东经110°15′40″~110°26′39″,北纬31°17′57″~31°23′54″。自然保护区总面积10 150hm²,其中核心区面积6 354hm²,缓冲区面积1 398hm²,实验区面积2 398hm²。

自然环境 神农溪自然保护区位于我国地势第二阶地的东部边缘,由大巴山脉东延余脉组成亚高山地貌,山脉走向与区域地质构造方向线一致,呈近东西方向延伸;地势西南低东北部高,由北向南逐渐降低。区内山势高大,山峦重叠,山坡陡峻,河谷深切,峡谷纵横,绝壁高悬,山峰挺拔,气势雄伟。小神农架主峰海拔高3 005m,西北抵大神农架,南倾斜达沿渡河岸。

自然保护区为北亚热带气候向暖温带气候过渡区域,气候属北亚热带季风气候。但由于受海拔和山脉影响,立体气候非常明显。太阳年辐射总量331~416kJ/cm²,全年日照总时数1 200~1 650h,平均每天日照3.4~4.5h;年平均气温7.7~17.7℃;全年平均降水量1 100~1 900mm,水面蒸发量800mm左右,陆地蒸发量500mm左右;海拔800m以下低山平坝河谷地区无霜期230~240天;海拔800~1 200m地区为200~230天;海拔1 200m以上的地方不足200天。年风速普遍较小,平均风速为1.5~3.4m/s。

自然保护区水系属长江一级支流沿渡河水系。沿渡河发源于神农架南坡,是长江走出巫峡进入香溪宽谷之后的第一条支流。沿渡河流域面积1 031.5km²,全长约60km,河床宽25m;两河口以上称板桥河,以下至叶子坝称沿渡河,再下至河口称龙船河,今称"神农溪"(国家5A旅游景区);多年平均径流总量8.20×10⁸m³,平均径流深1 030.5mm,最大洪水流量1 380m³/s,最小流量为1.6m³/s。注入沿渡河的河流及溪沟有17条,主要有石柱河、三道河、红砂河、罗溪河、平阳河、牛场河等。

自然保护区共有10个土类,20个亚类,52个土属,235个土种。地带性土类为黄棕壤、棕壤和暗棕壤;非地带性土壤为石灰土、水稻土、沼泽土。土壤的成土母质主要有石灰岩、砂页岩、石英砂页岩、硅质页岩和河流冲积物。地带性土壤具有明显的垂直分布规律,非地带性土壤具有区域性分布规律。

类型及主要保护对象 属自然生态系统类中森林生态系统类型自然保护区,主要保护对象为北亚热带森林生态系统及川金丝猴。

生物多样性 据初步考察,神农溪自然保护区共有维管植物183科754属1 521种,其中蕨类植物26科50属94种,种子植物157科704属1 427种(裸子植物6科17属26种,被子植物151科687属1 401种)。国家重点保护野生植物18种,其中国家Ⅰ级保护植物有红豆杉、银杏、珙桐、光叶珙桐4种,国家Ⅱ级保护植物有14种,即:篦子三尖杉、巴山榧树、连香树、鹅掌楸、水青树、香果树、榉树、金荞麦、喜树、秃叶黄檗(黄皮树)、厚朴、闽楠、楠木、野大豆。自然植被共分为4个植被型组,6个植被型,18个群系。海拔1 300m以下是以楠木、青冈等常绿阔叶林组成的常绿阔叶林带;海拔1 300~

1 700m 是常绿落叶阔叶混交林带,常绿树种主要是柯(*Lithocarpus* sp.)、巴东栎等;海拔 1 700～
2 200m 是亚热带山地针阔混交林带,落叶阔叶林在这里占有重要的地位,针叶树种主要是铁杉、华山
松等;海拔 2 200m 以上是以巴山冷杉为主的亚高山冷杉林带,在山脊常常分布着华西箭竹、常绿杜
鹃(*Rhododendron* spp.)等。

陆生野生脊椎动物 4 纲 21 目 79 科 257 种,其中两栖类 2 目 5 科 10 种,爬行类 2 目 9 科 23 种,
鸟类 14 目 43 科 167 种,兽类 7 目 22 科 57 种。国家重点保护野生动物 45 种,其中国家Ⅰ级保护动
物有川金丝猴、金钱豹、林麝 3 种,国家Ⅱ级保护动物有 42 种,即:大鲵、鸳鸯、黑鸢、苍鹰、赤腹鹰、雀
鹰、松雀鹰、大鵟、普通鵟、灰脸鵟鹰、秃鹫、白头鹞、白尾鹞、游隼、灰背隼、红隼、红腹角雉、勺鸡、白冠
长尾雉、红腹锦鸡、红翅绿鸠、领角鸮、雕鸮、斑头鸺鹠、纵纹腹小鸮、灰林鸮、短耳鸮、长耳鸮、领鸺鹠、
褐渔鸮、黄腿渔鸮、鹰鸮、猕猴、豺、黑熊、水獭、大灵猫、小灵猫、金猫、青鼬、中华鬣羚、中华斑羚。

管理机构　神农溪自然保护区是在原巴东县沿渡河金丝猴自然保护小区的基础上扩大面积而
新成立的自然保护区。2002 年 2 月 25 日,湖北省人民政府鄂政函[2002]17 号文批准成立面积为
3 000hm² 的"巴东县沿渡河金丝猴自然保护小区",主要保护对象为川金丝猴。2010 年 6 月 3 日,湖
北省人民政府鄂政函[2010]195 号文批准成立"神农溪省级自然保护区",面积核定为 10 150hm²。

2002 年 8 月 20 日,巴东县机构编制委员会巴机编发[2002]12 号文成立"巴东县沿渡河金丝猴
自然保护小区管理站",为巴东县林业局管理的事业单位,核定编制 2 人;2012 年 8 月 1 日,巴东县机
构编制委员会根据恩施土家族苗族自治州机构编制委员会 2011 年 8 月 4 日恩施州机编发[2011]59
号文精神,以巴机编发[2012]24 号文批准设立"湖北神农溪省级自然保护区管理局",为巴东县人民
政府管理的正科级事业单位,核定财政拨款事业编制 10 人,内设办公室、资源保护股、计划财务股,
下设送子园、茶园、小溪保护管理站。

通讯地址:湖北省恩施土家族苗族自治州巴东县信陵镇楚天路 14 号,湖北神农溪省级自然保护
区管理局;邮政编码:444300;电话:0718－4337228,4335160,传真:0718－4337228;单位网站:
http://124.205.185.3:8080/publicfiles/business/htmlfiles/hbsnxbhq/index. html。

特点与意义　神农溪自然保护区北面和东面分别与神农架国家级自然保护区、三峡万朝山省级
自然保护区相连,人为干扰较小,原生性较好,生态系统比较完整,国家Ⅰ级保护野生动物川金丝猴
种群数量约 600～800 只,是我国川金丝猴重要的栖息地,是神农架自然保护区南翼重要的补充区
域,在自然生态区域保护上有重要的意义。

隶属部门　林业

4.16　湖北南河省级自然保护区
(2010－S/2003－SH)

地理位置与范围　南河省级自然保护区位于鄂西北襄阳市谷城县中南部,分为南河和沈垭保护
点两个部分。南河部分地理坐标为东经 111°19′55.29″～111°30′56.6″,北纬 31°53′11.9″～32°04′

44.3″,面积为 14 775.6hm²;沈垭保护点地理坐标为东经 111°15′7.9″~111°16′1.7″,北纬 32°09′54.9″~32°10′25.4″,面积为 58.1hm²。自然保护区总面积 14 833.7hm²,其中核心区面积 4 385.6hm²,缓冲区面积 3 466.5hm²,实验区面积 6 981.7hm²(包括沈垭保护点面积 58.1hm²)。自然保护区涉及南河镇的万兴、大谷峪、白水峪、东坪 4 个村,赵湾乡的渔坪、油坊、长岭、左家庙、桃庄、韩家山、青龙山 7 个村,紫金镇的沈垭 1 个村,共 12 个村级行政单位。其中万兴、大谷峪、东坪、沈垭、左庙及白水峪 6 个村划归自然保护区管理,其余 6 个村实行区村共管。

自然环境　南河自然保护区位于大巴山东延的两条支脉武当山山脉东南麓,荆山山脉北麓以及两山脉之间,地质为远古时代武当变质岩、石灰岩和页岩。自然保护区处于我国地势第二阶地和第三阶地的过渡段。区内地势南高北低,群山环抱、山峦重叠,地割强烈,沟壑、谷涧纵横,区内有海拔 900m 以上的山峰 20 座,以青龙山为最高点,海拔 1 584m,最低点在南河大谷峪龙滩,海拔 140m,相对高差 1 444m。

自然保护区位于我国北亚热带向暖温带的过渡地带,气候属北亚热带季风气候区,具有雨量充沛、光照充足、气候温和、四季分明、冬冷夏热、冬干夏湿、雨热同季的特点。自然保护区地形复杂,丘陵、中山均有,气候差异较大。年平均气温 9~15.4℃,代表丘陵的沈垭为 13.1℃,代表中山的韩家山为 10.6℃。温度垂直递减率 0.45℃/100m,气温年际变化均呈单峰型,各地比较一致。7 月最热,日均气温沈垭为 24.3℃,韩家山为 21.6℃。年平均降水量为 978.2mm;夏季盛行东风和东南风,冬季盛行西风和西北风,南风极少,历年平均风速为 1.70m/s。

南河自然保护区水系发达,有大小河流 7 条,南河部分以两河口为西界,白水峪紧贴其北界。7 条河流在自然保护区内总长达 34.3km。其中南河 1.5km、西河 1.20km、东河 3.4km、棋彦河 7.2km、老庙河 3.5km、白水峪 9km 和万兴河 8.5km,其中河流流量以南河最大。南河发源于神农架林区东南麓,为汉江最大支流。干流全长 303km,流域面积 6 490km²,流域内多年平均降水量 1 031.70mm,年径流总量 24.70×10⁸m³,由紫金镇玛瑙观村入境,至谷城县城关镇格垒嘴村注入汉水,境内流程 74km,紧邻自然保护区北缘,其中,流经自然保护区 1.5km。

因地质复杂,海拔高低悬殊,水热状况不一,以及人类活动众多因素,形成土壤的多样性。土壤共有 2 个土类(黄棕壤土、石灰土),3 个亚类(黄棕壤性土、山地黄棕壤、棕色石灰土),3 个土属(粗骨性黄棕壤、山地泥质岩黄棕壤和碳酸盐类土),13 个土种(黄石渣子土、薄层黄石渣子土、林黄石渣子土、山地黄砂泥土、山地黄石渣子土、林山地黄石渣子土、林山地黄砂泥土、棕黄土、棕面黄土、薄层棕面黄土、灰石渣子土、林棕黄土和林灰石渣子土)。

类型及主要保护对象　属自然生态系统类中的森林生态系统类型自然保护区,主要保护对象是北亚热带森林生态系统。

生物多样性　维管植物 183 科 735 属 1 574 种,其中蕨类植物 30 科 54 属 104 种,种子植物 153 科 681 属 1 470 种(裸子植物 6 科 15 属 21 种,被子植物 147 科 666 属 1 449 种)。国家重点保护野生植物 15 种,其中国家 Ⅰ 级保护植物有银杏、红豆杉 2 种;国家 Ⅱ 级保护植物有 13 种,即:巴山榧树、榧树、鹅掌楸、厚朴、樟树、楠木、金荞麦、野大豆、榉树、秃叶黄檗(黄皮树)、喜树、香果树、呆白菜。自然植被类型有 3 个植被型组,7 个植被型,34 个群系。地带性植被为常绿落叶阔叶混交林,垂直带谱不甚明显,海拔 1 000m 以下为常绿落叶阔叶混交林,海拔 1 200~1 400m 为落叶阔叶林,海拔 1 400~1 584m

为针阔混交林带和灌丛。由于河流纵横,在自然植被中还有较多的河岸带湿地自然植被类群。

野生脊椎动物有5纲30目89科296种,其中,鱼类4目9科38种,两栖类2目8科21种,爬行类3目9科31种,鸟类13目40科133种,兽类8目23科73种。国家重点保护野生动物54种,其中国家Ⅰ级保护动物有金雕、黑鹳,金钱豹、云豹、林麝5种;国家Ⅱ级保护动物有49种,即:大鲵、虎纹蛙,灰鹤、褐冠鹃隼、黑冠鹃隼、黑鸢、苍鹰、赤腹鹰、雀鹰、松雀鹰、大鵟、普通鵟、毛脚鵟、秃鹫、白尾鹞、鹊鹞、白头鹞、白腹鹞、游隼、灰背隼、红脚隼、红隼、红腹角雉、勺鸡、白冠长尾雉、红腹锦鸡、褐翅鸦鹃、草鸮、红角鸮、雕鸮、毛腿渔鸮、领鸺鹠、斑头鸺鹠、灰林鸮、鹰鸮、长耳鸮、短耳鸮、猕猴、藏酋猴、中国穿山甲、豺、黑熊、水獭、青鼬、大灵猫、小灵猫、金猫、中华鬣羚、中华斑羚。昆虫有23目211科1303种。

管理机构　南河自然保护区由原薤山市级自然保护区扩大而成。2003年9月28日,原襄樊市人民政府办公室襄樊政办函[2003]36号文批准建立"谷城县薤山市级自然保护区",面积为3 557hm^2;2006年12月30日,原襄樊市人民政府办公室襄樊政办函[2003]36号文批准将其更名为"谷城县南河市级自然保护区";2010年6月3日,湖北省人民政府鄂政函[2010]195号文批准晋升为省级自然保护区,面积核定为14 834hm^2。

2007年1月31日,谷城县机构编制委员会谷编发[2007]1号文批准成立"谷城县南河自然保护区管理局",为正科级事业单位,隶属谷城县林业局领导,定编10人;2012年12月31日,湖北省机构编制委员会办公室鄂编办文[2012]205号文批准设立"襄阳南河省级自然保护区管理局",为襄阳市林业局所属相当副县级事业单位,委托谷城县人民政府管理;2013年3月20日,襄阳市机构编制委员会襄机编[2013]46号文批复襄阳南河省级自然保护区管理局人员内设机构,其中内设办公室、资源保护科、科研宣教科。目前,自然保护区管理局下设2个保护管理站和3个检查站,现有在职人员25人。

通讯地址:湖北省襄樊市谷城县南河镇西霞路31号,襄阳南河省级自然保护区管理局;邮政编码:441715 电话:0710-7241986,传真0710-7232479;单位网站:http://124.205.185.3:8080/pub-licfiles/business/htmlfiles/nhbhq/index. html。

特点与意义　南河自然保护区为汉江中游最大支流南河的重要集水区,石灰岩区森林水源涵养作用明显,功能重要;在生物多样性方面也具有一定的特色,如:落叶栎类林(槲栎林、枹栎林、栓皮栎林、麻栎林)是本自然保护区的一大特色,类型多,分布面积较大;在沈垭子有23株人工银杏古树组成的群落;在东坪两河口的悬崖上分布有小片国家Ⅱ级保护野生植物呆白菜群落,数量达120株,为迄今为止发现的全国最大种群,具有很高的保护价值。

隶属部门　林业

4.17　湖北二仙岩湿地省级自然保护区

(2010-S/2004-SH/2003-X)

地理位置与范围　二仙岩湿地省级自然保护区地处鄂西南恩施土家族苗族自治州咸丰县西部

的活龙坪乡境内,西与重庆市黔江区交界,北起活龙坪乡的沙帽山,东接活龙坪乡的寨子坪,南至活龙坪乡的朱家坪,辖二仙岩1个村30个组;自然保护区南北相距7km,东西相距5km;地理坐标为东经108°46′24″～108°50′44″,北纬29°40′22″～29°45′26″。自然保护区总面积5 404hm²,其中核心区面积2 250hm²,缓冲区面积1 109hm²,实验区面积2 045hm²。

自然环境　二仙岩湿地自然保护区地处云贵高原东延的武陵山脉北麓,是长江支流乌江水系的发源地之一。区内中部平坦开阔,周缘高山耸峙,最低海拔700m,最高海拔1 700.1m,平均海拔1 400m。二仙岩是一个隆起的亚高山台地,整个地形呈西北高、东南低,悬崖四周分布,呈齿轮地形,山势雄伟,境内大部分属平槽河谷、盆形湿地,为喀斯特地貌,是鄂西少有的亚高山盆地。

属中亚热带季风性湿润气候区,冬寒夏凉,雨量丰沛,雾多湿重,蒸发量小,无霜期短。太阳年辐射总量363kJ/cm²,年平均实际日照时数1 212.4h,占全年可照时数的27.39%;年平均气温14.0℃,日均气温≥10℃的年积温4 348.6℃,历年绝对最高气温37.6℃(1959年8月23日),历年绝对最低气温−13.0℃(1977年1月30日),最热月7月平均气温24.7℃,最冷月1月平均气温2.7℃;年平均无霜期240天;年平均降水量1 555.1mm,蒸发量1 124.8mm;年平均相对湿度83%。自然保护区有棕壤、黄棕壤、水稻土和草甸土4个土类,主要为黄棕壤和草甸土。

二仙岩湿地自然保护区是咸丰县境内青狮河和蛇盘溪两条河流的发源地,这两条河流均经乌江注入长江。自然保护区水资源是咸丰县活龙坪乡、尖山乡、大路坝区约8万人生活及工农业生产用水的主要来源。

类型及主要保护对象　属自然生态系统类的内陆湿地和水域生态系统类型自然保护区,主要保护对象是中亚热带有泥炭积累的淡水草本沼泽湿地生态系统。

生物多样性　据初步考察,自然保护区共记录种子植物152科560属1 097种,其中裸子植物6科13属19种,被子植物146科547属1 078种。国家重点保护野生植物6种,其中国家Ⅰ级保护植物有莼菜、红豆杉2种;国家Ⅱ级保护植物有鹅掌楸、厚朴、黄杉、野大豆4种。自然植被分为4个植被型组、9个植被型、31个群系。自然保护区海拔1 400～1 500m内主要是有泥炭积累的草本沼泽生境,其中沼泽植被有褐果薹草－泥炭藓沼泽、野灯心草－泥炭藓沼泽、水竹－泥炭藓沼泽等,水生植被有莼菜群落、野慈姑群落、香蒲群落、眼子菜群落等。此外,还有湖北海棠湿地灌丛、阔叶箬竹群落以及在湿地群落边缘的鹅掌楸群落;湿地周边地区主要是山地,植被主要为针叶林,如马尾松林和落叶阔叶林,如栗林等。海拔700～1 400m为暖性针叶林,海拔1 400～1 600m为温性针叶林、落叶阔叶林、沼泽植被和灌丛,海拔1 600～1 700m为落叶阔叶林和草甸。

陆生野生脊椎动物4纲22目59科116属143种,其中两栖类1目6科12属17种,爬行类2目7科13属17种,鸟类12目28科57属68种,兽类7目18科34属41种。国家重点保护野生动物30种,其中国家Ⅰ级保护动物有白鹤,金钱豹、林麝3种;国家Ⅱ级保护动物有27种,即:鸳鸯、黑鸢、赤腹鹰、雀鹰、松雀鹰、白腹鹞、普通鵟、红隼、燕隼、红腹角雉、勺鸡、白冠长尾雉、红腹锦鸡、草鸮、灰林鸮、长耳鸮、短耳鸮、领角鸮、斑头鸺鹠、纵纹腹小鸮、猕猴、豺、青鼬、水獭、大灵猫、小灵猫、中华斑羚。

管理机构　2003年3月2日,咸丰县人民政府咸政函[2003]28号文批准建立"咸丰县二仙岩县级湿地自然保护区",面积为7 200hm²;2004年3月20日,恩施自治州土家族苗族自治州人民政府办公室恩施自治州政办函[2004]95号文批准为州(市)级自然保护区,面积为6 737.5hm²;2007年4

月 18 日和 2007 年 4 月 22 日,咸丰县人民政府分别以咸政函[2007]44 号文和咸政函[2007]45 号文批复《二仙岩湿地自然保护区总体规划》以及调整自然保护区面积,自然保护区总面积调整为16 212hm²。2010 年 6 月 3 日,湖北省人民政府鄂政函[2010]195 号文批准晋升为省级自然保护区,面积核定为 5 404hm²。

2007 年 3 月 19 日,咸丰县机构编制委员会咸县机编发[2007]3 号文同意成立"二仙岩湿地自然保护区管理局",为咸丰县林业局管理的财政全额拨款事业单位,下设办公室、计划财务股、资源保护股、科研宣教股,定编 10 名。目前二仙岩湿地省级自然保护区尚未设置独立的管理机构和专职管理人员,管理职责由咸丰县林业局代为行使。

通讯地址:湖北省恩施土家族苗族自治州咸丰县高乐山镇红旗路林苑巷 1 号,咸丰县林业局/咸丰县二仙岩湿地自然保护区管理局;邮政编码:445600;电话:0718-6822163,传真:0718-6831553;单位网站:http://124.205.185.3:8080/publicfiles/business/htmlfiles/hbexybhq/index.html。

特点与意义　二仙岩湿地自然保护区属于具有明显泥炭累积的中亚热带淡水草本沼泽湿地。该区沼泽发育于地形奇特的台地,其草本沼泽的草本植物建群种不同于七姊妹山和神农架大九湖,为水竹泥炭藓沼泽、野灯心草泥炭藓沼泽、香蒲泥炭藓沼泽和褐果薹草泥炭藓沼泽,此外,该自然保护区还分布有珍稀的莼菜群落、鹅掌楸群落以及首次发现的湖北新记录仙琴蛙(*Babina daunchina*),在全球同纬度地区具有稀有性和独特性。本区在地质、地貌、气候变化过程与其泥炭藓沼泽湿地发育过程的相关关系等方面具有很高的科学研究价值,其生物多样性和自然性应予以重点保护。

隶属部门　林业

4.18　湖北三峡万朝山省级自然保护区
(2011-S/2001-SH/2000-X)

地理位置与范围　三峡万朝山省级自然保护区位于鄂西宜昌市兴山县西部,东以国道 209 为界,南与兴山县高桥乡、南阳镇相连,西与巴东县境内的神农溪省级自然保护区毗连,北与神农架林区接壤;东西长 23.5km,南北宽 18.1km,范围涉及原国有龙门河林场,南阳镇百羊寨、两河口、店子坪和落步河 4 个村,高桥乡长冲村、伍家坪、茅草坝 3 个村,昭君镇的滩坪村;地理坐标为东经 110°25′16″~110°39′58″,北纬 31°12′44″~31°22′28″。自然保护区总面积 20 986hm²,其中核心区面积 6 688hm²,缓冲区面积 3 785hm²,实验区面积 10 513hm²。

自然环境　万朝山自然保护区地处我国地势第二阶地的东部边缘,大巴山东延余脉神农架的南坡,位于长江三峡西陵峡北岸,香溪河中上游,属大巴山系。地质构造为大巴山脉褶皱带,属新生代以来大幅度上升的强烈隆起区。现代地貌以中低山为主,间夹小面积河谷盆地。最低点南阳河老洼岩海拔 220m,最高点仙女山海拔 2 426.4m,垂直高差约 2 206m。地形大体上分为两个台阶,第一台阶海拔 220~1 300m,东西两面河谷深切,地势陡峻,坡度多在 40°以上,局部达 60°~70°,南坡相对平缓,间有小面积河谷盆地和台地;第二台阶海拔 1 300~2 426m,山势由北向南倾斜,北坡坡度相对平缓,南坡地形隆起,山势陡峭,坡度达 40°以上。

自然保护区地处我国中亚热带北缘,属亚热带大陆性季风气候区,受我国北亚热带的热带季风环流控制,具有湿润亚热带气候的一般特征。由于区内地形地貌复杂,海拔高差悬殊,垂直气候带谱十分明显,"一山有四季,十里不同天",又受长江"峡谷暖流"的制约,小气候十分明显。区内气候特点可概括为:四季分明,雨热同季,春秋温凉,夏季炎热,冬季冰雪。太阳年辐射总量为 415kJ/cm²,平均日照时数为 1 628.9h;年平均气温 12.8℃,日均气温≥10℃的年积温 5 296℃,绝对最高气温43.7℃(1958 年 8 月),绝对最低气温-19.2℃(1977 年 1 月),最热月 7 月平均气温 24.1℃,最冷月 1月平均气温 2.4℃;全年无霜期 220 天;年平均降水量 1 100mm,相对湿度73％。

自然保护区内山脉呈南北走向,从一碗水主峰向东南万朝山、西南仙女山呈人字形延伸,山脊鞍部海拔都在 1 700m 以上,形成两峰对峙,三山鼎立,二水分流。区内河网密布,是长江的重要水源地,分布大小河流 12 条,总长度 210km,河长超过 5km 的有 6 条,其中东北面的龙门河、苍坪河、落步河、南阳河汇锁子沟溪流至白沙河形成香溪河水系,最后流至秭归县的香溪镇东侧注入长江;西南面的后河、两河和纸坊河汇入高桥河,流入凉台河形成凉台河水系,流入秭归县的归州镇西吒溪河注入长江。

自然保护区有 7 个土类、9 个亚类、14 个土属,土壤有机质积累丰富。海拔 800m 以下以黄壤土类为主;海拔 800～1 800m 为山地黄棕壤土类,属黄壤土向棕壤过渡的土类,是自然保护区山地垂直带上的主要土壤类型,占自然保护区土壤总面积的 75.5％;海拔 1 800m 以上的山顶地带为山地棕壤土类。

类型及主要保护对象 属自然生态系统类中森林生态系统类型,主要保护对象是北亚热带森林生态系统。

生物多样性 据调查,万朝山自然保护区已记录维管植物 192 科 822 属 2 018 种,其中蕨类植物30 科 56 属 125 种,种子植物 162 科 766 属 1 893 种(裸子植物 6 科 22 属 33 种,被子植物 156 科 744属 1 860 种)。国家重点保护野生植物 25 种,其中,国家Ⅰ级保护植物有红豆杉、银杏,珙桐、光叶珙桐、伯乐树 5 种,国家Ⅱ级保护植物有 20 种,即:秦岭冷杉、篦子三尖杉、大果青杆、巴山榧树、鹅掌楸、厚朴、水青树、连香树、樟树、红豆树、野大豆、榉树、喜树、楠木、闽楠、香果树、呆白菜、秃叶黄檗(黄皮树)、伞花木、金荞麦。

万朝山自然保护区地处中亚热带与北亚热带交界的地区,从地质年代的第三纪以来,没有受到第四纪大陆冰川的侵袭,形成了得天独厚的生态地理环境,因而保存着大量的第三纪遗留下来的古老植物区系和植被。植被划分为 4 个植被型组、9 个植被型、56 个群系。地带性植被为北亚热带常绿落叶阔叶混交林,在低海拔峡谷河段分布有发育较好的小片常绿阔叶林。植被垂直分布规律为:①常绿阔叶林带:本带位于海拔 900(-1 300)m 以下地段。由于本带海拔较低,人为活动影响剧烈,所以仅残存小面积次生的常绿阔叶林,如阄洞子沟的黑壳楠林。其他的多为原生植被破坏后常绿树种和落叶树种混生的类型或小片人工林。此外,在有些生境较独特的地点,有硬叶常绿阔叶林如乌冈栎林的分布。②常绿落叶阔叶混交林带:本带位于海拔 900(-1 300)～1 600m 之间,上与落叶阔叶林相接,下与常绿阔叶林毗连。这些混交林由于受人类活动的影响,其中的常绿树种逐渐被其他的落叶树种所代替,使常绿落叶混交林的面积逐渐减少,而形成了由多个落叶树种占优的落叶阔叶混交林,这在本区有很大面积的分布。主要的组成树种包括枹栎、化香树、川陕鹅耳枥、亮叶桦等。③落叶阔叶林带:多分布在海拔1 600(−1 300)～2 400m之间,由于海拔较高,受人类活动的影响较小,故仍有一定面积的落叶阔叶林自然植被存在。其中,锐齿槲栎林、枹栎林是分布于阳坡上的主要类型,而米心水青冈林、台湾水青冈林等多分布于阴坡上。在付家湾、新店子、尤家湾附近有小片的珙桐林分布。由于该区最高海拔仅为2 400m左右,未见有成带的亚高山针叶林分布,而只有小面积或散生的巴山冷杉林出现。

陆生野生脊椎动物4纲26目77科199属306种,其中,两栖类2目8科12属22种,爬行类3目9科22属33种,鸟类14目35科111属186种,兽类7目25科54属65种。国家重点保护野生动物58种,其中国家Ⅰ级保护动物有金雕、白肩雕、川金丝猴、金钱豹、林麝5种;国家Ⅱ级保护动物有53种,即:大鲵、虎纹蛙、褐冠鹃隼、黑冠鹃隼、凤头蜂鹰、黑鸢、栗鸢、苍鹰、赤腹鹰、凤头鹰、雀鹰、松雀鹰、大䴔、普通䴔、毛脚䴔、灰脸䴔鹰、秃鹫、白尾鹞、鹊鹞、白头鹞、白腹鹞、游隼、灰背隼、红脚隼、红隼、燕隼、红腹角雉、勺鸡、白冠长尾雉、红腹锦鸡、褐翅鸦鹃、草鸮、红角鸮、领角鸮、雕鸮、毛腿渔鸮、斑头鸺鹠、领鸺鹠、灰林鸮、褐林鸮、鹰鸮、长耳鸮、短耳鸮、猕猴、豺、黑熊、青鼬、水獭、大灵猫、小灵猫、金猫、中华鬣羚、中华斑羚。

管理机构　2000年10月8日,兴山县人民政府兴政函[2000]29号文批准建立"龙门河自然保护区"(县级),面积4 644.6hm^2;2001年12月31日,宜昌市人民政府宜府文[2001]187号文批为市级自然保护区;2002年2月25日,湖北省人民政府鄂政函[2002]17号文批准成立面积为733hm^{2}的"龙门河自然保护小区",主要保护对象为"金丝猴、黑熊和森林植被";2005年4月11日,宜昌市人民政府同意将龙门河自然保护区更名为"三峡万朝山自然保护区";2011年11月9日,湖北省人民政府鄂政函[2011]224号文批准晋升为省级自然保护区,面积核定为20 986hm^2。

2005年10月8日,中共兴山县委机构编制委员会兴编字[2005]25号批准设立"兴山县万朝山自然保护区管理局",与兴山县林业局一个机构,两块牌子,所需人员从县林业局机关内部调剂。目前该省级自然保护区的管理机构及专职管理人员尚在审批中。

通讯地址:湖北省宜昌市兴山县古夫镇昭君路1号,湖北三峡万朝山省级自然保护区管理局;邮政编码:443700;电话:0717−2585182,传真:0717−2585170。

特点与意义　万朝山自然保护区地形复杂,形成了得天独厚的生态地理环境,野生动植物种类非常丰富,集中了许多起源古老和在系统演化上原始的科、属,同时也包含大量的单型属和少型属,可能是我国第三纪植物区系重要保存地之一。区内分布有川金丝猴、林麝等珍稀野生动物,还有一定数量的白化动物,如白化熊等。同时,万朝山自然保护区位于三峡库区,境内所有河流均注入长江,因此,自然保护区的有效管理和建设对三峡工程的生态保护具有重要意义。此外,本自然保护区位于神农架国家级自然保护区的南面和巴东县境内的神农溪省级自然保护区的东面,有利于这两个自然保护区群集功能的发挥。

万朝山地区是华中地区生物多样性最丰富的地区,吸引了许多中外植物学家前来采集标本,成为许多植物模式标本的主要采集地。1885—1887年爱尔兰医药师A. Henry在宜昌采集大量标本、种子,经德国植物学者Dieis研究发表于爱丁堡植物名录。据称其在湖北所得即不少于25个新属,500个新种。1901—1909年英国皇家植物园植物学家E. H. Wilson在三峡地区采集标本5 000余种,在中国发现新种 759 种,如七子花(编号 2232,1907 年 7 月)、小勾儿茶(编号 3388,1907 年 5 月),经美国哈佛大学修定成书发表。1937 年 7 月南京大学教授陈嵘在万朝山考察,发现珙桐、水青树、连香树等珍稀孑遗植物群落,采集到宜昌橙、宜昌润楠、兴山榆、兴山马醉木、兴山柳等地方特有植物标本,遂以宜昌、兴山命名。1994 年 7 月中国科学院已在本区建立了"中国科学院神农架生物多样性定位研究站",长期在该区从事生物多样性及森林生态定位研究。

隶属部门　林业

4.19　湖北漳河源省级自然保护区
(2011-S/2004-SH/2002-X)

地理位置与范围　漳河源省级自然保护区位于鄂西北襄阳市南漳县西部,行政区域包括薛坪镇的薛家坪村、石桥村、古树垭村、泉湾村、张铁沟村、冥阳洞村、南冲村、龙王冲村、张家坪村、徐坪村 10 个村,板桥镇的冯家湾村、九龙观村、天鹅池村 3 个村,共 13 个行政村。自然保护区由漳河和天鹅池保护点两部分组成,漳河源片的地理坐标为东经 $111°30'38.74''\sim111°39'58.24''$,北纬 $31°31'58.53''\sim31°39'13.87''$,面积为 10 070.7hm²;天鹅池片的地理坐标为东经 $111°33'36.8''\sim111°34'46.19''$,北纬 $31°29'9.21''\sim31°30'8.6''$,面积为 194.9hm²。自然保护区总面积 10 265.6hm²,其中核心区面积 2 606hm²,缓冲区面积 4 749.6hm²(包括天鹅池保护点 194.9hm²),实验区面积 2 910hm²。

自然环境　漳河源自然保护区地处荆山山脉东麓,漳河上游地区,位于鄂西山区向汉水平原过渡地带,是由中山地形向低山、丘陵地形过渡的地带。自然保护区内最高点干家垭海拔 1 151m,最低点阎家河与漳河交汇处海拔 485m。全区地形西北高,坡势急;东南低,坡势较缓。

气候属北亚热带季风湿润性气候。气候温和,雨热同期;四季分明,夏短冬长;日照充足,雨量充沛。太阳年辐射总量 377kJ/cm²,年平均日照时数 1 650h;年平均气温 13.6℃,日均气温≥10℃的年积温 4 272.4℃,绝对最高气温 36.2℃,绝对最低气温 -4.6℃,最热月 7 月平均气温 24.3℃,最冷月 1 月平均气温 2.3℃;无霜期 200 天;年平均降水量 1 012.8mm,相对湿度 87%,年平均蒸发量 1 493mm。

自然保护区属长江流域沮漳河水系,共有河流 8 条,干流全长 52.8km,包括漳河(15.1km)、杨家河(16.9km)、九家河(6.4km)、般若寺河(6.1km)、阎家河(3.2km)、石豹子河(1.2km)、石河(2.8km)、土河(1.1km)。漳河为南漳县第二大河,横贯南漳西南山区,在县境内干、支流总长 593.7km,其中干流长 91km,流域面积 1 140km²。漳河于东巩傅家畈出南漳县境入宜昌市远安县境内,与沮水合流后注入荆门市漳河水库,于沙市进入长江。

自然保护区内土壤可分为黄棕壤、石灰土、潮土 3 个土类,5 个亚类,6 个土属,14 个土种。

类型及主要保护对象　属自然生态系统类中的森林生态系统类型自然保护区,主要保护对象为北亚热带森林生态系统。

生物多样性　维管植物 192 科 775 属 1 748 种,其中蕨类植物 25 科 46 属 80 种,种子植物 167

科 729 属 1 668 种(裸子植物 7 科 16 属 23 种,被子植物 160 科 713 属 1 645 种)。国家重点保护野生植物 17 种,其中国家 I 级保护植物有红豆杉、南方红豆杉、银杏 3 种,国家 II 级保护植物有 14 种,即:篦子三尖杉、巴山榧树、连香树、鹅掌楸、野大豆、红豆树、香果树、樟树、榉树、金荞麦、闽楠、楠木、红椿、秃叶黄檗(黄皮树)。自然植被分为 4 个植被型组,8 个植被型(暖性针叶林、针阔叶混交林,常绿阔叶林、落叶阔叶林、温性竹林,灌丛、灌草丛,沼泽植被),25 个群系。其中落叶阔叶林是自然保护区森林的主体。在垂直带谱上,大致分为 2 个植被带:海拔 700m 以下为常绿落叶阔叶混交林带,海拔 700m 以上为落叶阔叶林带。珍稀植物群落有红豆杉林、银杏林、香果树林、天师栗林、金钱槭林等。

野生脊椎动物 5 纲 29 目 81 科 201 属 314 种,其中鱼类 4 目 9 科 24 属 34 种,两栖类 2 目 6 科 12 属 21 种,爬行类 2 目 9 科 14 属 29 种,鸟类 13 目 35 科 103 属 173 种,兽类 8 目 22 科 48 属 57 种。国家重点保护野生动物 51 种,其中国家 I 级保护动物有金雕、东方白鹳,豹、云豹、林麝 5 种;国家 II 级保护动物有 46 种,即:大鲵、虎纹蛙,白额雁、大天鹅、小天鹅、鸳鸯、黑冠鹃隼、黑鸢、苍鹰、雀鹰、赤腹鹰、大鵟、普通鵟、灰脸鵟鹰、白尾鹞、鹊鹞、白腹鹞、游隼、红脚隼、红隼、燕隼、勺鸡、白冠长尾雉、红腹锦鸡、红腹角雉、褐翅鸦鹃、草鸮、红角鸮、领角鸮、斑头鸺鹠、雕鸮、黄腿渔鸮、灰林鸮、长耳鸮、短耳鸮、猕猴、中国穿山甲、豺、黑熊、水獭、青鼬、大灵猫、小灵猫、金猫、中华鬣羚、中华斑羚。

管理机构　2002 年 7 月南漳县人民政府南政办函[2002]33 号文批准建立县级自然保护区,面积 40 000hm²;2004 年 11 月 16 日,原襄樊市人民政府襄樊政函[2004]66 号文批为市级自然保护区,面积为 39 800hm²;2007 年 10 月 29 日,原襄樊市人民政府办公室襄樊政办函[2007]44 号文将漳河源市级自然保护区的范围调减到 20 600hm²;2011 年 11 月 9 日,湖北省人民政府鄂政函[2011]224 号文批准晋升省级自然保护区,面积核准为 10 265.6hm²。

2009 年 9 月 19 日,南漳县机构编制委员会南机编[2009]24 号文成立“南漳县漳河源自然保护区管理局”,为隶属南漳县林业局管理的正科级事业单位,定编 12 名,与南漳县林业局合署办公。2013 年 3 月 20 日,襄阳市机构编制委员会襄机编[2013]45 号文设立“湖北漳河源省级自然保护区管理处”,为南漳县人民政府管理的副处级全额拨款事业单位,业务上接受襄阳市林业局和南漳县林业局指导,内设办公室、林政资源科、规划发展科,核定副处级领导 1 名、正科级领导 2 名、副科级领导 3 名,所需人员和编制从县全额拨款事业单位中调剂,不新增人员编制和财政供养人员。

通讯地址:湖北省襄阳市南漳县城关镇下和路 20 号,湖北漳河源省级自然保护区管理处/南漳县林业局;邮政编码:441500;电话:0710-5231349;单位网站:http://124.205.185.3:8080/public-files/business/htmlfiles/zhybhq/index.html。

特点与意义　漳河源自然保护区位于北亚热带北缘,水热条件存在局限性,土壤母质为石灰岩,岩石裸露程度高,峡谷坡陡,河谷和岩溶地貌发育,生态系统非常脆弱;区内的漳河位于长江中下游一级支流——沮漳河的源头,是沮漳河的一级支流,为漳河流域、沮漳河流域人民群众生产生活、灌溉等提供了优质的水资源,对保护长江中下游生态环境具有重要意义。

隶属部门　林业

4.20　湖北五龙河省级自然保护区

（2011—S/2005—SH/2004—X）

地理位置与范围　五龙河省级自然保护区位于鄂西北十堰市郧西县东北部三官洞林区和安家乡境内,东与陕西省商南县和郧西县安家乡交界,南接郧西县安家乡,西与郧西县土门镇和安家乡相邻,北与陕西省山阳县、商南县毗邻;地理坐标为东经110°23′35″～110°35′05″,北纬33°03′02″～33°12′28″;行政范围涉及三官洞天然林保护区的祖师殿、何家井、三官洞、马家坪等4个村,安家乡的五里河、卸甲坡、康家坪、田坑、元门等5个村和土门镇的吊桥村。自然保护区总面积15 121hm²,其中核心区面积4 278hm²,缓冲区面积6 405hm²,实验区4 438hm²。

自然环境　五龙河自然保护区地处秦岭山系东段余脉褶皱地带南坡,位于秦巴山区东段,地处汉江上游干流北岸,我国南水北调中线工程水源区。自然保护区位于新华夏系第三隆起带,境内自震旦纪以来经历了多期构造运动,以北西向构造体系为区内主要构造体系。整个地形由北向南逐渐倾斜。长期的剥蚀和河谷的下切,逐渐形成了山峰高耸、层峦迭嶂、峡谷纵横的多层状山岳地貌景观。自然保护区最高点阎家沟脑海拔1 347m,最低点为干沟河口海拔382m。

区内有安家河和五里河两大水系,均为汉江一级支流天河的支流,属长江流域汉江水系。大小河流近20条,总长度138km。其中五里河发源于自然保护区核心区的瓜子岭,沿自然保护区西南边界折燕子山后向南流入天河;安家河发源于自然保护区核心区的蒿坪河,八道河在杨家河与其汇合成安家河向南流入天河。

属北亚热带季风性气候区,受秦岭山系的阻挡与缓冲作用,南北气候兼而有之,具有明显的垂直差异和立体分布性,低山冬短夏长,冬暖夏热,降水明显多于高山;高山冬长夏短,夏季凉爽宜人。日均气温≥10℃的年积温4 754℃,年平均气温15.4℃,绝对最高气温41.9℃,绝对最低气温-11.9℃;多年平均降水量769.6mm。

土壤共划分为4个土类(黄棕壤土、石灰岩土、潮土、水稻土)、5个亚类、7个土属。

类型及主要保护对象　属自然生态系统类中的森林生态系统类型,主要保护对象为北亚热带森林生态系统。

生物多样性　五龙河自然保护区位于华中地区与华北地区的分界线上,具有明显的从北亚热带向暖温带过渡的性质,北面的植物区系划入华北植物区,南面的植物区系划入华中植物区系。维管植物有181科701属1 467种,其中蕨类植物28科45属72种;种子植物153科656属1 395种(裸子植物6科16属21种,被子植物143科640属1 347种)。国家重点保护野生植物11种,其中国家Ⅰ级保护植物有红豆杉1种,国家Ⅱ级保护植物有巴山榧树、樟树、楠木、野大豆、榉树、喜树、香果树、呆白菜、金荞麦、秃叶黄檗(黄皮树)10种。自然植被划分为4个植被型组,7个植被型,19个群系。

陆生脊椎动物有4纲25目81科264种,其中两栖类2目9科27种,爬行类3目9科34种,鸟类13目40科147种,兽类7目23科56种。国家重点保护野生动物46种,其中国家Ⅰ级保护动物有金雕,金钱豹、林麝 3 种,国家Ⅱ级保护动物有 43 种,即:大鲵、虎纹蛙,褐冠鹃隼、黑鸢、栗鸢、苍鹰、赤腹鹰、雀鹰、松雀鹰、普通鵟、毛脚鵟、灰脸鵟鹰、鹰雕、白尾鹞、鹊鹞、白腹鹞、游隼、燕隼、红脚隼、红隼、红腹角雉、勺鸡、白冠长尾雉、红腹锦鸡、褐翅鸦鹃、草鸮、红角鸮、领角鸮、雕鸮、毛腿渔鸮、鹰鸮、斑头鸺鹠、灰林鸮、长耳鸮、短耳鸮,猕猴、豺、黑熊、青鼬、小灵猫、金猫、中华鬣羚、中华斑羚。

管理机构　2004 年 5 月 13 日,郧西县人民政府西政函[2004]8 号文批准建立县级自然保护区,面积 31 325hm²;2005 年 3 月 2 日,十堰市人民政府十政函[2005]16 号文批为市级自然保护区,面积 31 325hm²;2011 年 11 月 9 日,湖北省人民政府鄂政函[2011]224 号文批准晋升为省级自然保护区,面积核定为 15 121hm²。

2004 年 7 月 8 日,郧西县机构编制委员会西编[2004]3 号文成立"郧西县五龙河自然保护区管理局",为副科级事业单位,核定全额预算事业编制 25 名,由县林业局统一管理。目前五龙河省级自然保护区尚未设置独立的管理机构和专职管理人员,由郧西县林业局代管。

通讯地址:湖北省十堰市郧西县城关镇郧西大道 92 号,郧西县五龙河自然保护区管理局/郧西县林业局;邮政编码:442600;电话:0719－6234120,传真:0719－6227504;单位网站:http://124.205.185.3:8080/publicfiles//business/htmlfiles/hbwlhbhq/index.html。

特点与意义　五龙河自然保护区地处秦岭南坡,位于我国地势第二阶地向第三阶地过渡区域和我国北亚热带向暖温带的过渡地区,其生物地理区系过渡性明显,且是目前湖北省境内位于汉江北岸唯一的自然保护区;自然保护区地处国家南水北调中线工程的主要水源地汉江上游,是国家南水北调中线工程的重要水源区。因此,本区生物多样性保护和生态安全价值都比较大。

隶属部门　林业

4.21　湖北药姑山省级自然保护区

(2013－S/2007－SH/2004－X)

地理位置与范围　药姑山省级自然保护区位于鄂东南咸宁市通城县境内,总面积 11 617.8hm²,其中核心区面积 3 960.5hm²,缓冲区面积 1 526.4hm²,实验区面积 6 130.9hm²。自然保护区由两片组成,其中西北片(药姑片)以大坪乡境内的大药姑山为中心,面积 7 084.9hm²,地理坐标为东经 113°36′27″～113°46′48″,北纬 29°16′40″～29°23′51″;东南片(黄袍片)以塘湖镇境内的黄袍山为中心,面积 4 532.9hm²,地理坐标为东经 113°58′15″～114°03′43″,北纬 29°08′19″～29°15′14″。

自然环境　药姑山自然保护区属幕阜山系支脉,属花岗岩区,大地构造位于杨子准地台的江南地轴北缘。坐落在长江中游南岸的药姑山,地跨鄂湘两省的通城县、崇阳县、赤壁市、临湘市 4 县市,其中湖南省临湘市境内面积约 4/9,湖北省崇阳县境内约 3/9,通城县和赤壁市境内各约 1/9,绵亘起伏,山脉方圆 500 多 km²。其主峰大药姑山海拔 1 261m,山势磅礴,树木葱郁,花草繁茂,风景十分秀丽。黄袍山位于通城县以东的塘湖镇境内,东与湖北省崇阳县接壤,南与江西省修水县相邻,主峰华罗寨海拔 1 386m。

属中亚热带季风湿润气候,具有气候温和、四季分明、热量充足、雨水集中、春温多变、夏秋多旱、严寒期短、暑热期长的特点。太阳年辐射总量 446kJ/cm²,年平均日照时数 1 800h;年平均气温 15℃,最热月 7 月平均气温 26℃,最冷月 1 月平均气温 4.1℃;年平均无霜期 248 天,最长 280 天,最短 230 天;年平均降水量 1 650mm,年平均蒸发量 1 300mm。

药姑山自然保护区位于长江一级支流——陆水河源头,境内雨量充沛,地表水源丰富,植被丰茂,森林覆盖率 90.06%。主要水库东冲水库位于药姑山南,承雨面积 13.14km²。水质清秀、少污染,水体呈微酸性,pH 值 6~7 之间,透明度 25~120cm,总碱度含量 0.45mg/L,溶解氧为 7.65mg/L,溶氧充足,营养盐含量高,有利于水生生物生长。

区内多红壤,成土母质以花岗岩(酸性结晶岩)为主,分布极广,余为泥质岩、第四纪浮土石灰岩。据 1983 年湖北省第二次土壤普查成果,通城县土壤共有 7 个土类、13 个亚类、25 个土属、73 个土种。7 个土类是:红壤、黄棕壤、草甸土、沼泽土、石灰(岩)土、潮土、水稻土。

类型及主要保护对象 属野生生物类中的野生动植物类型自然保护区,主要保护对象为珍稀濒危野生动植物和重要经济动植物种群及其自然生境。

生物多样性 维管植物 203 科 827 属 1 972 种,其中,蕨类植物 36 科 78 属 195 种,种子植物 167 科 749 属 1 777 种(裸子植物 6 科 14 属 20 种,被子植物 161 科 735 属 1 757 种)。国家重点保护野生植物 20 种,其中国家Ⅰ级保护植物有南方红豆杉、银杏 2 种,国家Ⅱ级保护植物有 17 种,即:金毛狗蕨、金钱松、篦子三尖杉、巴山榧树、榧树、鹅掌楸、厚朴、樟树、楠木、榉树、金荞麦、细果野菱、野大豆、花榈木、红椿、喜树、香果树。药材资源十分丰富,历史上就有"江南药库"的美誉,药用维管植物达 1 313 种。

药姑山自然保护区在中国植被区划上属亚热带常绿阔叶林区域、东部(湿润)常绿阔叶林亚区域、中亚热带常绿阔叶林地带。据初步考察,现保存有 3 个植被型组,10 个植被型,28 个群系。主要植被型有:暖性针叶林、温性针叶林、暖性针阔叶混交林、常绿阔叶林、常绿落叶阔叶混交林、落叶阔叶林、竹林、落叶阔叶灌丛、灌草丛和沼泽。从海拔 100m 到 1 386m 呈现出人工林或半自然林、原始次生林、山顶矮林带的分布规律。海拔 600m 以下主要是人工植被,在局部区域残存有原始次生林,以常绿阔叶林为主,主要树种为苦槠,另外,人工栽培的毛竹林有大面积的分布;海拔 600~1 200m 以原始次生林为主,主要类型为常绿落叶阔叶混交林、针阔叶混交林、落叶阔叶林;海拔 1 200m 以上以灌丛为主。在自然植被的垂直带谱中,亚热带山地常绿落叶阔叶混交林占重要地位。

陆生野生脊椎动物有 4 纲 30 目 85 科 186 属 281 种,其中,两栖类 1 目 6 科 8 属 23 种,爬行类 3 目 11 科 28 属 39 种,鸟类 18 目 48 科 103 属 156 种,哺乳类 8 目 20 科 47 属 63 种。国家重点保护野生动物 38 种,其中国家Ⅰ级保护动物有金雕、白颈长尾雉,金钱豹、云豹 4 种,国家Ⅱ级保护动物有 34 种,即:虎纹蛙,白琵鹭、小天鹅、鸳鸯、凤头蜂鹰、黑鸢、栗鸢、赤腹鹰、苍鹰、松雀鹰、雀鹰、红隼、燕隼、游隼、白冠长尾雉、勺鸡、白鹇、小鸦鹃、草鸮、红角鸮、领角鸮、雕鸮、领鸺鹠、斑头鸺鹠、纵纹腹小鸮、长耳鸮、蓝翅八色鸫,中国穿山甲、金猫、大灵猫、小灵猫、豺、水獭、青鼬。湖北省重点保护动物 86 种。此外还有湖北省模式种 1 种,即尖吻蝮。

管理机构 药姑山省级自然保护区的前身是 1957 年和 1963 年分别成立的通城县国有药姑山林场和通城县国有黄袍林场。2002 年 2 月 25 日,湖北省人民政府鄂政函[2002]17 号文批准成立面积为 1 000hm² 的"药姑山自然保护小区",主要保护对象为"中国穿山甲、白鹇和香果树、猕猴桃、鹅掌楸等野生动植物"。2004 年 4 月 17 日,通城县人民政府隽政发[2004]26 号文批准建立总面积为 12 244.71hm² 的"药姑山县级自然保护区",具体建设有关事宜由通城县林业局负责;自然保护区分为东西两片,西片以药姑山为中心,面积为 7 127.48hm²,东片以黄袍山为中心,面积为 5 117.23hm²,形成了东西两片共同保护药姑山、黄袍山生态环境的格局。2007 年 6 月 22 日,咸宁市人民政府咸政发[2007]32 号文批准建立市级自然保护区,面积为 12 846.63hm²;2013 年 5 月 31 日,湖北省人民政府办公厅鄂政办函[2013]55 号文批准晋升为省级自然保护区,面积核定为11 617.8hm²。

2004 年 11 月 8 日,通城县机构编制委员会隽编[2004]30 号文批准成立"通城县药姑山县级自然保护区管理站",为副科级事业单位,隶属通城县林业局,定编 5 人;2007 年 12 月 3 日,通城县机构编制委员会隽编[2007]83 号文批准成立"通城县药姑山市级自然保护区管理局",为正科级财政全额拨款事业单位,行政隶属通城县人民政府管理,业务由通城县人民政府委托通城县环境保护局管理,定编 30 人。

药姑山省级自然保护区目前尚未设置独立的管理机构和专职管理人员,暂由通城县环境保护局代管。

通讯地址:湖北省咸宁市通城县银山广场 1 号,通城县环境保护局;邮政编码:437400;电话:0715—4368960。

意义与特点 巍巍药姑,莽莽黄袍,山势磅礴,雄奇秀美,绿树参天,花草繁茂,自然古朴,人迹少至,是一块少被开发破坏的原生态区,生物多样性丰富。初步考察表明,药姑山自然保护区是幕阜山系保存至今不多的较完整的自然区域之一,是一块难得的中亚热带森林植被,古老珍稀野生动植物种类复杂多样,是鄂东南重要的生物基因库,是中国药用植物资源最为富集的地区之一,是湖北省乃至中国最重要的野生雉类栖息地,具有重大的保护、科研和生态价值。

隶属部门 环保

4.22 湖北五朵峰省级自然保护区

(2013—S/2008—SH/2005—X)

地理位置与范围 五朵峰省级自然保护区位于鄂西北十堰市辖的丹江口市丹江口水库之畔、武当山南侧,地理坐标为东经 110°53′35″~111°13′56″,北纬 32°17′~32°28′46″,总面积 20 422.3hm²,其中核心区面积 6 090.8hm²,缓冲区面积 2 296.4hm²,实验区面积 12 035.1hm²。自然保护区范围包括官山镇的孤山、吕家河、田畈 3 个村,盐池河镇的大岭坡、武当口、草房沟 3 个村,白杨坪林业开发管理区的白杨坪、马鞍山、珍珠岩、菠萝岩 4 个村的部分区域和国有五朵峰林场全部,距中心城市十堰城区 27km,距汉十高速公路 12km。

自然环境 五朵峰自然保护区处于丹江口市汉水以南地区,属大巴山东延余脉武当山系。地层发育由老到新主要有震旦系、白垩——第三系、第四系等。以基性岩为主的岩浆岩广泛出露,其岩石多为变质中酸性火山岩及沉积风化层。受构造运动和河流切割的双重作用,区内山峰峻峭,河谷狭长,一般高差在 500m 以上,且超千米山峰多处分布,属中山——中低山地貌,地势由南、西南向北、东北降低;最高山峰海拔 1 163m。

属北亚热带季风性气候,具有降水充足,热量丰富,四季分明的特点。太阳年辐射总量439kJ/cm²,年日照数 1 950h,日照率 44%;年平均气温 9~15℃,区内山区山地气候垂直地带性明显,海拔高度每上升 100m 温度下降 0.55℃;无霜期 250~254 天;平均降水量 800~900mm;主导风为偏东风。

自然保护区水系属长江流域汉江水系。水资源十分丰富,有大小河流十几条,其中主要河流有官山河和浪河。其中官山河长 69.2km,流域面积 351.9km²,发源于房县马蹄山的猫子沟,自南向北穿过自然保护区,入官山镇的袁家河,由南向北依次有吕家河、九道河、罗马沟、母沟、杉沟、东沟、小东沟流入,经两河口与西河交汇,北流出外朝山与干河水交汇,经曾河口入汉水。其中九道河流域在自然保护区核心区内;东沟在五朵峰林场境内,自五朵峰流出,与小东沟一起汇入官山河水库。浪河长 62.45km,流域面积 413km²,发源于盐池河和房县的分水岭,流经盐池河境内的吴家河、盐池河、长滩河,在白杨坪的蛤蟆口处进浪河水库,经浪河注入丹江口水库。

土壤主要为潮土类、黄棕壤类、棕壤土类 3 个土类、7 个亚类、18 个土属、46 个土种、115 个变种。其中黄棕壤土类为主要土类,是自然保护区地带性土壤类型。

类型及主要保护对象　属自然生态系统类的森林生态系统类型自然保护区,主要保护对象为北亚热带森林生态系统及自然和人文景观。

生物多样性　维管植物 177 科 665 属 1 262 种,其中蕨类植物 21 科 35 属 58 种,种子植物 156 科 630 属 1 204 种(裸子植物 7 科 16 属 22 种,被子植物 149 科 614 属 1 182 种)。国家重点保护野生植物 14 种,其中国家 I 级保护植物有银杏 1 种,国家 II 级保护植物有巴山榧树、鹅掌楸、厚朴、樟树、香果树、连香树、金荞麦、野大豆、红豆树、喜树、闽楠、榉树、秃叶黄檗(黄皮树)13 种。自然植被分为 4 个植被型组、8 个植被型、25 个群系。

陆生野生脊椎动物 4 纲 25 目 66 科 244 种,其中两栖类 2 目 6 科 20 种,爬行类 3 目 8 科 26 种,鸟类 13 目 32 科 147 种,哺乳类 7 目 20 科 51 种。国家重点保护野生动物 42 种,其中国家 I 级保护动物有金雕、金钱豹、林麝 3 种,国家 II 级保护动物有大鲵、虎纹蛙、海南鳽、黑冠鹃隼、苍鹰、雀鹰、赤腹鹰、灰脸鵟鹰、普通鵟、大鵟、白尾鹞、白腹鹞、鹊鹞、游隼、红脚隼、燕隼、红隼、红腹角雉、白冠长尾雉、红腹锦鸡、勺鸡、草鸮、红角鸮、领角鸮、斑头鸺鹠、长耳鸮、短耳鸮、灰林鸮、黄脚渔鸮、雕鸮,猕猴、豺、黑熊、水獭、大灵猫、小灵猫、金猫、中华鬣羚、中华斑羚 39 种。

管理机构　五朵峰自然保护区的前身为丹江口市国有五朵峰林场。2002 年 2 月 25 日,湖北省人民政府鄂政函[2002]17 号文批准建立"五朵峰自然保护小区",面积为 667hm²,主要保护对象为"林麝、猕猴、大灵猫、小灵猫和银杏、香果树、青檀等野生动植物";2005 年 6 月 28 日,丹江口市人民政府丹政函[2005]33 号文批建县级自然保护区,面积 20 422.3hm²;2008 年 12 月 28 日,十堰市人民政府十政函[2008]166 号文批准为市级自然保护区;2013 年 5 月 31 日,湖北省人民政府办公厅鄂政办函[2013]55 号文批准晋升为省级自然保护区,面积核定为 20 422.3hm²。

五朵峰省级自然保护区尚未设置独立的管理机构和专职管理人员,暂由丹江口市国有五朵峰林场代管,行政上隶属丹江口市林业局。

通讯地址:湖北丹江口市丹江大道 37 号,丹江口市林业局;邮政编码:442700;电话:0719—5239012;传真:0719—5222972。

特点与意义　五朵峰自然保护区位于丹江口水库之畔、武当山南侧,是国家南水北调中线工程水源地丹江口水库的主要涵养水源林,同时自然保护区紧邻世界文化遗产、国家级风景名胜区——武当山,对其生态环境的有效保护将产生积极的影响。因此,本自然保护区既是南水北调中线工程的重要水源区,又是国家 5A 级风景区武当山的后花园,地理位置极其重要,被列为湖北省重点生态区。2009 年 7 月 13 日在本区发现国家Ⅱ级保护动物海南鸦,标本存放在丹江口市林业局,湖北省发现该鸟的地点非常少见,具有重要意义。

隶属部门　林业

4.23　湖北上涉湖湿地省级自然保护区
(2013—S/2008—SH/2006—X)

地理位置与范围　上涉湖湿地省级自然保护区位于武汉市江夏区西南部,行政区域跨江夏区安山街和法泗街,范围涵盖 12 个行政村,东临京港澳高速公路(G4),南与江夏区斧头湖相连,西接江夏区法泗街,北以江夏区马法公路为界,地理坐标为东径 $114°11.5'\sim114°16.4'$,北纬 $30°07'\sim30°09'$。自然保护区总面积 3 929.3hm²,其中核心区面积 1 250hm²,缓冲区面积 1 185.7hm²,实验区面积 1 493.6hm²。

自然环境　上涉湖湿地自然保护区地处长江中游之长江干流南岸,海拔高度 1.5~48m。属亚热带大陆性季风气候区,处中亚热带和北亚热带交界处,气候温和,冬冷夏热,四季分明,雨量充沛,无霜期长,光照充足,严寒酷暑期短。年平均日照时数 1 910.7h,年平均日照率 43%;年平均气温 16.7℃,最冷月 1 月平均气温 3.8℃,日均气温≥5℃的年积温 5 777℃,绝对最高气温 40.0℃,绝对最低气温—7.0℃,最热月 7 月平均气温 29.2℃;无霜期 262 天;年平均降水量 1 260.6mm。每年 4~7 月为上涉湖丰水期,10 月至次年 3 月为枯水期。枯水期水位下降后出现大面积沼泽草甸滩涂,是越冬水禽优良的栖息环境。

自然保护区属浅水型淡水湖泊,由上涉湖、鹅公湖和团墩湖 3 个子湖组成,属金水河水系,湖水经金水河汇合流入长江。自然保护区为金水河发源地之一,每年春、夏两季,上涉湖积水面积受降水内渍而涨水。1935 年以前,江湖相通,湖水随江水涨落,灾害严重。1935 年在禹观山建成的金水闸排涝能力不足(设计排水流量 360m³/s),湖区的沟渠便和湖区连成一片。自然保护区主体湖泊地表水质达到《地表水环境质量标准》(GB 3838—2002)Ⅲ类标准。

由于长期受江河洪水泛滥和地表冲刷流失的作用,泥沙淤积严重,特别是多年来的围垦活动,使多数湿地已被改变用途,变成了农田、耕地,水浅,滩多,水面缩小。自然保护区内土壤分为 4 个土类(红壤、黄棕壤、潮土、水稻土),7 个亚类(淹育型水稻土、潴育型水稻土、潜育型水稻土、侧渗型水稻土、潮土、棕红壤、黄棕壤),9 个土属(黄棕壤性浅黄泥田、潮泥田、黄棕壤性黄泥田、青泥田、棕红壤性白隔红泥田、棕红壤性白隔黄泥田、粘质潮土、棕红土、黄土），13 个土种（浅黄泥田、胶板田、白散田、马肝泥田、湖板田、白隔红泥田、白隔白散田、白隔黄泥田、湖板土、死红土、红土、林地红土、黄土）。

类型及主要保护对象 属自然生态系统类的内陆湿地和水域生态系统类型自然保护区，主要保护对象是永久性淡水湖泊湿地生态系统及珍稀水禽。

生物多样性 根据初步调查，浮游植物共计 5 门 29 属 30 种，其中蓝藻门 12 属 12 种，硅藻门 8 属 9 种，绿藻门 7 属 7 种，金藻门 1 属 1 种，裸藻门 1 属 1 种；维管植物 109 科 311 属 473 种，其中蕨类植物 13 科 8 属 26 种，种子植物 96 科 293 属 447 种（裸子植物 4 科 10 属 13 种，被子植物 92 科 283 属 434 种）。国家 II 级保护植物有粗梗水蕨、野莲、细果野菱、野大豆 4 种。

浮游动物共计 31 种（属）；底栖动物 30 种；野生脊椎动物 5 纲 33 目 76 科 288 种，其中鱼类 7 目 12 科 57 种，两栖类 1 目 4 科 13 种，爬行类 3 目 8 科 18 种，鸟类 16 科 43 科 177 种，兽类 6 目 9 科 17 属 23 种。国家重点保护野生动物 22 种，其中国家 I 级保护动物有东方白鹳、黑鹳、白头鹤 3 种，国家 II 保护动物有虎纹蛙，白琵鹭、白额雁、灰鹤、鸳鸯、白尾鹞、白头鹞、普通鵟、游隼、灰背隼、红隼、小鸦鹃、领角鸮、雕鸮、黄脚渔鸮、领鸺鹠、斑头鸺鹠、灰林鸮，中国穿山甲 19 种。

管理机构 2006 年 3 月 20 日，武汉市江夏区人民政府办公室夏政办 [2006]10 号文批准建立"武汉上涉湖湿地自然保护区"，面积为 832.666hm²；2008 年 1 月 18 日，武汉市人民政府武政 [2008]6 号文批为市级自然保护区，面积核定为 4 148.75hm²；2013 年 5 月 31 日，湖北省人民政府办公厅鄂政办函 [2013]55 号文批准为省级自然保护区，面积核定为 3 929.3hm²。

2008 年 8 月 21 日，武汉市江夏区机构编制委员会夏机编 [2008]19 号文批准成立"武汉市江夏区湿地自然保护区管理局"（加挂在武汉市江夏区野生动植物保护站），为科级事业单位。目前该省级自然保护区尚未设置独立的管理机构及专职管理人员，由武汉市江夏区湿地自然保护区管理局代管。

通讯地址：湖北省武汉市江夏区江夏大道 183 号，武汉市江夏区湿地自然保护区管理局；邮政编码：430200；电话：027-81815391。

特点与意义 长江中下游是亚洲最大、最重要的候鸟越冬地，也是我国湿地资源最丰富的区域之一，长江中游的河流湖泊是世界自然基金会确定的全球最重要的 238 个生态区之一。上涉湖位于武汉市江夏区西南部，紧邻斧头湖和梁子湖，由金水河与长江连接贯通。该湖泊由于受人为干扰较小，其地理、水文、生态基本保持在较为稳定的自然状态：湖水清澈、受污染程度低；水草茂盛、植被保存完好；鱼翔浅底，生物多样性丰富。本区包括上涉湖、团墩湖、鹅公湖湖泊及滩涂湿地，属永久性淡水湖泊湿地，是江汉湖群小型、浅水、草型湖泊的典型代表；沿湖湿生植物茂盛，湖滩发育良好，地理条件、气候条件优越，是我国 I 级保护鸟类白头鹤、黑鹳、东方白鹳等多种鸟类越冬、栖息的理想场所，也是湖北省湿地资源中距特大城市武汉市较近的一块不可多得的宝地。

隶属部门 林业

4.24 湖北八卦山省级自然保护区
(2013—S/2009—SH)

地理位置与范围　八卦山省级自然保护区位于鄂西北十堰市竹溪县西部,处于鄂、陕交界地段,东与竹溪县泉溪镇相邻,南与重庆市巫溪县遥望,西与陕西省镇坪县交界,北与竹溪县鄂坪乡毗邻;地理坐标为东经 $109°34'58''\sim109°42'03''$,北纬 $31°54'18''\sim32°12'36''$,距竹溪县城 71k;总面积 20 551.79hm²,其中核心区面积 8 321.00hm²,缓冲区面积 4 287.48hm²,实验区面积 7 943.31hm²。自然保护区范围包括鄂坪乡、泉溪镇、丰溪镇、国有八卦山林场、国有双竹林场及杨家扒国有农场,区内共有 10 个村、3 个林场的分场和 1 个农场。本自然保护区万江河流域的范围与万江河大鲵省级自然保护区相连,其中万江河河段两岸约 100m 宽的范围属万江河大鲵省级自然保护区,其他陆域范围属本自然保护区。

自然环境　八卦山自然保护区地处秦岭地槽区南缘,大巴山东段的北坡,整个地形地貌为山地地形,垂直落差较大。海拔最低点在毛家梁(海拔 550m),海拔最高点为光顶山(海拔 2 511.7m),其与陕西省镇坪县交界,海拔高差为 1 961m。区内海拔 2 000m 以上的山峰有 14 座,海拔 1 000～2 000m 的山峰有 137 座,海拔 1 000m 以下的山峰有 32 座。

属北亚热带季风性气候,具有明显的立体气候的特征。以距自然保护区最近的鄂坪乡(海拔 500m)气象资料推算,太阳年辐射总量在 385～423kJ/cm² 之间,全年日照射数 1 500～1 800h,全年日照率为 40%;年平均气温 6～16℃,绝对最高气温 38℃,绝对最低气温−13℃,最热月 7 月平均气温 17～27℃,最冷月 1 月平均气温−10～2℃;无霜期 236～247 天;年平均降水量 700～1 600mm,随海拔高差差异较大;东、西风频率较高,风速 2.3～2.6m/s,最大风速为 21.6m/s,最大风力可达 8 级。

自然保护区群山环抱,溪流众多,主要河流为坝溪河、万江河、石板河、五道河。主河流万江河、坝溪河发源于刘家坪冷水河,西南向东北从自然保护区的中心地带穿过,至横断山与红岩沟河汇合,称双河口。发源于铁厂坪的石板河和发源于光顶山的五道河两个水系,流量较小,与万江河一道构成自然保护区三大水系,经汉江最大支流堵河注入丹江口水库。

自然保护区土壤发育条件多变,受气候与植被的垂直变化影响,从河谷到山顶,形成了不同的土壤类型,主要包括:砂壤土(海拔 700～900m)、山地黄壤(海拔 1 150～1 600m)、山地黄棕壤(海拔 1 500～1 800m)、山地棕壤(海拔 1 800～1 900m);以砂壤土、山地黄棕壤为主。

类型及主要保护对象　属自然生态系统类中的森林生态系统类型自然保护区,主要保护对象为北亚热带森林生态系统。

生物多样性　维管植物共有 201 科958 属2 796 种,其中蕨类植物 34 科 72 属 204 种,种子植物 167 科 886 属 2 592 种(裸子植物 6 科 18 属 28 种,被子植物 161 科 868 属 2 564 种)。国家重点保护野生植物 21 种,其中,国家Ⅰ级保护植物有银杏、红豆杉、南方红豆杉、珙桐、光叶珙桐 5 种;国家Ⅱ级保护植物有 16 种,即:巴山榧树、榧树、鹅掌楸、厚朴、水青树、连香树、樟树、金荞麦、野大豆、红豆树、榉树、秃叶黄檗(黄皮树)、红椿、喜树、香果树、呆白菜。珍稀濒危保护植物群落主要有：红豆杉群落、山白树群落、金钱槭群落、白辛树群落等。

自然保护区自然植被划分为5个植被型组,9个植被型,38个群系。地带性植被为常绿落叶阔叶混交林。植被垂直分布带谱明显：海拔1 000m以下为农业植被带,在沟谷地带残存有小块常绿落叶林;海拔1 000～1 600m为常绿落叶阔叶混交林带;海拔1 600～2 500m为落叶阔叶林带,也混生一些温性针叶群落类型。

野生脊椎动物5纲30目96科312种,其中鱼类3目6科22种,两栖类2目8科24种,爬行类3目11科33种,鸟类15目44科157种,兽类7目27科76种。国家重点保护野生动物38种,其中,国家Ⅰ级保护动物有金雕,金钱豹、林麝3种;国家Ⅱ级保护动物有35种,即：大鲵、虎纹蛙、鸳鸯、黑鸢、苍鹰、赤腹鹰、雀鹰、松雀鹰、大鵟、普通鵟、秃鹫、白尾鹞、白头鹞、红脚隼、红隼、游隼、红腹角雉、勺鸡、白冠长尾雉、红腹锦鸡、红角鸮、领鸺鹠、斑头鸺鹠、长耳鸮、短耳鸮,猕猴、豺、黑熊、水獭、青鼬、大灵猫、小灵猫、金猫、中华鬣羚、中华斑羚。

管理机构 八卦山自然保护区前身为1988年成立的湖北省国有竹溪县八卦山林场,下辖万江河、花园两个分场,其管理方式为以场代村,人随地走,林场隶属竹溪县林业局管理。原万江河村、花园村划归八卦山林场管辖,林场办公地点设在万江河分场。1994年湖北省人民政府批准成立万江河大鲵省级自然保护区(范围自万江河源至太平电站,面积264hm²),隶属县水务局管辖,其所属管理面积与八卦山自然保护区不重叠。2002年2月25日,湖北省人民政府鄂政函[2002]17号文批准建立"八卦山自然保护小区",面积800hm²,主要保护对象为"红腹锦鸡、果子狸和篦子三尖杉等野生动植物"。2009年9月15日,十堰市人民政府十政函[2009]221号文批准为市级自然保护区,面积为20 551.79hm²;2013年5月31日,湖北省人民政府办公厅鄂政办函[2013]55号文批准晋升为省级自然保护区,面积核定为20 551.79hm²。

2012年4月25日,竹溪县机构编制委员会溪机编[2012]3号文批准成立"竹溪县八卦山市级自然保护区管理局",为正科级事业单位,与国有八卦山林场合署办公,隶属竹溪县林业局管理。目前该省级自然保护区尚未设置独立的管理机构及专职管理人员。

通讯地址：湖北省十堰市竹溪县城关镇沿河路158号,竹溪县八卦山市级自然保护区管理局/竹溪县林业局;邮政编码：442300;电话：0719－2724317。

特点与意义 八卦山自然保护区是湖北省最西端的自然保护区,森林覆盖率达95.6%,处于南北过渡地带,具有得天独厚的地理环境,孕育了丰富的生物多样性,是第三纪植物避难所和秦巴植物区系的核心,在鄂西北地区具有一定的代表性;是南水北调中线工程重要水源涵养区,对保障南水北调中线工程提供优质水源具有重要作用。

隶属部门 林业

4.25　湖北大崎山省级自然保护区

(2013—S)

地理位置与范围　大崎山省级自然保护区位于鄂东北黄冈市团风县北部,西北与武汉市新洲区毗邻,与麻城市接壤,东与罗田县连界,南距黄冈市城区 60km,处在团风县贾庙乡东北、罗田县大崎乡西北、麻城市卢家河乡西南之 3 县(市)交界处;范围包括国有大崎山林场及贾庙乡的大崎山村、小崎山村和但店镇的杜家冲村。自然保护区地理坐标为东经 115°04′20″～115°10′06″,北纬 30°48′12″～30°52′51″;总面积 1745.9hm²,其中,核心区面积 616.3hm²,缓冲区面积 346hm²,实验区面积 783.6hm²。

自然环境　大崎山自然保护区属大别山余脉,矗立在大别山南麓、长江北岸,素有"鄂东泰山"之誉。自然保护区属低山地形,海拔大多在 400～700m,山体呈东西走向,东南横卧小崎山、祷雨山,西北耸立接天山,最高峰龙王顶海拔 1 040.8m,最低点杜家冲海拔 107m。地势北高南低,分为低山、丘陵两种类型,以低山山岳为主要特征,山势雄伟,峭壁千仞,沟壑深邃,峡谷幽长。平均坡度在 25°左右,最陡达 70°,多为岩石裸露,土层较瘠薄。

气候属北亚热带大陆性湿润季风气候,具有优越的山地气候和森林小气候特点。年平均日照时数 2 028h;年平均气温 16.8℃,绝对最高气温 40.3℃(1976 年 7 月 23 日),绝对最低气温-12.2℃,最热月 7 月平均气温 29.3℃,最冷月 1 月平均气温 3.9℃;全年无霜期 240 天;年平均降水量 1 262mm。

自然保护区境内没有大型河流和水库,但是 2 座国家大型水库——武汉市新洲区道观河水库和团风县牛车河水库的源头。区内水流流经的河流在团风县境内的主要有牛车河、巴水河、五桂河、龙潭河、锥子河等,这些河流最后均汇入长江。

土壤主要为山地黄棕壤、黄棕壤和灰棕色沙壤土,主要由花岗岩、片麻岩风化而成。土层厚度 20～50cm。海拔在 700m 以上的土壤疏松,腐殖质层达 1cm 以上,透水透气性能较好。但在丘陵岗地,土壤板结,透水透气性能较差,腐殖质层薄。土壤一般呈酸性,pH 值为 5.2～6.0,有机质含量较少,氮、磷、钾含量一般为 20～40ppm、0.5～1ppm、10～20ppm。

类型及主要保护对象　属自然生态系统类中的森林生态系统自然保护区,主要保护对象为北亚热带森林生态系统及黄山松古树群落。

生物多样性　维管植物 165 科 577 属 1 097 种,其中蕨类植物 23 科 37 属 55 种,种子植物 142 科 540 属 1 042 种(裸子植物 7 科 14 属 17 种,被子植物 135 科 526 属 1 025 种)。国家重点保护野生植物 10 种(均为Ⅱ级),即:金钱松、厚朴、鹅掌楸、樟树、楠木、榉树、金荞麦、野大豆、秃叶黄檗(黄皮树)、香果树。自然植被分为 4 个植被型组、8 个植被型(暖性针叶林、温性针叶林、常绿阔叶林、常绿落叶阔叶混交林、落叶阔叶林、竹林、灌丛、草丛)、26 个群系,具有北亚热带向暖温带过渡的特点。自然保护区地带性植被为常绿落叶阔叶混交林,植被垂直分布规律不甚明显,其垂直带谱大致由 3

个主要的植被带组成:海拔 600m 以下为常绿落叶阔叶混交林带、暖性针叶林带;海拔 600～800m 为常绿落叶阔叶混交林带、温性针叶林带;海拔 800～1 040.8m 为落叶阔叶林、温性针叶林带。以落叶阔叶林占重要地位。

陆生脊椎野生动物 4 纲 26 目 71 科 232 种,其中两栖类 2 目 6 科 17 种,爬行类 3 目 10 科 29 种,鸟类 14 目 37 科 144 种,兽类 7 目 18 科 42 种。国家重点保护野生动物 24 种(均为 II 级),即:虎纹蛙、黑鸢、白腹鹞、白尾鹞、鹊鹞、松雀鹰、雀鹰、普通鵟、红隼、红脚隼、灰背隼、燕隼、游隼、白冠长尾雉、红腹角雉、勺鸡、草鸮、灰林鸮、斑头鸺鹠、长耳鸮、短耳鸮,中国穿山甲、豺、青鼬。

管理机构　大崎山自然保护区前身为成立于 1957 年的国有团风县大崎山林场;1985 年原黄冈地区行署划为黄冈大崎山风景区;1993 年湖北省林业厅鄂林场字[1993]180 号文批复成立大崎山省级森林公园;2008 年黄冈市旅游局黄旅字[2008]120 号文批准为国家 2A 级旅游景区。2002 年 2 月 25 日,湖北省人民政府办公厅鄂政办函[2002]17 号文批准建立面积为 500hm² 的"大崎山自然保护小区",主要保护对象为"金猫、白冠长尾雉、豹猫和银杏等野生动植物,革命遗址";2013 年 5 月 31 日,湖北省人民政府办公厅鄂政办函[2013]55 号文批准晋升为省级自然保护区,面积核定为 1 745.9hm²。

2003 年 12 月 23 日,团风县机构编制委员会团机编发[2003]9 号文批准设立"团风县大崎山自然保护小区管理委员会",与国有大崎山林场管委会实行"两块牌子,一套班子",为团风县林业局管理的事业单位;2010 年团风县机构编制委员会团机编[2010]3 号文批复成立"大崎山森林公园管理处"。目前大崎山自然保护区与大崎山省级森林公园、国有大崎山林场实行"三块牌子、一套班子"的管理体制,为典型生态公益型自收自支的正科级事业单位,其主管部门为团风县林业局。目前该省级自然保护区尚未设置独立的管理机构及专职管理人员。

通讯地址:湖北省黄冈市团风县团风镇团益民路 11 号,团风县林业局;邮政编码:438800;电话:0713－6088077,传真:0713－6153338。

特点与意义　本区是鄂东北比较重要的生物多样性保存地,其北亚热带森林生态系统具有重要的水土保持功能。特别值得一提的是自然保护区分布有 640 余亩的黄山松古树群落弥足珍贵。

隶属部门　林业

5 市级自然保护区

截至 2013 年 6 月底统计,湖北省共有市级自然保护区 18 个,即:来凤老板沟市级自然保护区、来凤古架山古杨梅群落市级自然保护区、荆州长湖市级自然保护区、随州曾都大洪山市级自然保护区、广水大贵寺市级自然保护区、保康鹫峰市级自然保护区、保康刺滩沟市级自然保护区、南漳香水河市级自然保护区、南漳七里山市级自然保护区、南漳金牛洞市级自然保护区、宜城长北山市级自然保护区、老河口梨花湖市级自然保护区、武汉新洲涨渡湖市级自然保护区、天门橄榄蛏蚌市级自然保护区、武汉黄陂草湖市级自然保护区、武汉汉南武湖市级自然保护区、咸宁西凉湖水生生物市级自然保护区、荆门长湖市级自然保护区。湖北省 18 个市级自然保护区的总面积为 133 604.6hm²,数量占湖北省自然保护区总数量的 28.13%,面积占湖北省自然保护区总面积的 13.68%。

5.1 湖北来凤老板沟市级自然保护区(2002—SH)

地理位置与范围 来凤老板沟市级自然保护区位于鄂西南恩施土家族苗族自治州来凤县西部的大河镇,西南与接重庆市酉阳土家苗族自治县接壤,西部及北部与咸丰县相连,辖老板沟、冷水溪、独石塘、两河口、张家坡、茶园坡、龙潭坪 7 个行政村;地理坐标为东经 $109°01'43''\sim109°08'08''$,北纬 $29°25'42''\sim29°32'12''$;方位四界为:东起牛场界——竹马路一线,南至县属白岩山林药场的大垭口,西与咸丰县国有坪坝营林场(坪坝营自然保护小区)接壤,北抵两河口村孤独山。自然保护区总面积 8 250hm²,其中核心区面积 1 479hm²,缓冲区面积 744hm²,实验区面积 6 027hm²。

自然环境 山脉属武陵山系余脉。区内地形复杂,峰峦层叠、沟壑纵横;地貌为低山、二高山山地地貌;地质构造上属新华夏构造体系隆起带的一部分,地层出露较全面,且多为沉积岩,以三叠纪大冶灰岩为主;最低海拔 620m,最高海拔 1 316m,相对高差 696m;无典型泥石流、滑坡等自然灾害危害。区内发源性溪流呈典型放射状广泛分布,由山间岩溶洞溢出,水质优良、清澈,富含矿质元素,四季潺潺径流。溪水汇入酉水河流,经沅水水系注入湖南洞庭湖。以砂页岩和石灰岩母岩母质经侵蚀风化,在原始次生植被带腐殖和微生物作用的改良下共同形成砂质黄壤,山地黄棕壤等土类。

自然保护区属中亚热带季风湿润型气候带,具有典型的鄂西山地小气候,雾多湿重,冬暖夏凉,四季分明。年平均日照时数 1 350h;年平均气温 16.5℃,绝对最高气温 39.2℃,绝对最低气温 −5℃;无霜期 283 天;年平均降水量 1 394.5mm。风向一般是冬季偏北风,夏季偏南风。无大规模风、霜、雪、雨等自然灾害。

自然保护区内无大的河流,无湖泊,有人工筑成的库塘 2 口,森林以天然原始次生林为主,兼有少量人工辅造的马尾松、杉木林,无矿山,无企业等。区内总人口 1 648 人,人口密度为 20 人/km²,

民族以土家族、苗族、汉族为主,交通闭塞,运输设施落后,是典型的林区自然经济区。

类型及主要保护对象　属自然生态系统类中的森林生态系统类型自然保护区,主要保护对象为中亚热带森林生态系统。

生物多样性　尚未进行综合科学考察。初步调查,共有种子植物110科706种,其中乔木51科106属237种,灌木128种,木质藤本20种,另有野生药材和众多草本资源。国家Ⅰ级保护野生植物有红豆杉、南方红豆杉、银杏3种;国家Ⅱ级保护野生植物有黄杉、香果树、樟树、鹅掌楸、榉树、楠木、闽楠、厚朴、水青树、红椿、秃叶黄檗(黄皮树)等10多种。海拔700m以上生长着南方红豆杉群落3处,其分布较广,面积近百亩,其中老板沟村大田坎上约有50余亩,冯家坡20余亩,张家坡30余亩,数量约有1000株,其中最老的树龄已达60年,胸径55cm,树高20m,枝叶茂盛,生长态势良好。

陆生野生脊椎动物有200余种,其中两栖类3种,爬行类20余种,鸟类60余种。国家Ⅰ级保护野生动物有金钱豹、林麝2种,国家Ⅱ级保护野生动有拉步甲、大鲵、苍鹰、红腹锦鸡、猕猴、豺、中国穿山甲、水獭、大灵猫、小灵猫等10余种。据调查,1990年冷水溪村民姚本全曾打死一只金钱豹;1997年冷水溪村民杨余奎在寨朝湾打死一只金钱豹;1998年原冷水溪村支书黄世培晚上11点开会回家在宗岭上对头碰到金钱豹,二者相距约有2m远;1998年现老板沟村长杨通树(护林员)在牛圈边亲眼看见金钱豹。

管理机构　2002年8月16日,恩施土家族苗族自治州人民政府恩施州政函[2002]60号文批建为州(市)级自然保护区,行政隶属于来凤县林业局。2003年7月9日,湖北省人民政府办公厅鄂政办函[2003]70号文在老板沟市级自然保护区的范围内批准成立面积为1 000hm² 的"老板沟自然保护小区",主要保护对象为珍稀野生动植物。

2003年11月17日,来凤县机构编制委员会来编发[2003]第23号文同意成立"来凤县老板沟野生动植物保护小区管护站",属来凤县林业局管理的自收自支事业单位,核定自收自支编制3名。目前该市级自然保护区尚未设置独立的管理机构及专职管理人员。

通讯地址:湖北省恩施土家族苗族自治州来凤县大河镇,来凤县老板沟野生动植物保护小区管护站;邮政编码:445700;电话:0718－6295327,传真:0718－6295339。

特点与意义　野生动植物种类较多,且南方红豆杉、鹅掌楸及紫茎已形成近100hm² 的群落,是鄂西南较为重要的物种保存地。

隶属部门　林业

5.2　湖北来凤古架山古杨梅群落市级自然保护区

(2002－SH)

地理位置与范围　来凤古架山古杨梅群落市级自然保护区位于鄂西南恩施土家族苗族自治州来凤县西北面,行政范围涉及三胡乡的15个行政村,革勒车乡的2个行政村(土家寨村和古架山村);地理坐标为东经109°14′34～109°22′55″,北纬29°29′39″～29°40′16″,东与宣恩县及本县的翔凤镇交界,南接翔凤镇,西邻旧司乡和革勒车乡,北与咸丰县相连,距来凤县城15km。自然保护区总面积14 753hm²,其中核心区面积4 430hm²,缓冲区面积2 265hm²,实验区面积8 058hm²。

自然环境　古架山古杨梅群落自然保护区在地质构造上属新华夏构造体系隆起带的一部分,地层出露较全面,且多为沉积岩,广泛出露的为质地较纯的碳酸盐岩类,以三叠纪大冶灰岩为主。山脉属武陵山系余脉,境内地形错综复杂,山高坡陡,崇山峻岭交替连绵,海拔在490～1260m之间。主要山峰有古架山、三尖山、平顶峰、轿顶山等。

气候属中亚热带大陆性季风湿润型气候,夏无酷暑、冬无严寒、温暖湿润、四季分明。年平均气温15.8℃,绝对最高气温39℃,绝对最低气温－10℃,无霜期280～293天;年降水量1 300～1 900mm,相对湿度81%。河流有酉水河支流老虎洞河,全长13km,有小型水库12个。土壤为黄壤和黄棕壤,成土母岩为砂质页岩和石灰岩。自然保护区土地、森林资源权属集体,水域面积68hm²,林业用地面积10 327hm²,其中有林地面积8 261.6hm²。

类型及主要保护对象　属野生生物类中的野生植物类型自然保护区,主要保护对象为野生古杨梅群落。

生物多样性　尚未进行综合科学考察。自然保护区内除丰富的古杨梅资源外,还有其他树种,如枫香树、楠木、栗等。珍稀树种在自然保护区内分布广泛,种类繁多,其中国家重点保护野生植物有南方红豆杉、银杏、樟树、楠木、鹅掌楸、厚朴、红椿等7种。

据初步调查,陆生野生脊椎动物有200余种,如王锦蛇、乌梢蛇、红腹锦鸡、雉鸡、珠颈斑鸠、灰胸竹鸡、画眉、红嘴相思鸟、东北刺猬、野猪等。国家Ⅰ级保护野生动物有林麝;国家Ⅱ级保护野生动物有大鲵、红腹锦鸡、草鸮、短耳鸮、猕猴、青鼬、豺、大灵猫、水獭等。

自然保护区内有杨梅树1万多株,其中杨梅大树500多株,百年以上古杨梅108株,300年以上古杨梅33株,树龄最长的古杨梅为560年,号称"世界杨梅之王"。树形最优美的是黄柏园村二组的3株古杨梅,分别向3个方向对称伸长,上部蘑菇状,3株基本一样大小,可称来凤古杨梅中的"一枝独秀",又被誉为"幸福树"。

管理机构　2002年8月16日,恩施土家族苗族自治州人民政府恩施州政函[2002]61号文批建为州(市)级自然保护区;2013年10月23日,恩施土家族苗族自治州人民政府恩施州政函[2013]152号文调整自然保护区功能区划,但总面积保持不变。

2002年10月,来凤县机构编制委员会同意成立"来凤县古架山古杨梅自然保护区管护站",核定编制3名,但未真正落实独立的管理机构及专职管理人员。

通讯地址:湖北省恩施土家族苗族自治州来凤县三胡乡林业站(代管);邮政编码:445700;电话:0718－6295328,传真:0718－6295339。

特点与意义　古大珍稀树木是国家宝贵的自然资源。杨梅为杨梅科杨梅属常绿乔木,树形美观,既是我国著名的特产水果,在武陵山区属稀有珍果,又是街道、庭院、风景区的优良绿化观赏树种,具有观赏、食用和研究价值。杨梅功用多,是天然保健食品。树皮及果肉含有杨梅黄酮,有很强的防火和抗癌作用。《本草纲目》记载,杨梅气味酸甜、无毒,盐食去痰止渴,清食下酒;干含止渴和脏、涤肠清胃;灰敷火伤,根治脚气;皮煎汤洗恶疮,嗽牙痛,解砒毒。据测定,优质杨梅果肉的含糖量为12%～13%,含酸量为0.5%～1.1%,富含硒元素、纤维素、维生素和一定量的蛋白质、脂肪、果胶以及多种对人体有益的氨基酸,其果实中钙、锌、铁的含量要高出其他水果的 10 多倍。

来凤县是恩施州古杨梅群落的主要分布区,据统计,全县共有 25 000 多株古杨梅树,其中集中分布于三胡、革勒 2 个乡的 5 个行政村。自然保护区内古杨梅资源丰富,分布广泛,现存百年以上的杨梅古树 141 棵,主要分布于三胡乡的黄柏园、石桥、三堡、大塘 4 个行政村,形成古杨梅群落。无论从杨梅古群落分布还是现有资源总量,本区均占湖北省第一位。

古杨梅群落对研究杨梅在我省生长历史以及环境演变研究具有重要意义。杨梅树形美观,个别林农对古杨梅树价值缺乏认识,为眼前利益将其作为风景树贩卖;少数农户对古杨梅缺乏保护意识,对其进行过度修枝,树下进行耕作,破坏其根系;杨梅是林果树种,一些农户为了经济利益只顾采果,不惜破坏枝丫。这些行为都给古杨梅群落资源造成不同程度的破坏。自然保护区的建立使古杨梅群落生存条件得到改善,同时使林农对古杨梅群落资源重要性的认识得到提高。

1984 年之后,来凤县从浙江引进东魁、荸荠、晚稻等杨梅新品种,发展面积 267 多 hm²。其中三胡乡引进杨梅新品种发展杨梅 2 万亩,目前有 6 000 亩挂果受益。现今,古杨梅资源已在来凤县三胡乡得到开发利用。该乡还建起了古杨梅酒厂,并已注册,年产古杨梅酒 1 万余千克,投放市场,销售看好。

隶属部门 林业

5.3 湖北荆州长湖湿地市级自然保护区

(2002—SH)

地理位置与范围 荆州长湖市级自然保护区跨江汉平原的荆州市荆州区和沙市区,保护范围是:以长湖围堤为界,东北抵荆门市沙洋县,西南接荆州市荆州、沙市两区,包括荆州区的纪南镇、郢城镇,沙市区的关沮镇、锣场镇和观音垱镇;地理坐标为东经 112°11′55″～112°31′20″,北纬 30°22′10″～30°32′37″。总面积为 15 750hm²,其中规划核心区面积 5 000hm²,缓冲区面积 2 600hm²,实验区面积 8 150hm²。

自然环境 长湖又名瓦子湖,因湖形狭长而得名。长湖系在地质构造洼地上发育而成的洼地滞积期,湖岸较曲折,多港汊,为一个四周全为堤渠的独特湿地,承担着荆北四湖地区重要的调蓄与灌溉任务。自然保护区气候属北亚热带湿润季风气候,年平均日照时数 1 827～1 987h,年平均气量 16.4℃,无霜期 250 天;年平均降水量 1 160mm,4～9 月降水量占年降水量的 73%,最大年降水量 1 854mm,最小年降水量 642mm。

类型及主要保护对象 属自然生态系类中的内陆湿地和水域生态系统类型自然保护区,主要保护对象为永久性淡水湖泊湿地生态系统。

生物多样性 尚未进行综合科学考察。水生植物有 34 科 62 属 98 种 3 变种,其中国家Ⅱ级保护野生植物有粗梗水蕨、莲、细果野菱、野大豆 4 种。水生植物群丛类型 14 个,其中湿生植物群丛 3 个,浮水植物群丛类型 2 个,沉水植物群丛类型 9 个,分布面积较大的依次是密刺苦草群丛、穗状狐尾藻群丛、菹草群丛、微齿眼子菜群丛和细果野菱＋欧菱群丛。国家重点保护野生动物14种,其中国家Ⅰ级保护野生动物有东方白鹳、黑鹳、中华秋沙鸭、白肩雕、大鸨5种;国家Ⅱ级保护野生动物有白琵鹭、白额雁、大天鹅、小天鹅、鸳鸯、黑鸢、松雀鹰、草鸮、虎纹蛙9种。

管理机构　2002年12月31日,荆州市人民政府办公室荆政办函[2002]97号文批准建立"长湖市级湿地自然保护区",面积15 750hm²,相关工作由荆州市林业局承担。

2007年12月20日,中共荆州市委机构编制委员会荆编办[2007]65号文成立"荆州长湖湿地自然保护区管理局",该局办公地点设在荆门市林业技术推广站,调配人员编制15人,管理局下设办公室、管理科、科研科、计财科、湿地监测科5个内设机构,核定管理局领导职数3名。目前该市级自然保护区尚未设置独立的管理机构及专职管理人员。

通讯地址:湖北省荆州市荆北路14号,湖北荆州长湖湿地自然保护区管理局/荆门市林业技术推广站;邮政编码:434020;电话:0716－8449735,传真:0716－8465423。

特点与意义　长湖是湖北省第三大湖泊,位于波状平原与江汉冲积淤积平原之间,成为四湖上片与中下片之间的分界面,是一个四周全为堤渠的独特湿地。特定的地理位置使长湖上可拦蓄荆门、当阳山区丘陵地带的洪水,下可灌溉四湖中区大片农田,兼有防洪、蓄渍、灌溉及航运之利,成为江汉平原上著名的平原湖泊,承担着荆北四湖地区重要的调蓄与灌溉任务。它对稳定区域性气候,调蓄长江和汉江洪水,保障区域生态安全,具有举足轻重的作用。同时本区也是研究长湖湿地生态系统形成、演化的重要基地,在我国生物多样性保护和湿地研究中占有一定的地位。

隶属部门　林业

5.4　湖北随州曾都大洪山市级自然保护区
(2002-SH)

地理位置与范围　随州曾都大洪山市级自然保护区位于鄂北随州市曾都区西南部大洪山余脉之中,地理坐标为东经112°52′30″～113°02′30″,北纬31°26′15″～31°36′15″,总面积16 000hm²。

自然环境　自然保护区属丘陵山地,山势东西走向,海拔230～1 055m,山峰交错。土壤质地为轻壤至中壤,一般山坡土壤深厚肥沃,有机质含量丰富。气候属北亚热带季风气候。年平均日照时数2 060～2 173h,年平均气温15.9℃,绝对最高气温35℃,绝对最低气温－15℃,无霜期220～240天;年平均降水量944～1 155mm。

类型及主要保护对象　属野生生物类中的野生植物类型自然保护区,主要保护对象为古银杏群落及其生境。

生物多样性　尚未进行综合科学考察。自然保护区地带性植被属北亚热带常绿落叶阔叶混交林,区内保存有原始次生林409hm²,其中有胸径40～60cm台湾松古树林15hm²。维管植物350余种,森林覆盖率为87.5%。珍稀植物有银杏、青檀、榉树、香果树、楠木等。银杏在自然保护区成群落分布,有3条古银杏带,保存有银杏树350万株,其中挂果银杏树2万株,百年以上银杏树有4 617株,千年以上的古银杏树有 97 株,年产银杏达 500t。其中大洪山寺下院的一株银杏树龄 1 340 年,树高 28m,胸围 8.05m,枝展近 40m。此外,自然保护区分布有陆生野生脊椎动物近 200 种。其中,鸟类 11 科 123 种,兽类 10 科 55 种。国家重点保护野生动物有大鲵、白冠长尾雉、金钱豹、中国穿山甲等。

管理机构 1990 年随州市长岗镇宣布建立"大洪山银杏自然保护区";1993 年随州市人民政府成立大洪山银杏自然保护区办公室,在长岗镇设立管理处,配备管理人员 15 人,并在每个村设 1 名兼职保护人员。管理处成立后,对古银杏进行了登记建档、挂牌保护,并指定专人管理;2002 年 5 月 25 日,随州市人民政府随政函[2002]20 号文正式批准成立"大洪山市级自然保护区",面积核定为 16 000hm²,隶属随州市林业局领导。

目前该市级自然保护区尚未设置独立的管理机构及专职管理人员,且与大洪山国家级风景名胜区(国务院 1988 年 8 月批建)、国家级森林公园(国家林业局 2006 年 12 月批建)、国家 4A 级景区(全国旅游景区质量等级评定委员会 2009 年 11 月评定)等重叠。

通讯地址:湖北省随州市曾都区长岗镇,大洪山风景名胜区管理委员会;邮政编码:441321;电话:0722—4832228。

特点与意义 据专家考证,大洪山自然保护区为我国银杏原产地,称"湖北大洪山银杏天然群落如此密集成片以及年代古老,在全国范围更是罕见",认定大洪山东部洛阳镇的古银杏群落为全球仅存的为数不多的古银杏分布区之一,长岗镇因此而享有"楚天银杏第一镇"的美誉。银杏为果材两用树种,具有很高的药用、材用和观赏用价值。该自然保护区是湖北省银杏最主要的分布区,对就地保护银杏资源具有重要意义。在就地保护古老银杏种质资源的同时,积极开发利用其经济价值,建立优良品种示范园和早实、丰产实验园,举办银杏造林、育苗、嫁接、施肥、管理等技术培训班。银杏已成为当地农民收入的主要来源,被人们誉为"摇钱树"。

隶属部门 林业

5.5 湖北广水大贵寺市级自然保护区
(2002—SH)

地理位置与范围 广水大贵寺市级自然保护区位于鄂北随州市辖的广水市北部的国有大贵寺林场内,居东经 113°48′~113°59′,北纬 31°45′~31°51′,总面积 5 300hm²,其中规划核心区面积 1 260hm²,缓冲区面积 2 370hm²,实验区面积 1 670hm²。

自然环境 自然保护区呈东西走向,内有独特的自然气候条件,常年气温比外界低 3~5℃,且昼夜温差较大,自然地理环境得天独厚。

类型及主要保护对象 属自然生态系统类中的森林生态系统类型自然保护区,主要保护对象为北热带森林生态系统。

生物多样性 尚未进行综合科学考察。初步调查,种子植物有 201 科 539 属 1 219 种,其中木本植物 128 科 310 属 760 种。属北亚热带常绿落叶阔叶混交林带,南北植物兼而有之,物种资源十分丰富,素有"鄂北明珠"之称。国家珍稀濒危保护植物有银杏、鹅掌秋、厚朴、樟树、楠木、闽楠、天目木姜子、山白树、杜仲、青檀、榉树、香果树等。自然植被保存完好,植被类型较丰富,现分布有国内罕见的超过 4hm² 的青檀群落,被誉为"中国第一青檀园",以及数公顷的香果树群落和闽楠小群落等。野生动物资源详细情况不清。国家重点保护野生动物有大鲵、中国穿山甲、大灵猫等。

管理机构   2002 年 5 月 25 日,随州市人民政府随政函[2002]21 号文批准建立市级自然保护区。

目前该市级自然保护区尚未设置独立的管理机构及专职管理人员,且与三潭旅游区重叠,由广水市国有大贵寺林场代管。

通讯地址:湖北省广水市三潭风景区,国有广水市大贵寺林场;邮政编码:432712;电话:0722－6881111。

特点与意义   大贵寺自然保护区是桐柏山系在湖北境内唯一一块较为完整的植被代表地;珍稀濒危野生保护植物分布较多,特别是分布有青檀群落、香果树群落及闽楠小片群落。

隶属部门   林业

5.6   湖北保康鹫峰市级自然保护区

(2003－SH/1990－X)

地理位置与范围   保康鹫峰市级自然保护区位于鄂西北襄樊市保康县东南部的马良镇鹫峰村境内。地理坐标是东经 111°24′53″～111°25′11″,北纬 31°29′27″～31°29′40″,总面积 134hm²,尚未进行功能区划,拟将全部面积规划为核心区。

自然环境   自然保护区整体上属于半高山地区,海拔高度在 860～972m 之间。属北亚热带季风湿润气候。历年平均日照时数 1801h,占可照时数的 41%;年平均气温 12℃,年平均无霜期 240 天;年平均降雨日 135 天,年平均降水量 922mm,年平均相对湿度 75%。成土母质为页岩,土层较厚,一般在 60～50cm,pH 值 5～7 之间,土壤主要是山地黄棕壤。区内居民主要种植小麦、土豆、玉米等。

类型及主要保护对象   属野生生物类中的野生植物类型自然保护区,主要保护对象为天然古马尾松群落。

生物多样性   天然马尾松资源丰富,是目前全国保存较好的古老马尾松群落,共有马尾松 554 株,蓄积量达 1 350m³,单株最大蓄积达 7.68m³,最大胸径 93cm,最小胸径 27cm,最大树高 28m,平均树高 25m,平均胸径 75cm,平均树龄 210 多年。马尾松林中,伴生着多种林下植物生长,生长状况优良。除此之外,自然保护区内还有水青树、杜仲、楠木、青檀、瘿椒树等国家珍稀濒危保护野生植物。国家重点保护野生动物有 10 多种,其中国家Ⅰ级保护动物有金雕、林麝;国家Ⅱ级保护动物有红腹锦鸡、红腹角雉、白鹇、白冠长尾雉、多种鹰类和鸮形目猛禽,黑熊、豺、大灵猫、牙獐(河麂)、中华鬣羚等。湖北省重点保护动物有环颈雉、鼯鼠、猪獾、狗獾、华南兔、黄鼬等多种。

管理机构   1990 年 2 月 15 日,保康县人民政府保政发[1990]2 号文批准建立"鹫峰湾县级自然保护区",面积为 13.3hm²,由保康县林业局主管;2003 年 9 月 28 日,原襄樊市人民政府办公室襄樊政办函[2003]40 号文批准为市级自然保护区,核定面积为 134hm²,属保康县林业局管理。

目前该市级自然保护区尚未设置独立的管理机构和管理人员,由保康县马良镇林业站代管。

通讯地址:湖北省襄樊市保康县清溪路 73 号,保康县林业局;邮政编码:441600;电话:0710－5812438。

特点与意义　鹫峰自然保护区保存了性状优良的薄皮马尾松母树林,为先锋树种马尾松造林提供优良种源。多年来,通过建立自然保护区就地保护马尾松优良种源,做到了资源的持续利用,提供良种几万千克,除直接创汇几百万元,还为大面积人工马尾松造林提供了品质保证。

隶属部门　林业

5.7　湖北保康刺滩沟市级自然保护区

(2003－SH)

地理位置与范围　保康刺滩沟市级自然保护区位于鄂西北襄阳市保康县过渡湾镇国有刺滩沟林场内,距县城 20km,居东经 110°45′～111°33′,北纬 31°21′～31°32′,总面积 800hm²,尚未进行功能区划(拟规划核心区 250hm²,缓冲区 350hm²,实验区 200hm²)。

自然环境　自然保护区地质结构为复向斜构造。山脉多由沉积岩、石灰岩和变质岩构成。区内山峦重叠,沟壑纵横,地势起伏多变。自然保护区气候属北亚热带季风气候。年平均气温 15℃,无霜期 238 天;年平均降水量 920mm。自然保护区内有错纵交横的山涧小溪 30 余条,大小山头百余座,最高点大山寨海拔 1 207m,最低点枫壳沟海拔 139m。成土母质为页岩,土层厚度不一,一般在 40～80cm,pH 值 5～7,土壤主要有黄棕壤和山地黄棕壤 2 个土类。

类型及主要保护对象　属野生生物类中的野生植物类型自然保护区,主要保护对象为野生蜡梅群落。

生物多样性　刺滩沟自然保护区野生蜡梅资源十分丰富,有蜡梅成片纯林约 133.3hm²,20 余万株。大多数野生蜡梅均在百年以上,树形奇特优美,具有极高的观赏价值。

管理机构　2003 年 9 月 28 日,襄樊市人民政府办公室襄樊政办函[2003]40 号文批准成立"刺滩沟市级自然保护区",核定面积为 800hm²,属保康县林业局管理。

目前该市级自然保护区尚未设置独立的管理机构及专职管理人员,由保康县国有刺滩沟林场代管。

通讯地址:湖北省襄樊市保康县清溪路 73 号,保康县林业局;邮政编码:441600;电话:0710－5812438。

特点与意义　刺滩沟自然保护区保存的野生蜡梅在全国具有典型性和代表性,被植物学界定为野生蜡梅的现代分布中心。蜡梅具有很好的观赏和科研价值,吸引了许多科研工作者前来考察、研究。

隶属部门　林业

5.8　湖北南漳香水河市级自然保护区
(2003—SH)

地理位置与范围　南漳香水河市级自然保护区位于鄂西北襄阳市南漳县薛坪镇境内,范围包括该镇陶沟、薛家坪、杜冲、普陀庵、张铁沟、凤翔坪、寺坪、般若寺、泉湾、孙山、孙家湾、莲花岗、古树垭、果坪、雷家坡 15 个行政村,地跨东经 111°45′42″～111°47′08″,北纬 31°43′56″～31°44′08″,总面积11 000hm²,尚未进行功能区划。

自然环境　自然保护区属于荆山山脉余脉,既有地壳运动形成的低山,又有冰川、雨水冲蚀形成的沟谷。北亚热带湿润季风气候。日均气温≥10℃的年积温 3 700℃,年平均气温 13℃,无霜期 202天;年平均降水量 1 120mm,年平均相对湿度 76%。土壤主要有黄棕壤和石灰土。

类型及主要保护对象　属自然生态系统类的森林生态系统类型自然保护区,主要保护对象为北亚热带森林生态系统和自然景观(著名景点香水河瀑布)。

生物多样性　尚未进行综合科学考察。初步调查,自然保护区有种子植物 360 多种,其中木本植物 47 科 125 种,属国家重点保护的有巴山榧树、樟树、野大豆、秃叶黄檗(黄皮树)、楠木、香果树等。野生动物资源也较为丰富,有爬行类 23 种,鸟类 31 种,兽类 29 种,属国家重点保护的有大鲵、金雕、褐冠鹃隼、黑冠鹃隼、苍鹰、灰林鸮、长耳鸮、短耳鸮、草鸮、鹊鹞、红腹锦鸡、林麝、水獭、青鼬、金猫、中华斑羚等 10 多种。湖北省重点保护野生动物有乌梢蛇、大白鹭、喜鹊、画眉、黑眉锦蛇、王锦蛇、灰胸竹鸡、东北刺猬、黄腹鼬、狗獾、猪獾等。

管理机构　2003 年 9 月 28 日,襄樊市人民政府办公室襄樊政办函[2003]37 号文批建市级自然保护区,属南漳县薛坪镇人民政府管理。

目前该市级自然保护区尚未设置独立的管理机构和专职管理人员。香水河自然保护区的一部分——香水河七彩瀑布风景区(市级)租赁给一家旅行社经营和管理。

通讯地址:湖北省襄阳市南漳县城关镇卞和路 20 号,南漳县林业局;邮政编码:441500;电话:0710—5231349。

特点与意义　在鄂北生物多样性保护和开展生态旅游等方面具有一定的价值。

隶属部门　林业

5.9　湖北南漳七里山市级自然保护区(2003—SH)

地理位置与范围　南漳七里山市级自然保护区位于鄂西北襄阳市南漳县北部九集镇的国有七里山林场(七里山国家森林公园)内,距南漳县城 16km,距襄阳古隆中 20km,距谷城承恩寺 16km。自然保护区东与南漳县九集镇袁家畈、双泉、曾庄 3 个村交界,南与九集镇古林坪、沈家湾、曾家畈、丁家营 4 个村相连,北与九集镇姜家湾村接壤,西与谷城县茨河镇红光村相邻;地理坐标为东经 111°47′25″～111°55′00″,北纬 31°53′21″～31°58′06″。自然保护区总面积 807hm²,尚未进行功能区划。

自然环境　七里山自然保护区地处荆山山脉向东延伸区,既有地壳运动形成的低山、丘陵,又有雨水、冲川冲蚀形成的沟壑。该自然保护区处北亚热带季风性气候区,温度适宜,雨量适中,光照充足。日均气温≥10℃的年积温 4 630℃,年平均气温 12℃,无霜期 209 天;年平均降水量 930mm,年平均相对湿度 78%。自然保护区母岩风化程度好,土壤主要以黄棕壤为主,且土层较厚。

类型及主要保护对象　属自然生态系统类中的森林生态系统类型自然保护区,主要保护对象为北热带森林生态系统。

生物多样性　尚未进行综合科学考察。地带性植被为北亚热带常绿落叶阔叶混交林,种子植物有 350 多种,其中木本植物 46 科 118 种。国家重点保护野生植物(均为Ⅱ级)有鹅掌楸、厚朴、樟树、喜树、野大豆、榉树、楠木等。野生脊椎动物 100 多种,其中鱼类 13 种,爬行类 17 种,鸟类 36 种,兽类 21 种。国家重点保护野生动物有大鲵、东方白鹳、红腹锦鸡、苍鹰、白头鹞、金钱豹、中国穿山甲、水獭等;湖北省重点保护野生动物有王锦蛇、黑眉锦蛇、大白鹭、喜鹊、画眉、灰胸竹鸡、东北刺猬、黄腹鼬、狗獾、猪獾等。

管理机构　2003 年 9 月 28 日,襄樊市人民政府办公室襄樊政办函[2003]37 号文批建市级自然保护区,属南漳县林业局管理。

目前该市级自然保护区尚未设置独立的管理机构及专职管理人员,实行的是与南漳县国有七里山林场(七里山国家森林公园)"三块牌子一套班子"的管理模式。

通讯地址:湖北省襄阳市南漳县城关镇卞和路 20 号,南漳县林业局;邮政编码:441500;电话:0710—5231349。

特点与意义　在鄂北生物多样性保护和开展生态旅游等方面具有一定的价值。

隶属部门　林业

5.10 湖北南漳金牛洞市级自然保护区
(2003—SH)

地理位置与范围　南漳金牛洞市级自然保护区位于鄂西北襄阳市南漳县西南部的板桥镇境内,范围包括板桥镇天鹅池、青龙寨、任家庄、河口、新集、董家台、古井、甘沟、雷家坪、宋家坪、老湾 10 个行政村,居东经 111°51′22″～111°54′11″,北纬 31°43′46″～31°44′05″。自然保护区总面积 7 000hm²,尚未进行功能区划。

自然环境　金牛洞自然保护区位于秦巴山系荆山山脉向东延伸的余脉,既有地壳运动形成的低山,又有外力的侵蚀形成的沟壑及溶洞,平均海拔 800m 左右,沟壑纵横,相对高差由几十米到一百多米不等。日均气温≥10℃的年积温为 3 820℃,年平均气温 12℃,无霜期 209 天;年平均降水量 1 020mm,年平均相对湿度 78%。水系属漳河水系,注入长江。土壤主要是黄棕壤和石灰土 2 种。

类型及主要保护对象   属自然生态系统类中的森林生态系统类型自然保护区,主要保护对象为北热带森林生态系统和自然景观(金牛洞为天然大溶洞)。

生物多样性   尚未进行综合科学考察。植物种类繁多,乔木主要是栎类(麻栎、栓皮栎、槲栎),形成次生栎林,此外还有马尾松、银杏、刺柏、黄连木、乌桕、楸、化香树、黄檀、樟树、天师栗、椰榆、香椿等。灌木主要有毛黄栌、黄杨、盐肤木、牡荆、火棘、山胡椒等,形成以毛黄栌、化香树、黄杨等为主的灌木群落。草本及层外植物以白茅、蕨类、菝葜等为主。国家重点保护野生植物有红豆杉、南方红豆杉、巴山榧树、樟树等。

野生脊椎动物 100 多种。其中国家重点保护的有大鲵、金雕、黄嘴白鹭、褐冠鹃隼、黑冠鹃隼、苍鹰、红腹锦鸡、灰林鸮、长耳鸮、短耳鸮、草鸮、鸺鹠、林麝、中国穿山甲、水獭、青鼬、金猫、中华斑羚等;湖北省重点保护的有黑眉锦蛇、王锦蛇、大白鹭、喜鹊、画眉、灰胸竹鸡、东北刺猬、黄腹鼬、狗獾、猪獾等。

管理机构   2003 年 9 月 28 日,襄樊市人民政府办公室襄樊政办函[2003]37 号文批建市级自然保护区,属南漳县林业局管理。

尚未设立自然保护区专门管理机构,未明确自然保护区行政主管部门。

通讯地址:湖北省襄阳市南漳县城关镇下和路 20 号,南漳县林业局;邮政编码:441500;电话:0710－5231349。

特点与意义   在保护珍稀濒危野生动植物和特殊地质景观,以及开展生态旅游等方面具有一定的价值。金牛洞属地质遗迹,省内罕见、襄樊市仅有。洞内钟乳石千奇百怪,具有较高的观赏价值和研究价值,建立自然保护区有助于了解该地区的地质构造和气候变迁。南漳县委、县政府提出了"培育休闲旅游大县"目标,板桥镇围绕这一目标开发了一系列旅游景点——青龙寨、九龙观、冯氏民居、夹马寨探险等,自然保护区的建设无疑会促进该地区旅游景点品位的提高和旅游事业的快速发展。

隶属部门   林业

5.11 湖北宜城长北山市级自然保护区
(2003－SH)

地理位置与范围   宜城长北山市级自然保护区位于鄂西北襄阳市辖的宜城市东北边缘,北与襄阳市襄阳区、东与枣阳市毗邻。居东经 111°57′~112°27′,北纬 31°27′~31°54′;范围包括板桥店镇的肖云村、沙河村、李湾村、范湾村、珍珠村、新街村和国有长北山林场。自然保护区总面积 12 560hm²,其中拟规划核心区面积 3 000hm²,包括国有长北山林场的鲇鱼洞分场、西寨沟分场、联三坡;规划缓冲区面积 5 600hm²,包括板桥店镇沙河村一、二组,范湾村五、八组,珍珠村五、六组;规划实验区面积 3 960hm²,包括板桥店镇李湾村五组,珍珠村三、四组,新街村林场,肖云村二组。

自然环境   地处大洪山余脉的南坡,寨古鼎为境内最高峰,海拔 551m,地形起伏大,山高林密,蕴藏丰富的野生动植物资源。自然保护区位于北亚热带,气候温和,四季分明,无霜期长。全年日照时数 1 900h,年平均气温 16℃,无霜期 251 天;年平均降水量 1 000mm 左右。土壤厚 40~100cm,pH 值 6~7.5 之间。

类型及主要保护对象　属自然生态系统类中的森林生态系统类型自然保护区,主要保护对象为北热带森林生态系统。

生物多样性　未进行综合科学考察。野生植物资源尚未清查。初步查明,两栖类 5 种,爬行类 5 种,鸟类 32 种,兽类 11 种。国家Ⅱ级保护野生动物有苍鹰、红腹锦鸡、豺、青鼬、中华斑羚 5 种;湖北省重点保护陆生野生动物 25 种,分别是中华蟾蜍、黑斑侧褶蛙、湖北侧褶蛙、王锦蛇、乌稍蛇、普通鸬鹚、大白鹭、环颈雉、董鸡、珠颈斑鸠、棕腹啄木鸟、八哥、灰喜鹊、喜鹊、大嘴乌鸦、戴胜、大山雀、狼、黄腹鼬、狗獾、花面狸、小麂、华南兔、赤腹松鼠等。

管理机构　2003 年 9 月 28 日,原襄樊市人民政府办公室襄樊政办函[2003]38 号文批建市级自然保护区,属宜城市林业局管理。自然保护区主要座落在国有长北山林场内,为宜城市森林公园,境内有张自忠将军殉难处。

目前该市级自然保护区尚未设置独立的管理机构及专职管理人员,长北山自然保护区与林场重叠的部分实行的是与国有长北山林场"二块牌子一套班子"的管理模式。

通讯地址:湖北省宜城市自忠路 157 号,宜城市林业局;邮政编码:441400;电话:0710—4212437。

隶属部门　林业

5.12　湖北老河口梨花湖市级自然保护区(2003—SH)

地理位置与范围　老河口梨花湖市级自然保护区位于鄂西北襄阳市辖的老河口市城郊,北接丹江口水库,东依老河口城关,南至汉江王甫洲水电站,西邻谷城县;居东经 111°32′~111°33′,北纬 32°14′~32°15′。自然保护区总面积 4 200hm²,尚未进行功能区划。

自然环境　梨花湖自然保护区是 1999 年冬因修建汉江王甫洲水电站而截汉江形成的人工湖,地势北高南低,沿汉江形成带状冲积平原,海拔高度 79.5~95.8m。梨花湖水面面积 2 940hm²,库容 3.1×10⁸m³,枯水期水位 82.32m,平水期水位 86.23m,丰水期水位 92.35m,平均水深 13.83m,湖底平均海拔高度为 72.4m。

属北亚热带大陆性季风气候,呈北亚热带向暖温带过渡特点,气候温和,日照充足,四季分明。年平均日照时数 1914.7h,日均气温≥10℃的年积温 4 730℃,年平均气温 15.3℃,无霜期 236 天;年平均降水量 845.6mm。土壤为河流冲积物形成的潮土和灰潮土。土地类型构成为水面面积 3 313hm²,占 78.9%,森林面积 67hm²,占 1.6%,宜林地 820hm²,占 19.5%。

梨花湖自然保护区及周边涉及光化、赞阳 2 个办事处,洪山咀、李楼 2 个镇,19 个村,总人口 1.5 万人,人口密度 288 人/km²,民族主要以汉族为主。自然保护区及周边群众主要发展以优质砂梨和大仙桃为主的经济林,采取立体种植方式,间作西瓜、花生、山药、蔬菜等。

类型及主要保护对象　属自然生态系统类的内陆湿地和水域生态系统类型自然保护区,主要保护对象为淡水湖泊湿地生态系统。

生物多样性　尚未进行综合科学考察。梨花湖自然保护区湿地动植物资源较为丰富。天然分布有高等植物 55 科 215 属 375 种,其中苔藓植物 5 科 14 属 26 种,蕨类植物 2 科 4 属 8 种,被子植物 48 科 197 属 341 种。野生脊椎动物 171 种,其中鱼类 54 种、两栖类 18 种、爬行类 19 种、鸟类 56 种、兽类 24 种。国家重点保护野生动物 6 种,其中国家 Ⅰ 级保护动物有白鹳、中华秋沙鸭 2 种;国家 Ⅱ 级保护动物有虎纹蛙、鸳鸯、小䴘䴘、白额雁 4 种。湖北省重点保护野生动物 60 种,其中鱼类 4 种、两栖类 5 种、爬行类 8 种、鸟类 33 种、兽类 10 种。

管理机构　2003 年 9 月 28 日,原襄樊市人民政府办公室襄樊政办函〔2003〕39 号文批建市级自然保护区,属老河口市林业局管理。

为加强梨花湖自然保护区建设和管理工作,2004 年老河口市林业局以河林字〔2004〕22 号文上报老河口市编办请求成立"老河口市梨花湖湿地自然保护区管理处",申请编制 6 人,但目前尚未获批,管理工作由老河口市林业局代管。

通讯地址:湖北省老河口市航空路 110 号,老河口市林业局;邮政编码:441800;电话:0710－8222519,传真:0710－8222424。

特点与意义　为湿地动物提供良好的自然环境,有利于维护湿地生物多样性,防治水体污染与水土流失,有效净化梨花湖及汉江水质,为老河口市民提供优良的饮用水源。

隶属部门　林业

5.13　湖北武汉新洲涨渡湖湿地市级自然保护区

(2004-SH)

地理位置与范围　武汉新洲涨渡湖湿地市级自然保护位于武汉市新洲区南部,居东经 114°38′47″～114°48′25″,北纬 30°36′31″～30°40′52″,现总面积 8 054hm²,其中核心区面积 1 773hm²,缓冲区面积 1 198hm²,实验区面积 5 083hm²。自然保护区范围为:西至新洲区阳逻街道向阳村(东经 114°38′47″,北纬 30°38′34″),北至涨渡湖主港北岸 100m 处(东经 114°40′18″,北纬 30°40′52″),东达涨渡湖林场东缘(114°48′25″,北纬 30°38′58″),南抵涨渡湖主湖南缘 100m,挖沟闸两侧各 100m 处(东经 114°34′12″,北纬 30°36′31″)。自然保护区行政范围包括双柳街(部分)、龙王咀农场(部分)、涨渡湖林场、水产局养殖场等街镇场。

自然环境　涨渡湖湿地自然保护区地质属新构造运动沉降区,为长江和举水、倒水二水间的泛滥平原与冲积平原。地势自西北向东南倾斜,整个区域东西面为丘陵区,北面为地势平坦的淤积性平原,南与长江相邻。自然保护区海拔高度 16～35m,平均水深 1.2m,最大水深 3.2m。自然保护区属古云梦泽边缘区,后逐渐演变为江汉湖群之一,江河湖相互贯通,水域辽阔,水资源丰富。建国初期(治理前),涨渡湖由大小 19 个湖泊组成,因南受长江倒灌,北纳举水和倒水来水,历来是"汛期一湖水,枯水一片荒",涨渡湖因此而得名;在水位较低时(<19m),主湖、子湖星罗棋布,界限分明,而

水位上升至 22m 时,水面达 255km²,主湖与子湖连成一片;历史上直通长江,是武汉市下游重要的自然蓄洪区。该湖原与长江相通,历史上湖面最大面积达 280km²。20 世纪 30 年代,涨渡湖水面面积为 155km²。

1954 年修建控制闸后,与长江隔离,沿湖筑有围溃堤,隔倒水和举水于涨渡湖之外,堤顶海拔 23m。现在涨渡湖高水位(20.8m)时水面积仅 37.9km²,但集水面积达 530km²;中水位(19m)时水面积 35.2km²,相应库容 3 360 万 m³;低水位(18.5m)时水面积 27.7km²。涨渡湖南临长江,有人工控水设施调控江湖水体交换,四季水位稳定,变幅较小,湖床遍布卵石,淤泥深 0.05~0.15m;西岸是相对高差 80m 的绵延山丘,均被天然乔、灌木和人工林所覆盖;东、北方向则为平坦的农用耕地和稻田、鱼场等人工湿地,种植业和养殖业发达。自然保护区地势平坦,生态环境良好,以传统的农作物种植为主。2002 年涨渡湖被世界自然基金会定为恢复江湖联系的示范湖泊,建立挖沟闸,恢复了江湖连通,长江年平均来水量 7 428×10⁸m³,是涨渡湖主要的水源。目前涨渡湖分别通过齐头咀节制闸和挖沟闸与涨渡湖主港和长江连通,并通过齐头咀节制闸和挖沟闸调节水位。本湖区承担了新洲区主要灌溉用水,周边主要以种植和渔业养殖为主。

涨渡湖是一个综合性利用湖泊,水质虽然受到周围环境的污染,但污染物的量以及所含有害物质的量都较小,对水体的污染也较小。涨渡湖地表水水质为:总氮、总磷含量在Ⅱ~Ⅲ类之间,化学需氧量在Ⅱ~Ⅳ类之间,溶解氧在Ⅱ~Ⅳ类之间,细菌数指标达到Ⅳ类。涨渡湖地表水水质总体处于Ⅲ类。

属北亚热带湿润季风气候。太阳年辐射总量 463kJ/cm²,年平均日照时数 1 932.8h,日照百分率为 44%;年平均气温 17.0℃,夏季(6~8 月)平均气温 27.4℃,冬季(12~2 月)平均气温 5.6℃,最高气温 40.8℃(1960 年 8 月 30 日),最低气温-14.3℃(1969 年),湖区相对湿度 77.1%;年平均无霜期 250 天;年平均降水量 1 242.3mm,湖区平均蒸发量为 1 525.4mm;年平均相对湿度为 77.1%。涨渡湖年平均水温为 19.1℃,最高水温为 34.7℃,最低水温 3.8℃,全年水温在 15℃以上的时间达 234 天,平均积温为 6 983.5℃。土壤有黄棕壤、潮土和水稻土 3 个土类,19 个土属,126 个土种和 48 个变种。

类型及主要保护对象 属自然生态系统类的内陆湿地和水域生态系统类型自然保护区,主要保护对象为永久性淡水湖泊湿地生态系统及珍稀水禽。

生物多样性 浮游藻类 9 门 82 种,其中蓝藻门 22 种,隐藻门 2 种,甲藻门 3 种,金藻门 3 种,黄藻门 2 种,硅藻门 12 种,裸藻门 6 种,绿藻门 29 种,轮藻门 3 种;维管植物 113 科 314 属 472 种,其中蕨类植物 12 科 14 属 17 种,种子植物 101 科 300 属 455 种(裸子植物 2 科 5 属 6 种,被子植物 99 科 295 属 449 种)。国家Ⅱ级保护野生植物有粗梗水蕨、水蕨、莲、细果野菱 4 种。自然植被有 4 个植被型组、5 个植被型、52 个群系,其中沼泽和水生植被型组中有 26 个群系,欧菱群系占绝对优势。

浮游动物 28 种,其中原生动物 11 种,浮游甲壳类动物 17 种;底栖动物 53 种,其中腹足类 9 种,双壳类 13 种,寡毛类 31 种。野生脊椎动物 4 纲 32 目 78 科 240 种,其中鱼类 7 目 13 科 41 属 52 种,两栖类 1 目 5 科 10 种,爬行类 3 目 8 科 16 种,鸟类 15 目 42 科 142 种,兽类 6 目 10 科 20 种。国家重点保护野生动物 9 种,其中国家Ⅰ级保护动物有东方白鹳 1 种;国家Ⅱ级保护动物有虎纹蛙、小鸦鹃、红脚隼、红隼、普通鵟、斑头鸺鹠、水獭、小灵猫 8 种。

管理机构 2004 年 7 月 28 日,武汉市人民政府办公厅武政办[2004]150 号文批准建立"涨渡湖市级自然保护区"，面积为 18 500hm²。2011 年 11 月 22 日，武汉市人民政府办公厅武政办[2011] 170 号文批准将自然保护区面积调减到 8 054hm²。

2004 年 1 月 29 日，武汉市新洲区机构编制委员会新编[2004]34 号文同意成立"武汉市新洲区湿地自然保护区管理办公室"，归口新洲区林业局管理；为了加强涨渡湖湿地保护，武汉市新洲区人民政府办公室同时成立了以区政府领导为主任，由新洲区区委办公室、区人民政府办公室、区计委办公室、区财政局、区林业局、区教育局、区建管局、区水务局、区农业局、区统计局、区经管局等 20 多家单位组成的"涨渡湖湿地自然保护区共管委员会"，负责各部门的协调工作；制订了《涨渡湖湿地自然保护区保护办法(试行)》。武汉市新洲区湿地自然保护区管理办公室有工作人员 6 人，其中科技人员 4 人。

目前该市级自然保护区尚未设置独立的管理机构及专职管理人员，由武汉市新洲区湿地自然保护区管理办公室代管。

通讯地址：湖北省武汉市新洲区邾城街云梦路 176 号，武汉市新洲区湿地自然保护区管理办公室；邮政编码：430400；电话：027－89357559。

特点与意义　涨渡湖历史上与长江相通，水质肥沃，鱼类资源较丰富，是长江洄游鱼类重要的中转站。但围湖垦殖及建闸导致湖面面积萎缩，使物种数和组成变化很大，原江湖型鱼类转为定居性的湖泊鱼类，20 世纪 80 年代调查到 63 种，鲤科比重超过 2/3，现在只有 46 种。根据 WWF 与湖北省人民政府的合作协议，涨渡湖自然保护区于 2002 年 12 月作为长江中游湿地保护和恢复项目示范点。该区曾记录到红嘴鸥越冬种群 14 000 多只，全国罕见；涨渡湖是重要经济鱼类黄颡鱼的原产地。因此该湿地是长江中下游水禽(如红嘴鸥)重要的迁徙通道以及鱼类(如黄颡鱼等)产卵、洄游和索饵的重要场所，也是特大城市武汉市重要的分蓄洪和灌溉区。

隶属部门　林业

5.14　湖北天门橄榄蛏蚌市级自然保护区

(2006－SH)

地理位置与范围　天门橄榄蛏蚌市级自然保护区位于江汉平原天门市天门河，居东经 112°53′51″～113°22′14″，北纬 30°37′12″～30°43′04″。自然保护区规划总面积 805hm²；范围为天门河渔薪镇杨场至净潭乡、竟陵汉北桥至九真八一大桥，全长 78km，其中核心区从渔薪镇杨场至黄潭窑台，全长 29.5km；缓冲区从竟陵船闸至净潭乡，全长 38.5km；实验区从竟陵汉北桥至九真八一大桥，全长 10km。

自然环境　属亚热带大陆季风气候区。太阳年辐射总量为 450～480kJ/m²，年平均日照时数 1 800～1 966h；年平均气温 16.2℃，最高气温 40.5℃，最低气温－10℃，无霜期 256 天；年平均降水量 1 092.9mm。水质良好，总体上符合国家地表水 Ⅱ～Ⅲ 类标准，pH 为 6.5～8.3，呈弱碱性，水体无机盐丰富，有利于水生生物的生长、繁殖。

类型及主要保护对象 属野生生物类中的野生动物类型,主要保护对象为橄榄蛏蚌及其生境。

生物多样性 尚未进行综合科学考察。

管理机构 2006 年 12 月 26 日,天门市人民政府天政函[2006]122 号文批准建立市级自然保护区。

目前该市级自然保护区尚未设置独立的管理机构及专职管理人员,由天门市渔政船检港监管理局代管。

通讯地址:湖北省天门市竟陵东湖路 5 号,天门市渔政船检港监管理局;邮政编码:431700;电话:0728-5222436,传真:0728-5222436。

特点与意义 橄榄蛏蚌(*Solenaia oleivora*),俗名义河蚌,属软体动物门、瓣鳃纲(双壳刚)、真瓣鳃目、蚌科、无齿蚌亚科、蛏蚌属,为我国特有珍稀蚌种,为蚌科单属种(原报道我国共有蚌属 5 种,现仅存该种,其余 4 种均已绝迹),属湖北省重点保护水生野生动物,《中国水生动植物资源养护行动纲要》(2007 年)重点保护物种。橄榄蛏蚌主要栖息于水质清澈、有一定水流的河口及湖泊相连处的河口,对栖息地水域的水质和底质条件要求较高,分布狭窄,仅分布于湖北、河北(大清河)、安徽(巢湖)、江苏(太湖)、江西(鄱阳湖、德安博阳河、瑞洪)、河南等地,多见于河流或与湖泊相连的河口附近淤泥中。橄榄蛏蚌主要在我国河南驻马店宿鸭湖水库下游河流、江苏太湖流域、江西鄱阳湖、安徽巢湖、湖北武汉市后湖及天门市天门河流域出产,其中湖北天门市天门河(又称县河)是其重要的分布区之一。但由于环境等问题,目前橄榄蛏蚌在上述多地灭绝,现主产地在天门河。天门市橄榄蛏蚌最高年产量曾达到 500t,但近年来受河道改造、闸坝建设、水质污染和过渡捕捞等影响,其资源量急剧下降,物种濒临灭绝,目前其年产量不足 100t。

隶属部门 农业(水产)

5.15 湖北武汉黄陂草湖湿地市级自然保护区

(2008-SH/2006-X)

地理位置与范围 武汉黄陂草湖湿地市级自然保护区位于武汉市黄陂区三里镇东南部,处东经 114°26′53.7″～114°29′13.3″,北纬 30°44′01.5″～30°46′29.2″,属黄陂区南部平原湖区,东临拦溃堤,南接五七分场,北靠大嘴林场,并与新洲区共管的武湖一堤之隔,西临新塔公路。自然保护区总面积 1 148.2hm²,其中核心区面积 387.8hm²,缓冲区面积 3.9hm²,实验区面积 756.5hm²。

自然环境 草湖湿地自然保护区处于秦岭向东西向构造带东端、淮阳山字形前弧西翼构造部位,并有新华夏构造和北西向构造与之联合复合,基底地层由古老的变质岩系组成,南部为松散的近代堆积物覆盖。自然保护区属南部滨湖平原区,地面由松散的近代堆积物覆盖,地势低平,土壤肥沃。自然保护区地处中纬度地区,属湿润的亚热带季风气候,四季分明,光照充足,热量丰富,雨量充沛,而且雨热同季,光、热、水资源的时空分布有较大差异。

类型及主要保护对象 属自然生态系统类的内陆湿地和水域生态系统类型自然保护区,主要保护对象为永久性淡水湖泊湿地生态系统及珍稀水禽。

生物多样性　据初步调查,浮游藻类有6门10科11属13种(硅藻门1科3种,蓝藻门4科5种,甲藻门、绿藻门、隐藻门和裸藻门均为1科1属1种);浮游动物2种;底栖动物3门6纲13目20科46种。野生脊椎动物5门29目58科157种,其中鱼类6目8科26种,两栖类2目3科7种,爬行类2目6科18种,鸟类13目35科92种,兽类6目6科14种。国家重点保护野生动物7种,其中国家Ⅰ级保护动物有东方白鹳、白鹤、遗鸥3种;国家Ⅱ级保护动物有白琵鹭、小天鹅、白额雁、红隼4种。

管理机构　2006年5月8日,武汉市黄陂区人民政府陂政[2006]34号文批准建立"草湖区级珍稀水禽湿地自然保护区",面积800hm²;2008年1月18日,武汉市人民政府武政[2008]6号文批为市级自然保护区,面积核定为1 148.2hm²。

目前该市级自然保护区尚未设置独立的管理机构及专职管理人员,由武汉市黄陂区林业局三里林业管理站代管。

通讯地址:湖北省武汉市黄陂区三里镇,武汉市黄陂区林业局三里林业管理站;邮政编码:420300;电话:027-85932132,13035102509。

特点与意义　武湖自然保护区内丰富的珍稀水鸟及其栖息地具有很高的保护和科研价值,是武汉市周边不多的较为自然的草型湖泊湿地。

隶属部门　林业

5.16　湖北武汉汉南武湖湿地市级自然保护区

(2008-SH/2006-X)

地理位置与范围　武汉汉南武湖湿地市级自然保护区位于武汉市汉南区西南郊,处东经113°47′31″～113°51′09″,北纬30°10′56″～30°15′28″。自然保护区总面积3 293.36hm²,其中核心区面积1 281.6hm²,缓冲区面积640.96hm²,实验区面积1370.8hm²。

自然环境　汉南武湖湿地自然保护区是濒临长江的一块季节性水位变化较大的洪泛湿地,海拔高度在20.7～26m之间,水面面积410hm²,距武汉市中心城区约60km,源于潜江市泽口的东荆河流经仙桃市和武湖核心区的两条人工河汇入通顺河,经邓南街新沟村新河口流入长江。汉南武湖外部形态似爪状,东南与长江相连,隔江与嘉鱼县相望,西及西南与仙桃市和洪湖市接壤,地界为大垸闸,北与武汉市蔡甸区毗邻,距沉湖湿地省级自然保护区仅9.5km。核心区周长18.859km,其中濒临长江3.211km;缓冲区周长7.6km;实验区周长14.180km。濒临长江的核心区大风大浪时,掏蚀崩塌滑坡时有发生,面积将很可能逐渐减少。

属北亚热带东亚季风湿润气候区。太阳年辐射总量为449kJ/cm²,年平均日照时数为1970h,照率为45%;年平均气温16.8℃,绝对最高气温39.8℃,绝对最低气温-17.4℃,最热月7月平均气温29.1℃,最冷月1月平均气温3.7℃;无霜期254天;年平均降水量1 276.2mm,雨量主要集中于春夏两季;每年 4～7 月为武湖丰水期,10 月至次年 3 月为枯水期。枯水期水位下降后出现大面积沼泽草甸滩涂,是越冬水禽优良的栖息环境。

长江和通顺河过境本区。区内还有 2 条人工河,即东荆河穿过并流入通顺河汇入长江。通顺河故称沌水,是汉水的一条支流,发源于潜江市泽口,于武汉市经济技术开发区的沌口注入长江。通顺河过境流程 45km,年平均流量 44.7m³/s,年过境水量达 14×10⁸m³,是境内北部水利调蓄的总动脉。武湖水位变化直接受制于长江新沟段水位的涨落,丰水期武湖全部被洪水淹没,8 月下旬或 9 月上旬长江水位回落,湖水自至凹处,除通顺河和两条人工河东荆河有水外,全湖为河流、湖盆洼地、滩涂、沼泽和鱼池。

据 2006 年武汉市环境监测总站对汉南区杨泗港和纱帽长江江段水质监测结果,其水质达国家地表水Ⅲ类标准,水质较好。自然保护区的土壤有 3 个土类(潮土、黄棕壤、水稻土),7 个亚类(灰潮土、湿潮土、黄棕壤、淹育型水稻土、潴育型水稻土、潜育型水稻土、沼泽型水稻土),10 个土属,38 个土种。

类型及主要保护对象 属自然生态系统类的内陆湿地和水域生态系统类型自然保护区,主要保护对象是永久性淡水湖泊湿地生态系统,以及白头鹤、灰鹤等多种珍稀水禽。

生物多样性 初步考察表明,浮游藻类 8 门 28 科 43 属 56 种(硅藻门 7 科 16 属,蓝藻门 7 科 10 属 12 种,甲藻门 1 科 1 属 1 种,绿藻门 7 科 10 属 11 种,黄藻门 1 科 1 属 1 种,金藻门 1 科 1 属 1 种,隐藻门 1 科 1 属 1 种,裸藻门 1 科 1 属 1 种)。维管植物 36 科 59 属 74 种,其中蕨类植物 4 科 4 属 5 种,种子植物 32 科 55 属 69 种(裸子植物 2 科 3 属 3 种,被子植物 30 科 52 属 66 种)。国家Ⅱ级保护植物有莲和细果野菱 2 种。水生植被分为 12 个主要的群丛,主要为红穗薹草群丛、荻＋芦苇群丛、菰群丛等。

浮游动物 8 种(原生动物肉足类 1 种,甲壳类 3 种,枝角类 3 种,桡足类 1 种);底栖动物 42 种,隶属 3 门 5 纲 12 目 22 科,以铜锈环棱螺、湖北钉螺、中华园田螺和河蚬为优势种。野生脊椎动物 5 纲 32 目 66 科 167 种,其中鱼类 10 目 18 科 53 种,两栖类 1 目 3 科 7 种,爬行类 2 目 6 科 16 种,鸟类 12 目 32 科 77 种,兽类 7 目 7 科 14 种。国家重点保护野生动物有 8 种,其中国家Ⅰ级保护动物有白头鹤 1 种;国家Ⅱ级保护动物有胭脂鱼、虎纹蛙、灰鹤、黑翅鸢、白尾鹞、小鸦鹃、长江江豚 7 种;湖北省重点保护野生动物 43 种;国家保护有益的或者有重要经济、科学研究价值的野生动物 99 种。

管理机构 2006 年 2 月 24 日,武汉市汉南区人民政府汉政[2006]20 号文批准建立"汉南武湖区级湿地保护区",面积 1 866.7hm²;2008 年 1 月 18 日,武汉市人民政府武政[2008]6 号文批为市级自然保护区,面积核定为 3 293.36hm²。

2011 年 8 月 23 日,武汉市汉南区机构编制委员会汉编[2011]24 号文批准设立"武汉市汉南区武湖湿地自然保护区管理处",在汉南区林政站挂牌,实行"一个机构两块牌子"的管理模式。目前该市级自然保护区尚未设置独立的管理机构,未下达专职管理人员编制。

通讯地址:湖北省武汉市汉南区薇湖路 396 号,武汉市汉南区武湖湿地自然保护区管理处/武汉市汉南区林业局林政站;邮政编码:430090;电话:027—684851463。

特点与意义 据初步研究,本区国家Ⅰ级保护动物白头鹤越冬种群数量 71 只,达到全球数量的 2.3%;国家Ⅱ级保护动物灰鹤越冬种群数量 383 只,为全球数量的 3.48%。白头鹤和灰鹤种群数量

是湖北省本世纪以来发现的最大越冬种群;自然保护区核心区无常住人口,人为活动干扰较小,表现出明显的自然性、典型性,具有重要的生态、环境和科研价值。

隶属部门 林业

5.17 湖北咸宁西凉湖水生生物市级自然保护区

(2010－SH)

地理位置与范围 咸宁西凉湖水生生物市级自然保护区位于鄂东南咸宁市境内,长江中游南岸,属长江中游浅水草型湖泊,跨嘉鱼县、赤壁市和咸安区 3 个县市区;地理坐标为东经 114°00′～114°10′,北纬 29°51′～30°01′,分东西两片,范围以 22.5m 高程的水域滩涂为界。自然保护区总面积 8 000hm²,其中核心区面积 2 000hm²,范围以 22.5m 水位时离湖岸 500m 的湖心水域为界;缓冲区面积 1 832hm²,范围以核心区外缘向外扩展 350m 的水域为界;实验区 4 168hm²,范围是缓冲区以外、自然保护区边界以内的区域。

自然环境 西凉湖濒临长江,处古云梦泽东南边缘,从西北平原到东南丘岗基基岩分别三迭纪、二迭纪、石灰纪、泥盆纪、志留纪地层。西凉湖主要由东西凉湖和西西凉湖(主湖)组成,呈裤状型,西西凉湖海拔高程略高于东西凉湖。东西凉湖东、东北、南面为丘岗,西北面为平原;西西凉湖东、南、北面为丘岗,西面为平原。

西凉湖地处中亚热带北缘,气候温和,四季分明,日照时间长。主要灾害天气有暴雨,干旱、大风、冰雹和冰冻。冬季湖区极少有结冰的现象。

西凉湖包括东西凉湖、西西凉湖、马师湖、伯凉湖等子湖及若干湖汊,流域总承雨面积 1 500km²。西凉湖入湖河道主要有咸安区的汀泗河、赤壁市的泉口河,这些河流流入东西凉湖;嘉鱼县的北庄海、赤壁市的宋家河流入西西凉湖以及若干小港。西凉湖湖水汇聚到嘉鱼县渡普望东庙出湖口经余码河,最后通过余码大闸排入长江。

类型及主要保护对象 属自然生态系统类中的内陆水域与湿地生态系统类型自然保护区,主要保护对象为水生生物多样性和种质资源及其生境。

生物多样性 据调查,西凉湖自然保护区有浮游藻类 7 门 74 属 90 种,其中绿藻门 43 种,硅藻门 18 种,蓝藻门 15 种,金藻门、裸藻门、甲藻门、隐藻门种较少;水生高等植物有 32 科 58 属 70 种 3 变种,其中微齿眼子菜(黄丝草)、穗状狐尾藻、黑藻为优势种群,国家 II 级保护植物有粗梗水蕨、细果野菱、莲 3 种。西凉湖的自然植被主要是水生植被,它们构成了湖区的主要植被类型。

浮游动物 62 属;底栖动物 22 科 47 属 71 种,其中水栖寡毛类 2 科 8 属 12 种,水生昆虫 10 科 26 属 38 种;软体动物 6 科 9 属 17 种;其他动物 4 种;鱼类资源丰富,共有 10 目 19 科 65 属 87 种;两栖类 8 种;爬行类 2 目 7 科 15 种;鸟类 11 目 21 科 110 种。国家重点保护野生动物 10 种,其中国家 I 级保护动物有黑鹳、东方白鹳、中华秋沙鸭、白头鹤 4 种;国家 II 级保护动物有 6 种,即:胭脂鱼、虎纹蛙、白额雁、小天鹅、灰鹤、鸳鸯。

管理机构 2010 年 8 月 5 日,咸宁市人民政府咸政函[2010]52 号文批准建立市级水生生物自然保护区,面积 8 000hm²,具体日常工作由咸宁市西凉湖管理局承担。

该市级自然保护区尚未设置独立的管理机构和专职管理人员,隶属咸宁市水产局领导,日常工作由咸宁市西凉湖管理局承担。

通讯地址:湖北省咸宁市咸安区温泉桂花路 10 号,咸宁市西凉湖管理局;邮政编码:437100;电话:0715—8255801,8255264,8255220,传真:0715—8255801;单位网站 http://xianning011228.11467.com。

特点与意义 西凉湖是咸宁市最大、湖北省第五大湖泊,也是长江流域南岸生物资源丰富的湖泊之一,总面积 8 267hm²,横跨嘉鱼、赤壁、咸安 3 个县市区,共 6 个乡镇,45 个自然村,涉渔人口约 3.5 万人,京广铁路、武广高速铁路、京港澳(京珠)高速公路、107 国道紧靠湖边通过,在武汉城市圈范围内具有十分重要的地位。西凉湖具有调蓄、灌溉、生物多样性保护、气候调节、生活供水、渔业养殖、旅游开发、航运等多种功能,是长江中下游极具典型性的天然生物多样性湖泊和生态渔业养殖场所。西凉湖除具有生物的多样性和稀缺性外,也对 1 500km² 流域具有水文和气候调节等重要生态功能。2008 年 7 月西凉湖被农业部批准为首批国家级鳜鱼黄颡鱼水产种质资源保护区。

历史上西凉胡与长江直接相通,形成了自然的江湖复合生态系统,水生生物资源十分丰富。20 世纪开始,长江筑堤建闸,湖区筑堤围湖、造成了江湖阻隔,水体置换频率下降。近年来,由于人与自然的因素,过度的围栏、高密度的养殖,使湖泊生态环境有所变化、水体富营养化,水生生态系统面临严峻挑战。本自然保护区的建立将加强武汉城市圈湿地自然生态环境的保护。

隶属部门 农业(水产)

5.18 湖北荆门长湖湿地市级自然保护区

(2011—SH/2008—X)

地理位置与范围 荆门长湖市级自然保护区位于江汉平原荆门市沙洋县后港镇、毛李镇,保护范围是:以长湖围堤为界,东接毛李镇蝴蝶咀,北接后港镇,西抵荆州市荆州区,南抵荆州市沙市区;地理坐标为东经 112°19′～112°31′,北纬 30°24′～30°33′。自然保护区总面积 15 750hm²,其中规划核心区面积 2 299hm²,缓冲区面积 3 648hm²,实验区面积 9 803hm²。

自然环境 长湖又名瓦子湖,因湖形狭长而得名。长湖系在地质构造洼地上发育而成的洼地滞积期,湖岸较曲折,多港汊,为一个四周全为堤渠的独特湿地,承担着荆北四湖地区重要的调蓄与灌溉任务。自然保护区气候属北亚热带湿润季风气候,年日照时数 1 827～1 987h,年平均气温 16.4℃,无霜期 250 天;年平均降水量 1 160mm,4～9 月降水量占年降水量的 73%,最大年降水量 1 854mm,最小年降水量 642mm。

类型及主要保护对象 属自然生态系类中的内陆湿地和水域生态系统类型自然保护区,主要保护对象为永久性淡水湖泊湿地生态系统。

生物多样性 尚未进行综合科学考察。初步调查,国家重点保护野生植物有粗梗水蕨、莲、细果

野菱、野大豆4种。国家重点保护野生动物9种,其中国家Ⅰ级保护野生动物有东方白鹳、黑鹳、中华秋沙鸭3种;国家Ⅱ级保护野生动物有6种,即:虎纹蛙、大天鹅、小天鹅、鸳鸯、红脚隼、白额雁。

管理机构 2008年3月4日,沙洋县人民政府办公室沙政办函[2008]9号文批准建立"沙洋县长湖湿地自然保护区"(县级),面积15 750hm²;2011年9月27日,荆门市人民政府办公室荆政办函[2011]60号文批准成立"荆门长湖湿地市级自然保护区",其建设保护工作由沙洋县管理,业务工作归口荆门市林业局指导。

2008年3月13日,沙洋县机构编制委员会沙机编[2008]08号文同意成立"沙洋县长湖湿地保护管理局",为沙洋县林业局直属事业单位,级别为副科级。

通讯地址:湖北省荆门市沙洋县洪岭大道南13号,沙洋县林业局/沙洋县长湖湿地保护管理局;邮政编码:448200;电话:0724-8561397,传真:0724-8564098。

特点与意义 长湖是湖北省第三大湖泊,位于波状平原与江汉冲积淤积平原之间,成为四湖上片与中下片之间的分界面,是一个四周全为堤渠的独特湿地,该特定的地理位置使长湖上可拦蓄荆门、当阳山区丘陵地带的洪水,下可灌溉四湖中区大片农田,兼有防洪、蓄渍、灌溉及航运之利,成为江汉平原上著名的平原水库,承担着荆北四湖地区重要的调蓄与灌溉任务。它对稳定区域性气候,调蓄长江和汉江洪水,保障区域生态安全,具有举足轻重的作用。本区也是研究长湖湿地生态系统形成、演变、发展规律的重要基地,在我国生物多样性保护和湿地研究中占有一定的地位。

隶属部门 林业

6 县级自然保护区

截至 2013 年 6 月底统计,湖北省共有县级自然保护区 7 个,即:保康野生蜡梅县级自然保护区、远安大堰县级自然保护区、武汉黄陂木兰湖鸟岛县级自然保护区、松滋沱水溶洞温泉地质遗迹县级自然保护区、松滋龙王井鱼化古生物质遗迹县级自然保护区、枣阳兰科植物资源县级自然保护区、枣阳熊河水系县级自然保护区。湖北省 7 个县级自然保护区总面积 45 419.0hm²,数量占湖北省自然保护区总数量的 10.94%,面积占湖北省自然保护区总面积的 4.65%。

6.1 湖北保康野生蜡梅县级自然保护区

(1985—X)

地理位置与范围 保康野生蜡梅县级自然保护区位于襄阳市保康县过渡湾镇的刺滩沟、枫桥沟,欧店镇的响铃沟,马桥镇的水马河、龙滩沟等蜡梅分布集中的地带;地理坐标为东经 111°01′～111°13′,北纬 31°42′～31°44′。自然保护区总面积 4 000hm²,尚未进行功能区划。

自然环境 境内山岭重叠、连绵起伏,仅在河流平缓段有少数丘陵和冲积平原。荆山主脉呈东西走向横贯中部,将保康县分成南北两部分,南部地势较高,海拔约 1 000m,北部地势略低,海拔约 800m。属北亚热带湿润季风气候,多年平均气温 7～15℃,无霜期 150～230 天;年平均降水量 900mm,南部多于北部。

类型及主要保护对象 属野生生物类中的野生植物类型自然保护区,主要保护对象为野生蜡梅群落。

生物多样性 尚未进行综合科学考察。自然保护区内森林覆盖率 98% 以上,最高海拔 1 207m,最低海拔 193m。独特的气候条件孕育了丰富的植物资源,特别是野生蜡梅不仅分布广泛,数量达 70 余万株,而且花色十分丰富,有馨口、黄白、红心、紫蕊、檀香等珍稀品种,大多数树龄在百年以上,具有很高的观赏及科研价值。同时,野生紫斑牡丹、云锦杜鹃、紫薇、红豆杉等各种奇花异木遍布山谷,四季花开,景色鲜明,是鄂西北地区罕见的野生植物宝库。

管理机构 经保康县环境保护局申请,1985 年 6 月 6 日,保康县人民政府保政发[1985]36 号文批准建立县级野生蜡梅自然保护区,将几大片野生蜡梅划入自然保护区内,总面积 4 000hm²;同时成立了自然保护区管理处,设蜡梅研究所,定编 23 人,隶属保康县环境保护局领导。为保护野生蜡梅资源,保康县人民政府制定了《保康县野生蜡梅自然保护区管理条例》和《保康县野生蜡梅自然保护区发展规划》。由于未落实土地权属以及经费等多种原因,目前自然保护区管理机构已基本瘫痪,名存实亡。

通讯地址:湖北省襄樊市保康县城关镇河西路 7 号,保康县环境保护局;邮政编码:441600;电话:0710—5822854。

特点与意义　保康县野生蜡梅资源十分丰富,凡海拔 200～800m 的石灰岩地区,几乎都有一定数量的蜡梅分布,比较集中的有过渡湾、马桥、欧店、寺坪等几个乡镇,分布面积约 4 000hm²,数量约 40 万株。保康野生蜡梅自然保护区是世界上第一个野生蜡梅自然保护区,其保存的野生蜡梅在全国具有典型性和代表性,被植物学界定为蜡梅属植物的起源地和分布中心地带,为全世界已知蜡梅分布最广、面积最大、品种和数量最多的地区。蜡梅具有很高的观赏和科研价值,吸引了许多科研工作者前来考察、研究。

隶属部门　环保

6.2　湖北远安大堰县级自然保护区
(1986—X)

地理位置与范围　远安大堰县级自然保护区位于鄂西宜昌市远安县东北部的茅坪场镇,地理坐标为东经 111°45′～111°52′,北纬 31°21′～31°22′,自然保护区总面积 52.3hm²。

自然环境　大堰自然保护区地处荆山山脉的延伸部分,属鄂西山地向江汉平原过渡的低山丘陵地带,地形西北高、东南低,海拔 500～800m,平均海拔 450m 左右。境内山岭交错,沟谷较深,冲垄狭窄,溪沟纵横;区内松、栎森林茂密。属亚热带大陆性季风气候。年平均日照时数 1 878.5h,年平均气温 13.5～15℃,绝对最高气温 40.2℃,绝对最低气温－19℃,年平均无霜期 230～240 天,全年平均降雪 7.5 天;年平均降水量 1 100mm,年平均相对湿度 80%。自然保护区的土地多为近代河流冲积母质、紫色沙页岩和泥质岩发育而成,矿物质养分多,有机质比较丰富,土地肥沃,土壤主要是黄棕壤。

类型及主要保护对象　属野生生物类中的野生植物类型自然保护区,主要保护对象为天然古马尾松群落。

生物多样性　尚未进行综合科学考察。自然保护区野生动植物资源较丰富,以天然马尾松林为主要保护对象,分布有原始的红薄皮马尾松自然群落,主要树种有红薄皮马尾松(属湖北省定点的优良品种)、栎类、杉木、泡花树、枫香树、化香树、山槐、黄檀等树种,林下植物主要有桦木、黄荆、胡枝子(*Lespedeza* spp.)、杜鹃、白茅、菅等。其中红薄皮马尾松原始群落 784 亩,平均树龄 120 年,胸径 80cm 左右。初步调查,国家重点保护野生植物有 6 种,其中国家Ⅰ级保护植物有银杏,国家Ⅱ级保护植物有 5 种,即:喜树、连香树、楠木、厚朴、樟树;有枫杨、冬青(*Ilex* sp.)、黄连木、栓皮栎 4 个古树群落。国家重点保护野生动物 17 种,其中国家Ⅰ级保护动物有白颈长尾雉、林麝 2 种;国家Ⅱ级保护动物有 15 种,即:大鲵、猕猴、中华斑羚、金猫、大灵猫、小灵猫、水獭、青鼬、凤头蜂鹰、苍鹰、松雀鹰、白尾鹞、红隼、红角鸮、长耳鸮。

管理机构　1986 年 5 月 7 日,远安县人民政府远政发〔1986〕22 号文批准成立县级自然保护区,面积 52.3hm²（784 亩），委托远安县林业局直接管理；设立大堰自然保护区管理站，配备 4~5 名管理人员。1999 年经湖北省林业厅批准成立国有大堰林场。目前该县级自然保护区尚未设置独立的管理机构及专职管理人员，由远安县林业局代管。

通讯地址：湖北省宜昌市远安县鸣凤镇解放路 25 号，远安县林业局；邮政编码：444200；电话：0717－3815668。

特点与意义　大堰自然保护区及其周边的原生森林是远安县生物物种比较丰富，珍稀濒危物种较为集中的分布区，是远安县难得的一块森林资源宝库。自然保护区保存了省定点优良种源薄皮马尾松原始群落，为先锋树种马尾松造林提供优良种源。多年来，通过建立自然保护区就地保护马尾松优良种源，做到了资源的持续利用，提供良种近 5 000 千克，除直接创汇几十万元外，还为大面积人工马尾松造林提供了品质保证。

隶属部门　林业

6.3　湖北武汉黄陂木兰湖鸟岛县级自然保护区
（1998－X）

地理位置与范围　武汉黄陂木兰湖鸟岛县级自然保护区位于武汉市黄陂区木兰湖东南岸，自然保护区总面积 333.3hm²。

自然环境　该区为木兰湖东南岸的椿树岗半岛的林区及周边湖泊湿地。

类型及主要保护对象　属野生生物类中的野生动物类型自然保护区，主要保护对象为鹭科鸟类。

生物多样性　尚未进行综合科学考察。已记录到鸟类 9 目 19 科 32 种，每年的 4~10 月有近 10 万只鹭科鸟类来此栖息。

管理机构　1998 年 6 月 3 日，原武汉市黄陂县（现武汉市黄陂区）人民政府陂政[1998]42 号文批准建立县级自然保护区，面积 333.3hm²；2002 年 2 月 25 日，湖北省人民政府办公厅鄂政办函[2002]17 号文批准成立面积为 200hm² 的“木兰湖白鹭自然保护小区”，主要保护对象为白鹭。目前该县级自然保护区尚未设置独立的管理机构及专职管理人员，自然保护区名存实亡。

通讯地址：湖北省武汉市黄陂区黄陂大道 407 号，武汉市黄陂区林业局；邮政编码：430300；电话：027－61109273,85932132，传真：027－61109270。

特点与意义　湖北省鹭科鸟类（夏侯鸟）的集中分布区，可能分布有较大种群的国家Ⅱ级保护鸟类黄嘴白鹭。

隶属部门　林业

6.4 湖北松滋洈水溶洞温泉地质遗迹县级自然保护区

(2001—X)

地理位置与范围　松滋洈水溶洞温泉地质遗迹县级自然保护区位于荆州市辖的松滋市西南部洈水开发区内,北至薛家洞,西至新神洞度假村,东南至颜家湾温泉。自然保护区长 5 000m,宽 2 000m,总面积 1 000hm²;国家直角坐标为:(1)3319700,19542900,(2)3319700,19547900,(3)3317700,19547900,(4)3317700,19542900。

自然环境　自然保护区地处鄂湘两省交界,属亚热带过渡性季风气候,总的气候特点是四季分明,雨量充沛,夏无酷暑,寒冷期短。全年平均日照时数 1750h,年平均气温 17.6℃,最热月 7 月平均气温 32.5℃,最冷月 1 月平均气温 1.3℃,全年无霜期 276 天;年平均降水量 1 200～1 300mm,年平均相对湿度 78%。

类型及主要保护对象　属自然遗迹类中的地质遗迹类型自然保护区,主要保护对象为溶洞和温泉自然景观。

主要保护对象简况　岩溶洞穴主要分布在洈水湖北侧的寒武地层中,现已发现 13 个大型的洞穴系统,根据洞口的地貌位置和洞的水流状况,可分两个洞穴层。第一层洞口标高大于 300m,大型溶洞中仅发现一个,其洞底平坦,洞室宽敞,次生化合物发育,且规模很大,形态多样,以顶板悬垂的巨片石钟乳或石幕靠近洞壁成排出现为特征,宛如大厅两侧拉开的多重帷幕,用手轻敲即可发出悦耳的乐声。第二层洞口标高 115～150m,洞内均见流水,常发育不同高度的下蚀台阶,形成跌水、瀑布、深潭等具有特色的景观,其中以新神洞最为突出。

管理机构　2001 年 9 月 13 日,松滋市人民政府松政函[2001]33 号文批准建立县级自然保护区。目前该县级自然保护区尚未设置独立的管理机构及专职管理人员,由松滋市国土资源局代管。

通讯地址:湖北省松滋市新江口镇白云路 318 号,松滋市国土资源局;邮政编码:434200;电话:0716—6223389。

特点与意义　新神洞是目前发现的洈水溶洞群中最具代表性、观赏性和研究性的溶洞。该洞发育于寒武系灰质白云岩中,距今约 5 亿年,所在地区地质构造复杂,地层结构连续,地貌特征清晰,正在申报筹建国家地质公园。温泉地处卸甲坪土家族民族乡洈河流域,有泉眼数十口,其中将军岩下 250m² 内,8 个泉眼的泉水喷射而出,热气腾腾,人近泉边,热浪袭人,水温达 53℃,水质纯净,水色湛蓝。当地人们称之为"神泉"。

隶属部门　国土

6.5　湖北松滋龙王井鱼化石古生物遗迹县级自然保护区

（2001－X）

地理位置与范围　松滋龙王井鱼化石古生物遗迹县级自然保护区位于荆州市辖的松滋市西南王家桥镇龙王井村内,东起沙刘公路,南抵斯家场镇旗林村放牛坡,西至北河河道转弯处(第二滚水坝),北抵龙王井村二组农户住房。自然保护区长1 000m,宽500m,总面积50hm²;国家直角坐标为:(1)3331800,19562200,(2)3331300,19562200,(3)3331300,19561200,(4)3331800,19561200。

自然环境　自然保护区地处巫山山系荆门分支余脉和武陵山系石门分支余脉向江汉平原延伸的过渡地带。气候属亚热带过渡性季风气候,四季气候分明,春季冷暖多变,雨量递增,夏季炎热潮湿,雨量不均,冬季较长。

类型及主要保护对象　属自然遗迹类中的古生物遗迹类型自然保护区,主要保护对象为鱼化石。

主要保护对象简况　自然保护区的鱼化石主要为江汉鱼化石,除松滋市外,还有宜昌市的当阳市、宜都市一带有分布。江汉鱼属于硬骨鱼纲,鲤形目,头部较小,鱼背凸起,背鳍高而位于身体中部,尾鳍深叉明显、对称,体形肥宽且短,形态侧扁,类似于现在的武昌鱼。其磷酸盐化的骨质脆而硬,摩氏硬度4.5～5度,部分有方解石交代、充填,呈褐色、浅褐色、深褐色,半透明至微透明状。鱼化石基岩为浅灰、灰黄、绿灰色的薄层状钙质黏土页岩,间有浅黄白色水云母黏土页岩,层理清晰,易沿层面剥离获得完整的化石标本。

管理机构　2001年9月13日,松滋市人民政府松政函[2001]33号文批准建立县级自然保护区。目前该县级自然保护区尚未设置独立的管理机构及专职管理人员,由松滋市国土资源局代管。

通讯地址:湖北省松滋市新江口镇白云路318号,松滋市国土资源局;邮政编码:434200;电话:0716－6223389。

特点与意义　江汉鱼化石一般产生于新生代、第三纪、始新世,距今36.5～53百万年。体长一般为6～15cm,鱼骨已磷酸盐化,大部分脊椎、肋骨、细刺、鳞片清晰,形态完整,保存在暗绿灰色或灰色的石板上,石中有单条或多条大小不一的江汉鱼化石,神态悠然,栩栩如生,具有一定的观赏情趣。

隶属部门　国土

6.6　湖北枣阳兰科植物资源县级自然保护区

（2003－X）

地理位置与范围　枣阳兰科植物资源县级自然保护区位于鄂西北襄阳市辖的枣阳市城区东北

50km 处,范围包括国有白竹园寺林场、国有青峰岭林场、大阜山林场、国有车河农场、新市镇、鹿头镇、刘升镇、平林镇、熊集镇、王城镇、吴店镇,共 4 场 7 镇,处东经 112°30′~113°00′,北纬 31°40′~31°56′,总面积 16 650hm²,拟规划核心区面积 5 295hm²,缓冲区面积 5 733hm²,实验区面积5 622hm²。

自然环境 自然保护区地处桐柏山和大洪山余脉,境内地貌多姿,为起伏的岗地。最高峰玉皇顶海拔 778.5m,是枣阳市最高峰。自然保护区气候属于北亚热带季风性气候,具有光照充足、雨量充沛、四季分明、气候温和、冬寒夏热、无霜期长等特点。年平均气温 15℃,无霜期 228 天,年平均降水量 900mm 左右。土壤类型主要有黄棕壤、潮土 2 个土类。

白竹园寺旧称竹园禅林,始建于东汉建武年间,距今有 1 900 多年历史,闻名遐迩,1984 年被列为襄樊市重点文物保护单位。1950 年枣阳县接收白竹园寺 466hm² 庙产成立县人民政府林场,1963 年建立国营(有)白竹园寺林场,面积扩至 2 920hm²。经林场几代职工的艰苦奋斗,名刹奇洞得以修缮,古迹遗址得以挖掘,奇石珍泉得以开发,森林植被得以扩增,各项设施逐步完善,初步形成了以山、水、林、石见长,自然资源品位高,特色浓的风景旅游区,1993 年被湖北省林业厅确定为省级森林公园,2010 年被列为 AAA 级风景旅游区。

类型及主要保护对象 属野生生物类中的野生植物类型自然保护区,主要保护对象为野生兰科植物。

生物多样性 未进行综合科学考察。区内野生兰科植物十分丰富,初步调查表明兰科植物有 30 多属 50 余种,即:金兰、银兰、大叶火烧兰、火烧兰、大花对叶兰、戟唇叠鞘兰、小斑叶兰、波密斑叶兰、光萼斑叶兰、大花斑叶兰、绒叶斑叶兰、金唇兰、绶草、葱叶兰、手参、舌唇兰、蜻蜓兰、小花蜻蜓兰、毛萼山珊瑚、天麻、沼兰、山兰、长叶山兰、硬叶山兰、长距美冠兰、短茎脊萼兰、多花兰、寒兰、蕙兰、春兰、豆瓣兰、剑叶虾脊兰、虾脊兰、钩距虾脊兰、细叶石斛、石斛、细茎石斛、鹅毛玉凤花、裂唇舌喙兰、广布红门兰、朱兰、香花羊耳蒜、独花兰、杜鹃兰、黄花白及、白及、风兰、台湾盆距兰、广布芋兰、阔蕊兰、斑唇卷瓣兰等。

管理机构 2003 年 9 月 10 日,枣阳市人民政府枣政发〔2003〕19 号文批准建立县级自然保护区,隶属枣阳市林业局领导。目前该县级自然保护区尚未设置独立的管理机构及专职管理人员,且与枣阳市国有白竹园寺林场(白竹园寺国家森林公园)重叠,由枣阳市国有白竹园寺林场代管。

通讯地址:湖北省枣阳市新华路 133 号,枣阳市林业局;邮政编码:441200;电话:0710—6313921。

特点与意义 自然保护区兰科植物比较丰富,而所有兰科植物均被 CITES 公约附录列为保护物种,具有很大的保护、科研和开发利用价值。

隶属部门 林业

6.7 湖北枣阳熊河水系县级自然保护区
(2003—X)

地理位置与范围 枣阳熊河水系县级自然保护区位于鄂西北襄阳市辖的枣阳市西南部,包括熊集镇、王城镇、吴店镇、平林镇、墟湾镇、国有车河农场、国有青峰岭林场,共 5 镇 2 场的范围,处东经 112°36′～112°57′,北纬 31°42′～31°58′。自然保护区总面积 23 333hm²,拟规划核心区面积 4 594hm²,缓冲区面积 6 670hm²,实验区面积 12 069hm²。

自然环境　熊河发源于随州市大洪山北麓,水系分布于枣阳市熊集镇、吴店镇、平林镇、南城、琚湾镇 5 个镇。熊河自古以来被誉为万泉之水,有关山山水、石桥溪水、八万山水、青峰水泉、习洞溪水、虎洞山泉等相继注入,承雨面积 500 多 km²。熊河自东向西穿越自然保护区,汇入滚河再入汉江。1965 年,枣阳、襄阳两县人民在熊集卧龙岗修建了蓄水量为 $2.45×10^8 m^3$ 的大二型水库——熊河水库,水库水面达到 1 460hm²,为襄樊市级所属大型人工水库。水库丰水期水位海拔 124m,平水期水位海拔 119m,枯水期水位海拔 115m,最深处水深 23m,库底最低海拔高度为 97m。

气候属北亚热带季风气候。年平均日照时数 2 138h,日平均日照 5.9h;年平均气温 15.3℃;年平均降水量 516～1 255mm,雨季集中在 4～9 月。自然保护区属于低山丘陵,土壤主要是黄棕壤土类,成土母质主要是由花岗岩、云母片岩、千枚岩等岩石的坡积物及残积物母质所发育的土壤,土壤深度 50～70cm,地多为轻壤、中壤。

类型及主要保护对象　属自然生态系统类中的内陆湿地和水域生态系统类型自然保护区,主要保护对象为河流及水库湿地生态系统。

生物多样性　未进行综合科学考察。熊河库区周围森林茂密,以松、银杏、水杉、樟树、栎、兰草、蕨类等为主的森林植被十分丰富。浮游植物及常见水生植物 80 余种;野生脊椎动物有 64 科 219 种,其中鱼类 50 多种,水禽有白鹭、灰雁、赤麻鸭、绿头鸭、董鸡等 38 种。国家重点保护野生动物有拉步甲、中华虎凤蝶、虎纹蛙、勺鸡、红腹锦鸡、红腹角雉、白额雁、灰雁、黑鸢、苍鹰、红角鸮、领角鸮、灰林鸮、大灵猫等 10 多种;湖北省重点保护和国家"三有"保护野生动物有乌梢蛇、王锦蛇、池鹭、猪獾、狗獾、黄腹鼬、狼等 187 种。

管理机构　2003 年 9 月 10 日,枣阳市人民政府枣政发〔2003〕19 号文批准建立县级自然保护区,隶属枣阳市林业局领导。1998 年熊河库区被列为襄樊市级风景名胜区,现枣阳市青龙山熊河风景区被列为省级风景名胜区。另外区内还有一个国有林场和一个国有农场。目前该县级自然保护区尚未设置独立的管理机构及专职管理人员。

通讯地址:湖北省枣阳市新华路 133 号,枣阳市林业局;邮政编码:441200;电话:0710－6313921。

特点与意义　熊河流域山青水秀,水面宽阔,旅游资源和野生兰花、野生鹭鸟类及野鸭类资源十分丰富,是枣阳湿地生态环境最好的地区。

隶属部门　林业

附 表

附表 1　湖北省自然保护区名录(截至 2013 年 6 月底)

序号	自然保护区名称	面积 (hm²)	现级别	现级别时间	始建时间及级别	行政区域	类型	主要保护对象	隶属部门
1	神农架自然保护区	70467	国家级	1986 年	1982 年,省级	神农架林区	森林生态	亚热带原生性森林生态系统及自然景观	林业
2	长江新螺段白鱀豚自然保护区	40000	国家级	1992 年	1992 年,国家级	洪湖市、赤壁市、嘉鱼县及湖南省临湘市境内新滩口至湖南螺山长江江段	野生动物	淡水豚类(白鱀豚、长江江豚)及其生境	农业
3	长江天鹅洲白鱀豚自然保护区	15250	国家级	1992 年	1992 年,国家级	石首市	野生动物	淡水豚类(白鱀豚和长江江豚)及其生境	农业
4	石首麋鹿自然保护区	1567	国家级	1998 年	1991 年,省级	石首市	野生动物	野化麋鹿及其生境	环保
5	五峰后河自然保护区	10340	国家级	2000 年	1985 年,县级	五峰土家族自治县	森林生态	中亚热带森林生态系统	林业
6	青龙山恐龙蛋化石群自然保护区	455.25	国家级	2001 年	1995 年,县级	郧县	古生物遗迹	恐龙蛋化石群及恐龙化石	国土
7	星斗山自然保护区	68339	国家级	2003 年	1981 年,市级	利川市、恩施市、咸丰县	森林生态	中亚热带森林生态系统、水杉原生群落及其生境	林业
8	九宫山自然保护区	16608.7	国家级	2007 年	1981 年,县级	通山县	森林生态	中亚热带森林生态系统及自然和人文景观	林业
9	七姊妹山自然保护区	34550	国家级	2008 年	1990 年,县级	宣恩县	森林生态	中亚热带森林生态系统	林业
10	龙感湖自然保护区	22322	国家级	2009 年	1988 年,县级	黄梅县	湿地生态	淡水湖泊湿地生态系统、淡水资源以及珍稀水禽	林业
11	赛武当自然保护区	21203	国家级	2011 年	1987 年,市级	十堰市茅箭区	森林生态	北亚热带森林生态系统及自然景观	林业
12	木林子自然保护区	20838	国家级	2012 年	1983 年,县级	鹤峰县	森林生态	中亚热带森林生态系统	林业
13	咸丰忠建河大鲵自然保护区	1043.3	国家级	2013 年	1987 年,县级	咸丰县	野生动物	大鲵及其生境	农业
14	堵河源自然保护区	47173	国家级	2013 年	1987 年,县级	竹山县	森林生态	北亚热带森林生态系统	林业
15	万江河大鲵自然保护区	264	省级	1994 年	1990 年,县级	竹溪县	野生动物	大鲵及其生境	林业
16	长江宜昌中华鲟自然保护区	5000	省级	1996 年	1996 年,省级	宜昌市点军区至枝江市长江江段	野生动物	中华鲟繁殖群体及其栖息地和产卵场	农业

序号	自然保护区名称	面积(hm²)	现级别	现级别时间	始建时间及级别	行政区域	类型	主要保护对象	隶属部门
17	洪湖湿地自然保护区	41412.069	省级	2000年	1996年,县级	洪湖市、监利县	湿地生态	淡水湖泊湿地生态系统、淡水资源及珍稀水禽	林业
18	梁子湖湿地自然保护区	37946.3	省级	2001年	1999年,市级	鄂州市梁子湖区	湿地生态	淡水湖泊湿地生态系统、淡水资源及珍稀水禽	农业
19	十八里长峡自然保护区	25604.95	省级	2003年	1988年,县级	竹溪县	森林生态	北亚热带森林生态系统及自然景观	林业
20	沉湖湿地自然保护区	11579.1	省级	2006年	1994年,县级	武汉市蔡甸区	湿地生态	淡水湖泊湿地生态系统及珍稀水禽	林业
21	三峡大老岭自然保护区	14225	省级	2006年	2001年,市级	宜昌市夷陵区	森林生态	亚热带森林生态系统	林业
22	网湖湿地自然保护区	20495	省级	2006年	2001年,县级	阳新县	湿地生态	淡水湖泊湿地生态系统及珍稀水禽	林业
23	野人谷自然保护区	28517	省级	2006年	2003年,县级	房县	森林生态	北亚热带森林生态系统及自然景观	林业
24	五道峡自然保护区	23816	省级	2009年	1990年,县级	保康县	森林生态	北亚热带森林生态系统及自然景观	林业
25	丹江口库区湿地自然保护区	45103	省级	2009年	2003年,市级	丹江口市、郧县、郧西县、十堰市张湾区	湿地生态	河道型塘库湿地生态系统及优质的淡水资源	林业
26	大别山山自然保护区	16048.2	省级	2009年	2003年,市级	罗田县、英山县	森林生态	北亚热带森林生态系统及自然景观	林业
27	崩尖子自然保护区	13313	省级	2010年	1988年,县级	长阳土家族自治县	森林生态	中亚热带森林生态系统	林业
28	大九湖湿地自然保护区	9320	省级	2010年	2003年,市级	神农架林区	湿地生态	北亚热带亚高山泥炭沼泽湿地生态系统	林业
29	神农溪自然保护区	10150	省级	2010年	2010年,省级	巴东县	森林生态	中亚热带森林生态系统及川金丝猴	林业
30	南河自然保护区	14833.7	省级	2010年	2003年,市级	谷城县	森林生态	北亚热带森林生态系统	林业
31	二仙岩湿地自然保护区	5404	省级	2010年	2003年,市级	咸丰县	湿地生态	中亚热带有泥炭积累的草本沼泽湿地生态系统	林业

续表

序号	自然保护区名称	面积（hm²）	现级别	现级别时间	始建时间及级别	行政区域	类型	主要保护对象	隶属部门
32	三峡万朝山自然保护区	20986	省级	2011年	2000年,县级	兴山县	森林生态	北亚热带森林生态系统	林业
33	漳河源自然保护区	10265.6	省级	2011年	2002年,县级	南漳县	森林生态	北亚热带森林生态系统	林业
34	五龙河自然保护区	15121	省级	2011年	2004年,县级	郧西县	森林生态	北亚热带森林生态系统	林业
35	药姑山自然保护区	11617.8	省级	2013年	2004年,县级	通城县	野生动植物	珍稀濒危野生动植物和重要经济动植物种群及其自然生境	环保
36	五朵峰自然保护区	20422.3	省级	2013年	2005年,县级	丹江口市	森林生态	北亚热带森林生态系统及自然和人文景观	林业
37	上涉湖湿地自然保护区	3929.3	省级	2013年	2006年,县级	武汉市江夏区	湿地生态	淡水湖泊湿地生态系统及珍稀水禽	林业
38	八卦山自然保护区	20551.79	省级	2013年	2009年,市级	竹溪县	森林生态	北亚热带森林生态系统	林业
39	大崎山自然保护区	1745.9	省级	2013年	2013年,省级	团风县	森林生态	北亚热带森林生态系统及黄山松古树群落	林业
40	老板沟自然保护区	8250	市级	2002年	2002年,市级	来凤县	森林生态	中亚热带森林生态系统	林业
41	古架山古杨梅群落自然保护区	14753	市级	2002年	2002年,市级	来凤县	野生植物	野生古杨梅群落	林业
42	荆州长湖湿地自然保护区	15750	市级	2002年	2002年,市级	荆州市荆州区、沙市区	湿地生态	淡水湖泊湿地生态系统	林业
43	大洪山自然保护区	16000	市级	2002年	2002年,市级	随州市曾都区	野生植物	古银杏群落及其生境	林业
44	大贵寺自然保护区	5300	市级	2002年	2002年,市级	广水市	森林生态	北亚热带森林生态系统	林业
45	鹫峰自然保护区	134	市级	2003年	1990年,县级	保康县	野生植物	天然古马尾松群落	林业
46	刺滩沟自然保护区	800	市级	2003年	2003年,市级	保康县	野生植物	野生蜡梅群落	林业
47	香水河自然保护区	11000	市级	2003年	2003年,市级	南漳县	湿地生态	北亚热带森林生态系统和自然景观	林业
48	七里山自然保护区	807	市级	2003年	2003年,市级	南漳县	森林生态	北亚热带森林生态系统	林业
49	金牛洞自然保护区	7000	市级	2003年	2003年,市级	南漳县	森林生态	北亚热带森林生态系统和自然景观	林业
50	长北山自然保护区	12560	市级	2003年	2003年,市级	宜城市	森林生态	北亚热带森林生态系统	林业

续表

序号	自然保护区名称	面积（hm²）	现级别	现级别时间	始建时间及级别	行政区域	类型	主要保护对象	隶属部门
51	梨花湖自然保护区	4200	市级	2003 年	2003 年，市级	老河口市	湿地生态	淡水湖泊湿地生态系统	林业
52	涨渡湖湿地自然保护区	8054	市级	2004 年	2004 年，市级	武汉市新洲区	湿地生态	淡水湖泊湿地生态系统	林业
53	天门橄榄蛏蚌自然保护区	805	市级	2006 年	2006 年，市级	天门市	野生动物	橄榄蛏蚌及其生境	农业
54	黄陂草湖湿地自然保护区	1148.2	市级	2008 年	2006 年，县级	武汉市黄陂区	湿地生态	淡水湖泊湿地生态系统及珍稀水禽	林业
55	汉南武湖湿地自然保护区	3293.36	市级	2008 年	2006 年，县级	武汉市汉南区	湿地生态	淡水湖泊湿地生态系统及珍稀水禽	林业
56	西凉湖水生生物自然保护区	8000	市级	2010 年	2010 年，市级	咸宁市咸安区、嘉鱼县、赤壁市	湿地生态	水生生物多样性和种质资源及其生境	农业
57	荆门长湖湿地自然保护区	15750	市级	2011 年	2008 年，县级	沙洋县	湿地生态	淡水湖泊湿地生态系统	林业
58	保康野生蜡梅自然保护区	4000	县级	1985 年	1985 年，县级	保康县	野生植物	野生蜡梅群落	环保
59	大暖自然保护区	52.3	县级	1986 年	1986 年，县级	远安县	野生植物	天然古马尾松群落	林业
60	木兰湖鸟岛湿地自然保护区	333.3	县级	1998 年	1998 年，县级	武汉市黄陂区	野生动物	鹭科鸟类	林业
61	沧水溶洞温泉地质遗迹自然保护区	1000	县级	2001 年	2001 年，县级	松滋市	地质遗迹	溶洞和温泉自然景观	国土
62	龙王井化石鱼古生物遗迹自然保护区	50	县级	2001 年	2001 年，县级	松滋市	古生物遗迹	鱼化石	国土
63	枣阳兰科植物资源自然保护区	16650	县级	2003 年	2003 年，县级	枣阳市	野生植物	野生兰科植物	林业
64	熊河水系湿地自然保护区	23333	县级	2003 年	2003 年，县级	枣阳市	湿地生态	河流及水库湿地生态系统	林业

注：相同级别的自然保护区以现级别批准时间的先后顺序排列，如果现级别批准的时间相同则以始建时间的先后顺序排列。

附表 2　湖北省自然保护点名录

序号	自然保护点名称	面积(hm²)	主要保护对象	行政区域	建立时间	批准文号	隶属部门
1	刘享寨自然保护点	1634	森林植被及自然景观	神农架林区	1987	《湖北省神农架自然资源保护条例》	林业
2	燕子垭自然保护点	3333	森林植被及自然景观	神农架林区	1987	《湖北省神农架自然资源保护条例》	林业
3	将军寨自然保护点	634	森林植被及自然景观	神农架林区	1987	《湖北省神农架自然资源保护条例》	林业
4	杉树坪自然保护点	100	森林植被及自然景观	神农架林区	1987	《湖北省神农架自然资源保护条例》	林业
5	摩天岭自然保护点	66	森林植被及自然景观	神农架林区	1987	《湖北省神农架自然资源保护条例》	林业
6	红坪画廊自然保护点	1033	森林植被及自然景观	神农架林区	1987	《湖北省神农架自然资源保护条例》	林业
7	红岩岭自然保护点	333	森林植被及自然景观	神农架林区	1987	《湖北省神农架自然资源保护条例》	林业

附表 3 湖北省自然保护小区名录

序号	自然保护小区名称	面积(hm²)	主要保护对象	行政区域	建立时间	批准文号	隶属部门
1	野猪湖鸟类自然保护小区	1000	苍鹭、野鸭等野生动物	孝感市孝南区	2002	鄂政办函[2002]17号	林业
2	陆山自然保护小区	593	鼬獾、毛冠鹿等野生动物	孝昌县	2002	鄂政办函[2002]17号	林业
3	五岳山自然保护小区	667	鹅掌楸、青檀、苍鹰、环颈雉等野生动植物;人文景观	大悟县	2002	鄂政办函[2002]17号	林业
4	仙居顶自然保护小区	666	银杏、青檀、杜仲、白鹭等野生动植物;人文景观	大悟县	2002	鄂政办函[2002]17号	林业
5	娘娘顶自然保护小区	800	苍鹭、凤头鹰;人文景观	大悟县	2002	鄂政办函[2002]17号	林业
6	巡店鹭鸟自然保护小区	866	白鹭、苍鹭、草鹭、夜鹭	安陆市	2002	鄂政办函[2002]17号	林业
7	王义贞古银杏自然保护小区	980	银杏	安陆市	2002	鄂政办函[2002]17号	林业
8	荒冲鸟类自然保护小区	256	黄嘴白鹭	安陆市	2002	鄂政办函[2002]17号	林业
9	台湖自然保护小区	906	白鹭、苍鹭、骨顶鸡	云梦县	2002	鄂政办函[2002]17号	林业
10	岘山自然保护小区	1000	人文景观;历史遗迹	襄樊市襄州区	2002	鄂政办函[2002]17号	林业
11	鹿门寺自然保护小区	1000	人文景观;历史遗迹	襄阳县	2002	鄂政办函[2002]17号	林业
12	薤山自然保护小区	1000	中华斑羚、小鹿、大杜鹃等野生动物	谷城县	2002	鄂政办函[2002]17号	林业
13	官山自然保护小区	400	水獭、林麝、黑熊、大鲵、小麂和香果树、黄连、鹅掌楸、楠木等野生动植物	保康县	2002	鄂政办函[2002]17号	林业
14	刺滩沟野生蜡梅自然保护小区	1066	野生蜡梅	保康县	2002	鄂政办函[2002]17号	林业
15	欧店自然保护小区	900	红豆杉、野生蜡梅、野生紫斑牡丹	保康县	2002	鄂政办函[2002]17号	林业
16	七里山自然保护小区	807	林麝、水獭、大鲵、杜鹃和青檀、珙桐、鹅掌楸等野生动植物	南漳县	2002	鄂政办函[2002]17号	林业
17	猪槽沟自然保护小区	773	青檀、鹅掌楸等珍稀野生植物;人文景观	宜昌市夷陵区	2002	鄂政办函[2002]17号	林业
18	金银岗自然保护小区	360	王锦蛇、乌梢蛇等野生动物;人文景观	宜昌市伍家区	2002	鄂政办函[2002]17号	林业
19	西陵白鹭自然保护小区	1000	白鹭	宜昌市西陵区	2002	鄂政办函[2002]17号	林业
20	文佛山自然保护小区	1000	孙猴、川黔紫薇、黄杨木等野生动植物	宜昌市点军区	2002	鄂政办函[2002]17号	林业
21	白竹寺自然保护小区	1000	勺鸡、狍和青檀、鹅掌楸等野生动植物	枣阳市	2002	鄂政办函[2002]17号	林业

续表

序号	自然保护小区名称	面积(hm²)	主要保护对象	行政区域	建立时间	批准文号	隶属部门
22	青峰岭自然保护小区	1000	小麂、杜鹃和兰花、青檀、鹅掌楸等野生植物	枣阳市	2002	鄂政办函[2002]17号	林业
23	四陵坡白鹭自然保护小区	1000	白鹭	枝江市	2002	鄂政办函[2002]17号	林业
24	玉泉寺自然保护小区	800	森林植被;人文景观	当阳市	2002	鄂政办函[2002]17号	林业
25	当阳铁坚杉自然保护小区	200	铁坚杉	当阳市	2002	鄂政办函[2002]17号	林业
26	宋山自然保护小区	1000	游隼、红白鼯鼠、小麂等野生动物	宜都市	2002	鄂政办函[2002]17号	林业
27	二墩岩自然保护小区	1000	珙桐、连香树、金钱槭、领春木等珍稀野生植物	长阳县	2002	鄂政办函[2002]17号	林业
28	柴埠溪自然保护小区	890	金钱豹、云豹、大灵猫、小灵猫、林麝和珙桐、黄连等野生动植物	五峰县	2002	鄂政办函[2002]17号	林业
29	渔洋关大鲵自然保护小区	500	(红色)大鲵	五峰县	2002	鄂政办函[2002]17号	林业
30	大花坪自然保护小区	1000	金钱豹、黑熊、南方红豆杉	五峰县	2002	鄂政办函[2002]17号	林业
31	四溪自然保护小区	1000	森林植被;自然景观	秭归县	2002	鄂政办函[2002]17号	林业
32	九岭头自然保护小区	774	森林植被	秭归县	2002	鄂政办函[2002]17号	林业
33	龙门河自然保护小区	733	川金丝猴、黑熊;森林植被	兴山县	2002	鄂政办函[2002]17号	林业
34	咸安桂花自然保护小区	1142	古桂花群落	咸宁市咸安区	2002	鄂政办函[2002]17号	林业
35	大幕山红豆杉自然保护小区	800	南方红豆杉	咸宁市咸安区	2002	鄂政办函[2002]17号	林业
36	双石自然保护小区	232	环颈雉、灰胸竹鸡;森林植被	咸宁市咸安区	2002	鄂政办函[2002]17号	林业
37	牛头山自然保护小区	277	虎纹蛙;森林植被	嘉鱼县	2002	鄂政办函[2002]17号	林业
38	随阳山白颈长尾雉自然保护小区	367	白颈长尾雉	赤壁市	2002	鄂政办函[2002]17号	林业
39	青山自然保护小区	800	金钱豹、小灵猫和粗榧、银杏、三尖杉、蜡梅等野生动植物	崇阳县	2002	鄂政办函[2002]17号	林业
40	金沙自然保护小区	933	金雕、中国穿山甲、白鹇、白鹭和蜡梅、青檀、银杏、兰花等野生动植物	崇阳县	2002	鄂政办函[2002]17号	林业
41	路口桂花自然保护小区	667	古桂花群落	崇阳县	2002	鄂政办函[2002]17号	林业
42	太平山自然保护小区	1000	云豹、白颈长尾雉、小灵猫、果子狸和紫荆、南方红豆杉等野生动植物	通山县	2002	鄂政办函[2002]17号	林业

续表

序号	自然保护小区名称	面积(hm²)	主要保护对象	行政区域	建立时间	批准文号	隶属部门
43	黄龙山自然保护小区	1000	白冠长尾雉、环颈雉等野生动物	通城县	2002	鄂政办函[2002]17号	林业
44	药姑山自然保护小区	1000	华南虎、中国穿山甲、白鹇和香果树、猕猴桃、鹅掌楸等野生动植物	通城县	2002	鄂政办函[2002]17号	林业
45	金花岩自然保护小区	510	红腹锦鸡、大鲵和银杏、杜仲、鹅掌楸、篦子三尖杉等野生动植物	十堰市张湾区	2002	鄂政办函[2002]17号	林业
46	白马山自然保护小区	533	林麝、勺鸡、草鸮等野生动物;人文景观	十堰市张湾区	2002	鄂政办函[2002]17号	林业
47	郧阳城风景林自然保护小区	600	风景林;人文景观	郧县	2002	鄂政办函[2002]17号	林业
48	伏山自然保护小区	500	林麝、红腹锦鸡、小麂;人文景观	郧县	2002	鄂政办函[2002]17号	林业
49	五里河自然保护小区	940	红腹角雉、环颈雉等雉科鸟类	郧西县	2002	鄂政办函[2002]17号	林业
50	六池子自然保护小区	1030	黑熊、林麝、中华鬣羚和篦子三尖杉、天竺桂、黄皮树、巴山榧树等野生动植物	竹山县	2002	鄂政办函[2002]17号	林业
51	清凉寺红豆树自然保护小区	807	红豆树	竹山县	2002	鄂政办函[2002]17号	林业
52	五朵峰自然保护小区	667	林麝、猕猴、大灵猫、小灵猫和银杏、香果树、青檀等野生动植物	丹江口市	2002	鄂政办函[2002]17号	林业
53	文笔塔自然保护小区	667	大灵猫、小灵猫和银杏、杜仲野生动植物	丹江口市	2002	鄂政办函[2002]17号	林业
54	八卦山自然保护小区	800	红腹锦鸡、果子狸和篦子三尖杉等野生动植物	竹溪县	2002	鄂政办函[2002]17号	林业
55	标湖自然保护区	800	林麝、果子狸和篦子三尖杉等野生动植物	竹溪县	2002	鄂政办函[2002]17号	林业
56	代东河自然保护小区	500	黑熊、大鲵和冷杉、银杏等野生动植物	房县	2002	鄂政办函[2002]17号	林业
57	西蒿自然保护小区	987	黑熊、大鲵和冷杉、银杏、香果等野生动植物	房县	2002	鄂政办函[2002]17号	林业
58	李家洲鹭鸟自然保护小区	922	苍鹭、白鹭、夜鹭	黄冈市黄州区	2002	鄂政办函[2002]17号	林业
59	大崎山自然保护小区	500	金猫、白冠长尾雉、豹猫和银杏等野生植物;革命遗址	团风县	2002	鄂政办函[2002]17号	林业
60	天堂寨自然保护小区	1000	金钱豹、中国穿山甲和银杏、香果树、大别五针松、金钱松、连香树等野生动植物	罗田县	2002	鄂政办函[2002]17号	林业
61	五祖寺自然保护小区	200	王锦蛇、鼬獾等野生动物;人文景观	黄梅县	2002	鄂政办函[2002]17号	林业
62	挪步园自然保护小区	702	金钱豹、中国穿山甲和银杏、香果树、金钱松、鹅掌楸等野生动植物	黄梅县	2002	鄂政办函[2002]17号	林业

续表

序号	自然保护小区名称	面积(hm²)	主要保护对象	行政区域	建立时间	批准文号	隶属部门
63	界子墩自然保护小区	333	中国穿山甲、雕鸮和银杏等野生动植物	黄梅县	2002	鄂政办函[2002]17号	林业
64	横岗山自然保护小区	733	白冠长尾雉、金钱松等野生动植物;人文景观	武穴市	2002	鄂政办函[2002]17号	林业
65	太平自然保护小区	667	环颈雉、银杏、杜仲等野生动植物	蕲春县	2002	鄂政办函[2002]17号	林业
66	三角山自然保护小区	973	中国穿山甲、小鲵等野生动物;人文景观	浠水县	2002	鄂政办函[2002]17号	林业
67	华桂山自然保护小区	1000	雕鸮、秃鹫、环颈雉和银杏等野生动植物	浠水县	2002	鄂政办函[2002]17号	林业
68	龙潭河风景自然保护小区	900	小灵猫、水獭、果子狸和香果树、青檀、鹅掌楸、香果树等野生动植物	英山县	2002	鄂政办函[2002]17号	林业
69	桃花冲自然保护小区	1000	小灵猫、果子狸和粗榧、连香树、米心水青冈等野生动植物	英山县	2002	鄂政办函[2002]17号	林业
70	狮子峰自然保护小区	800	中华斑羚、原麝、中国穿山甲、大鲵和银杏、茯苓、杜仲等野生动植物	麻城市	2002	鄂政办函[2002]17号	林业
71	五脑山自然保护小区	751	银杏、凤头鹰等野生动植物	麻城市	2002	鄂政办函[2002]17号	林业
72	天台山自然保护小区	800	白鹭、银杏、黄连木、黄檀、栎等野生动植物;革命遗址	红安县	2002	鄂政办函[2002]17号	林业
73	高岩子自然保护小区	1000	猕猴、豹猫、果子狸、华南兔和银杏、珙桐等野生动植物	建始县	2002	鄂政办函[2002]17号	林业
74	野三河猕猴自然保护小区	1000	猕猴	建始县	2002	鄂政办函[2002]17号	林业
75	东坪珙桐自然保护小区	500	珙桐	建始县	2002	鄂政办函[2002]17号	林业
76	坪坝营自然保护小区	1000	红豆杉、珙桐、鹅掌楸	咸丰县	2002	鄂政办函[2002]17号	林业
77	沿渡河金丝猴自然保护小区	3000	川金丝猴	巴东县	2002	鄂政办函[2002]17号	林业
78	贡水河猕猴自然保护小区	1000	猕猴	宣恩县	2002	鄂政办函[2002]17号	林业
79	骡马河大鲵自然保护小区	1000	大鲵	宣恩县	2002	鄂政办函[2002]17号	林业
80	白雉山自然保护小区	340	金猫、中国穿山甲、草鸮和猕猴桃、金钱松等野生动植物	鄂州市鄂城区	2002	鄂政办函[2002]17号	林业
81	黄坪山自然保护小区	362	金钱豹、中国穿山甲	大冶市	2002	鄂政办函[2002]17号	林业
82	大王山自然保护小区	1000	云豹、苍鹰、狼;人文景观	大冶市	2002	鄂政办函[2002]17号	林业

续表

序号	自然保护小区名称	面积(hm²)	主要保护对象	行政区域	建立时间	批准文号	隶属部门
83	白水汤自然保护小区	667	白鹤、白冠长尾雉；人文景观	阳新县	2002	鄂政办函[2002]17号	林业
84	朱婆湖小天鹅自然保护小区	1000	小天鹅	阳新县	2002	鄂政办函[2002]17号	林业
85	漳河自然保护小区	1000	白鹭、红腹锦鸡、中国穿山甲	荆门市东宝区	2002	鄂政办函[2002]17号	林业
86	杨岔洞对节白蜡自然保护小区	820	对节白蜡	钟祥市	2002	鄂政办函[2002]17号	林业
87	绿林寨自然保护小区	867	苍鹰、游隼	京山县	2002	鄂政办函[2002]17号	林业
88	石壁冲自然保护小区	667	对节白蜡	京山县	2002	鄂政办函[2002]17号	林业
89	虎爪山对节白蜡自然保护小区	1000	对节白蜡	京山县	2002	鄂政办函[2002]17号	林业
90	王莽洞白鹭自然保护小区	654	白鹭	京山县太子山	2002	鄂政办函[2002]17号	林业
91	洛阳银杏自然保护小区	1000	银杏群落	随州市曾都区	2002	鄂政办函[2002]17号	林业
92	七尖峰兰花自然保护小区	1000	兰科植物	随州市曾都区	2002	鄂政办函[2002]17号	林业
93	白龙池自然保护小区	653	银杏、香果树、青檀、玉兰、台湾松等野生植物	随州市曾都区	2002	鄂政办函[2002]17号	林业
94	借粮湖自然保护小区	600	鸿雁、豆雁、苍鹭、白鹭	潜江市	2002	鄂政办函[2002]17号	林业
95	熊口返湖自然保护小区	533	白鹭、鸿雁、绿头鸭	潜江市	2002	鄂政办函[2002]17号	林业
96	赵西垸鸟类自然保护小区	173	白鹭、苍鹭、野生杜鹃	仙桃市	2002	鄂政办函[2002]17号	林业
97	冰洞山自然保护小区	76.7	大果青杆、珙桐、连香树、鹅掌楸	神农架林区	2002	鄂政办函[2002]17号	林业
98	大面沟自然保护小区	66.7	香果树、水青树、三尖杉	神农架林区	2002	鄂政办函[2002]17号	林业
99	摩天岭自然保护小区	367	金猫、金钱豹、猕猴、水獭	神农架林区	2002	鄂政办函[2002]17号	林业
100	大寨湾片自然保护小区	1000	巴山松、米心水青冈；原始森林植被	神农架林区	2002	鄂政办函[2002]17号	林业
101	太阳坪自然保护小区	1000	金钱豹、黑熊、秦岭冷杉；原始森林植被	神农架林区	2002	鄂政办函[2002]17号	林业
102	观音河自然保护小区	726	中华斑羚、大鲵、铁坚杉；原始森林植被	神农架林区	2002	鄂政办函[2002]17号	林业
103	红坪自然保护小区	471	林麝、白化熊、毛冠鹿等野生动物	神农架林区	2002	鄂政办函[2002]17号	林业
104	燕天自然保护小区	1000	金钱豹、黑熊、蜡梅、秦岭冷杉	神农架林区	2002	鄂政办函[2002]17号	林业
105	杉树坪自然保护小区	642	中华斑羚、红腹锦鸡、黑熊等野生动物	神农架林区	2002	鄂政办函[2002]17号	林业
106	宋郎山自然保护小区	730	金钱豹、黑熊、小灵猫、红腹锦鸡、毛冠鹿	神农架林区	2002	鄂政办函[2002]17号	林业

续表

序号	自然保护小区名称	面积(hm²)	主要保护对象	行政区域	建立时间	批准文号	隶属部门
107	淤泥湖自然保护小区	1000	小天鹅、苍鹭、虎纹蛙、野生团头鲂	公安县	2002	鄂政办函[2002]17号	林业
108	黄山头鸟类自然保护小区	800	红腹锦鸡、草鸮、白冠长尾雉	公安县	2002	鄂政办函[2002]17号	林业
109	西州自然保护小区	467	松雀鹰、雀鹰	监利县	2002	鄂政办函[2002]17号	林业
110	南岳山自然保护小区	213	王锦蛇、乌梢蛇、黄鼬等野生动物	石首市	2002	鄂政办函[2002]17号	林业
111	桃花山自然保护小区	1000	狍、鼬獾、小麂等野生动物	石首市	2002	鄂政办函[2002]17号	林业
112	沧水自然保护小区	1000	林麝、中华斑羚、红腹锦鸡、大鲵、白鹭	松滋市	2002	鄂政办函[2002]17号	林业
113	紫山寺自然保护小区	618	云豹、中国穿山甲、大鲵、兰花	武汉市黄陂区	2002	鄂政办函[2002]17号	林业
114	木兰湖白鹭自然保护小区	200	白鹭	武汉市黄陂区	2002	鄂政办函[2002]17号	林业
115	嵩阳自然保护小区	800	松雀鹰、雀鹰、草鸮	武汉市蔡甸区	2002	鄂政办函[2002]17号	林业
116	长寿自然保护小区	326	白鹭、黄鹂、八哥、蛇类	天门市	2002	鄂政办函[2002]17号	林业
117	木兰山自然保护小区	1000	中国穿山甲等野生动物、森林植被	武汉市黄陂区	2002	鄂政办函[2002]17号	林业
118	卷桥自然保护小区	540	湿地水禽及其栖息地	公安县	2003	鄂政办函[2003]70号	林业
119	天湖自然保护小区	576	森林植被、银杏、白鹭等野生动物	宜昌市猇亭区	2003	鄂政办函[2003]70号	林业
120	小鹿自然保护小区	213	小麂等野生动物	宜昌市猇亭区	2003	鄂政办函[2003]70号	林业
121	白鹭自然保护小区	333	白鹭等野生动物	宜昌市猇亭区	2003	鄂政办函[2003]70号	林业
122	车溪自然保护小区	481	野生蜡梅、古桂花、水青树、猕猴、白鹳等珍稀野生动植物	宜昌市点军区	2003	鄂政办函[2003]70号	林业
123	西塞国自然保护小区	933	鹅掌楸、厚朴、林麝、金雕等稀有野生动植物	宜昌市夷陵区	2003	鄂政办函[2003]70号	林业
124	圈椅淌自然保护小区	680	草甸沼泽湿地；香果树、金钱槭、大鲵、猕猴、林麝等野生动植物	宜昌市夷陵区	2003	鄂政办函[2003]70号	林业
125	西陵峡口猕猴自然保护小区	1000	猕猴	宜昌市夷陵区	2003	鄂政办函[2003]70号	林业
126	白马大峡谷自然保护小区	433	野生蜡梅；林麝、果子狸	宜昌市夷陵区	2003	鄂政办函[2003]70号	林业
127	九畹溪自然保护小区	800	红豆杉	秭归县	2003	鄂政办函[2003]70号	林业
128	马营自然保护小区	1000	银杏、珙桐、红豆树群落	秭归县	2003	鄂政办函[2003]70号	林业
129	升坪自然保护小区	1000	麦吊云杉、雉类、猕猴等	秭归县	2003	鄂政办函[2003]70号	林业

续表

序号	自然保护小区名称	面积(hm²)	主要保护对象	行政区域	建立时间	批准文号	隶属部门
130	梁山自然保护小区	1005	野生蜡梅、春兰等野生植物和树桩资源；林麝、红腹锦鸡等野生动物	宜都市	2003	鄂政办函[2003]70号	林业
131	龙山自然保护小区	400	红腹锦鸡、白鹭、小灵猫、东北刺猬等野生动物	宜都市	2003	鄂政办函[2003]70号	林业
132	百宝寨自然保护小区	533	虎纹蛙、红腹锦鸡等野生动物	当阳市	2003	鄂政办函[2003]70号	林业
133	巩河自然保护小区	1000	森林植被；野生动物	当阳市	2003	鄂政办函[2003]70号	林业
134	紫盖寺自然保护小区	343	白鹭等野生动物	当阳市	2003	鄂政办函[2003]70号	林业
135	太平顶自然保护小区	287	珍稀野生动植物	远安县	2003	鄂政办函[2003]70号	林业
136	金家湾自然保护小区	204	森林植被	远安县	2003	鄂政办函[2003]70号	林业
137	龙坪自然保护小区	905	红豆杉、野生紫斑牡丹、黑麂等野生动植物	保康县	2003	鄂政办函[2003]70号	林业
138	七里扁蜡梅自然保护小区	567	以野生蜡梅群落为主的野生动植物	保康县	2003	鄂政办函[2003]70号	林业
139	九路寨自然保护小区	408	林麝、黑熊及珙桐、水青树、大果青杆、香果树等野生动植物	保康县	2003	鄂政办函[2003]70号	林业
140	县厂自然保护小区	1000	林麝、中国穿山甲、红腹锦鸡及珙桐、银杏、楠木、三尖杉等野生动植物	谷城县	2003	鄂政办函[2003]70号	林业
141	三青自然保护小区	200	苍鹭、大白鹭、中白鹭、白鹭	荆门市掇刀区	2003	鄂政办函[2003]70号	林业
142	石龙鹭鸟自然保护小区	134	苍鹭、大白鹭、中白鹭、白鹭	荆门市掇刀区	2003	鄂政办函[2003]70号	林业
143	彭场鹭鸟自然保护小区	533	苍鹭、大白鹭、中白鹭、白鹭	沙洋县	2003	鄂政办函[2003]70号	林业
144	天宝寨自然保护小区	934	对节白蜡、刺楸	京山县	2003	鄂政办函[2003]70号	林业
145	许家寨自然保护小区	587	苍鹭、大白鹭、白鹭；天然次生林	京山县	2003	鄂政办函[2003]70号	林业
146	吴岭鹭鸟自然保护小区	800	苍鹭、大白鹭、中白鹭、白鹭	京山县	2003	鄂政办函[2003]70号	林业
147	杨集镇刺楸自然保护小区	334	刺楸	京山县	2003	鄂政办函[2003]70号	林业
148	花山寨自然保护小区	1000	金钱豹、白鹤、中国穿山甲、果子狸、水獭、虎纹蛙、环颈雉	钟祥市	2003	鄂政办函[2003]70号	林业
149	扯旗尖自然保护小区	534	珍稀野生植物、大鲵	黄梅县	2003	鄂政办函[2003]70号	林业
150	下新秤锤树自然保护小区	2	秤锤树	黄梅县	2003	鄂政办函[2003]70号	林业
151	陶家河桂竹山自然保护小区	522	珍稀野生动植物	英山县	2003	鄂政办函[2003]70号	林业

续表

序号	自然保护小区名称	面积(hm²)	主要保护对象	行政区域	建立时间	批准文号	隶属部门
152	仙人台自然保护小区	267	珍稀野生动植物	英山县	2003	鄂政办函[2003]70号	林业
153	玉皇尖自然保护小区	667	珍稀野生动植物	英山县	2003	鄂政办函[2003]70号	林业
154	英山尖自然保护小区	810	原始次生林	英山县	2003	鄂政办函[2003]70号	林业
155	金塘野生桂花花源自然保护小区	1027	野生桂花	崇阳县	2003	鄂政办函[2003]70号	林业
156	沙坪镇鹭鸟自然保护小区	1000	鹭科鸟类	崇阳县	2003	鄂政办函[2003]70号	林业
157	三界自然保护小区	1000	椴树群落、香果树、青钱柳、银杏、南方红豆杉等古树	通山县	2003	鄂政办函[2003]70号	林业
158	太阳山自然保护小区	1133	伯乐树、永瓣藤；云豹、白颈长尾雉、白鹇	通山县	2003	鄂政办函[2003]70号	林业
159	大溪库区自然保护小区	1000	原始林及天然次生林；云豹、白颈长尾雉等野生动物	通山县	2003	鄂政办函[2003]70号	林业
160	鹿角山自然保护小区	1000	珍稀野生动植物	通山县	2003	鄂政办函[2003]70号	林业
161	茅坝雉类自然保护小区	600	红腹角雉、红腹锦鸡、环颈雉	鹤峰县	2003	鄂政办函[2003]70号	林业
162	牛池自然保护小区	800	珙桐、红豆杉、伯乐树、金钱豹、黑熊	鹤峰县	2003	鄂政办函[2003]70号	林业
163	罗鼓圈自然保护小区	1000	光叶珙桐、南方红豆杉、金钱豹、黑熊	鹤峰县	2003	鄂政办函[2003]70号	林业
164	大洪洞自然保护小区	900	黑熊、猕猴	鹤峰县	2003	鄂政办函[2003]70号	林业
165	三姊妹尖红豆杉自然保护小区	233	红豆杉群落	鹤峰县	2003	鄂政办函[2003]70号	林业
166	古银杏群落自然保护小区	1000	古银杏群落	巴东县	2003	鄂政办函[2003]70号	林业
167	白庙白鹭自然保护小区	369	白鹭	利川市	2003	鄂政办函[2003]70号	林业
168	梳篦崁自然保护小区	663	珍稀野生动植物	恩施市	2003	鄂政办函[2003]70号	林业
169	百户湾珙桐群落自然保护小区	1032	珙桐群落	恩施市	2003	鄂政办函[2003]70号	林业
170	粗齿红山茶自然保护小区	1000	粗齿红山茶	恩施市	2003	鄂政办函[2003]70号	林业
171	二蹬岩自然保护小区	666	林麝、猕猴	恩施市	2003	鄂政办函[2003]70号	林业
172	富尔山雉类自然保护小区	733	野生雉类	恩施市	2003	鄂政办函[2003]70号	林业
173	双河桥自然保护小区	666	厚朴、红豆杉	恩施市	2003	鄂政办函[2003]70号	林业
174	柳洲城自然保护小区	320	森林植被等自然景观	恩施市	2003	鄂政办函[2003]70号	林业

续表

序号	自然保护小区名称	面积(hm²)	主要保护对象	行政区域	建立时间	批准文号	隶属部门
175	河溪自然保护小区	1000	珍稀野生动植物	恩施市	2003	鄂政办函[2003]70号	林业
176	梭布垭自然保护小区	867	石灰岩植被及自然景观	恩施市	2003	鄂政办函[2003]70号	林业
177	百户湾自然保护小区	1000	珍稀野生动植物	恩施市	2003	鄂政办函[2003]70号	林业
178	兴隆坳南方红豆杉自然保护小区	503	南方红豆杉	来凤县	2003	鄂政办函[2003]70号	林业
179	永灵山尖吻蝮自然保护小区	315	尖吻蝮	来凤县	2003	鄂政办函[2003]70号	林业
180	栏马山马褂木自然保护小区	233	鹅掌楸	来凤县	2003	鄂政办函[2003]70号	林业
181	老板沟自然保护小区	1000	珍稀野生动植物	来凤县	2003	鄂政办函[2003]70号	林业
182	白家河自然保护小区	1000	珍稀野生动植物	咸丰县	2003	鄂政办函[2003]70号	林业
183	展马河自然保护小区	418	大鲵、金钱豹、中国穿山甲;森林植被	咸丰县	2003	鄂政办函[2003]70号	林业
184	巨猿洞自然保护小区	1000	森林植被;珍稀野生动植物	建始县	2003	鄂政办函[2003]70号	林业
185	建始南方红豆杉自然保护小区	333	南方红豆杉	建始县	2003	鄂政办函[2003]70号	林业
186	肖家坪金钱豹自然保护小区	1000	金钱豹	建始县	2003	鄂政办函[2003]70号	林业
187	朝阳观自然保护小区	333	森林植被;珍稀野生动植物	建始县	2003	鄂政办函[2003]70号	林业

NATURE RESERVE OF **HUBEI** PROVINCE IN CHINA

附表 4　湖北省国家重点保护野生动物及其在自然保护区（小区、点）内的分布状况

序号	动物种名称	保护级别	自然保护区（小区、点）内是否有分布
	兽类：25 种（Ⅰ级 10 种，Ⅱ级 15 种）		
1	短尾猴 *Macaca arctoides*	Ⅱ	√
2	猕猴 *Macaca mulatta*	Ⅱ	√
3	藏酋猴 *Macaca thibetana*	Ⅱ	√
4	川金丝猴 *Rhinopithecus roxellana*	Ⅰ	√
5	中国穿山甲 *Manis pentadactyla*	Ⅱ	√
6	豺 *Cuon alpinus*	Ⅱ	√
7	黑熊 *Ursus thibetanus*	Ⅱ	√
8	青鼬（黄喉貂）*Martes flavigula*	Ⅱ	√
9	水獭 *Lutra lutra*	Ⅱ	√
10	小灵猫 *Viverricula indica*	Ⅱ	√
11	大灵猫 *Viverra zibetha*	Ⅱ	√
12	金猫 *Catopuma temminckii*	Ⅱ	√
13	云豹 *Neofelis nebulosa*	Ⅰ	√
14	金钱豹 *Panthera pardus*	Ⅰ	√
15	虎* *Panthera tigris*	Ⅰ	√
16	白鱀豚 *Lipotes vexillifer*	Ⅰ	√
17	窄脊江豚 *Neophocaena asiaorientalis*	Ⅱ	√
18	林麝 *Moschus berezovskii*	Ⅰ	√
19	原麝 *Moschus fuscus*	Ⅰ	√
20	牙獐（河麂）*Hydropotes inermis*	Ⅱ	√
21	梅花鹿* *Cervus nippon*	Ⅰ	√
22	黑麂 *Muntiacus crinifrons*	Ⅰ	√
23	麋鹿* *Elaphurus davidianus*	Ⅰ	√
24	中华鬣羚 *Capricornis milneedwardsii*	Ⅱ	√
25	中华斑羚 *Naemorhedus caudatus*	Ⅱ	√
	鸟类：96 种（Ⅰ级 13 种，Ⅱ级 83 种）		
26	角鸊鷉 *Podiceps auritus*	Ⅱ	√
27	卷羽鹈鹕 *Pelecanus crispus*	Ⅱ	√
28	黄嘴白鹭 *Egretta eulophotes*	Ⅱ	√
29	海南鳽 *Gorsachius magnificus*	Ⅱ	√

续表

序号	动物种名称	保护级别	自然保护区(小区、点)内是否有分布
30	小苇鳽 Ixobrychus minutus	II	√
31	彩鹳 Mycteria leucocephala	II	
32	东方白鹳 Ciconia boyciana	I	√
33	黑鹳 Ciconia nigra	I	√
34	白琵鹭 Platalea leucorodia	II	√
35	红胸黑雁 Branta ruficollis	II	
36	白额雁 Anser albifrons	II	√
37	大天鹅 Cygnus cygnus	II	√
38	小天鹅 Cygnus columbianus	II	√
39	疣鼻天鹅 Cygnus olor	II	√
40	鸳鸯 Aix galericulata	II	√
41	中华秋沙鸭 Mergus squamatus	I	√
42	黑翅鸢 Elanus caeruleus	II	√
43	褐冠鹃隼 Aviceda jerdoni	II	√
44	黑冠鹃隼 Aviceda leuphotes	II	√
45	凤头蜂鹰 Pernis ptilorhynchus	II	√
46	黑鸢 Milvus migrans	II	√
47	栗鸢 Haliastur indus	II	√
48	苍鹰 Accipiter gentilis	II	√
49	褐耳鹰 Accipiter badius	II	√
50	赤腹鹰 Accipiter soloensis	II	√
51	凤头鹰 Accipiter trivirgatus	II	√
52	雀鹰 Accipiter nisus	II	√
53	松雀鹰 Accipiter virgatus	II	√
54	棕尾鵟 Buteo rufinus	II	√
55	大鵟 Buteo hemilasius	II	√
56	普通鵟 Buteo buteo	II	√
57	毛脚鵟 Buteo lagopus	II	√
58	灰脸鵟鹰 Butastur indicus	II	√
59	鹰雕 Spizaetus nipalensis	II	√
60	金雕 Aquila chrysaetos	I	√

序号	动物种名称	保护级别	自然保护区(小区、点)内是否有分布
61	白肩雕 *Aquila heliaca*	I	√
62	草原雕 *Aquila nipalensis*	II	√
63	乌雕 *Aquila clanga*	II	√
64	白腹隼雕 *Hieraaetus fasciatus*	II	√
65	林雕 *Ictinaetus malayensis*	II	√
66	白尾海雕 *Haliaeetus albicilla*	I	√
67	秃鹫 *Aegypius monachus*	II	√
68	胡兀鹫 *Gypaetus barbatus*	I	√
69	白尾鹞 *Circus cyaneus*	II	√
70	草原鹞 *Circus macrourus*	II	√
71	乌灰鹞 *Circus pygargus*	II	
72	鹊鹞 *Circus melanoleucos*	II	√
73	白头鹞 *Circus aeruginosus*	II	√
74	白腹鹞 *Circus spilonotus*	II	√
75	蛇雕 *Spilornis cheela*	II	√
76	游隼 *Falco peregrinus*	II	√
77	燕隼 *Falco subbuteo*	II	√
78	灰背隼 *Falco columbarius*	II	√
79	红脚隼 *Falco amurensis*	II	√
80	黄爪隼 *Falco naumanni*	II	
81	红隼 *Falco tinnunculus*	II	√
82	红腹角雉 *Tragopan temminckii*	II	√
83	白鹇 *Lophura nycthemera*	II	√
84	勺鸡 *Pucrasia macrolopha*	II	√
85	白冠长尾雉 *Syrmaticus reevesii*	II	√
86	白颈长尾雉 *Syrmaticus ellioti*	I	√
87	红腹锦鸡 *Chrysolophus pictus*	II	√
88	灰鹤 *Grus grus*	II	√
89	白头鹤 *Grus monacha*	I	√
90	丹顶鹤 *Grus japonensis*	I	√
91	白枕鹤 *Grus vipio*	II	√

续表

序号	动物种名称	保护级别	自然保护区(小区、点)内是否有分布
92	白鹤 *Grus leucogeranus*	I	√
93	花田鸡 *Coturnicops exquisitus*	II	√
94	大鸨 *Otis tarda*	I	√
95	小杓鹬 *Numenius minutus*	II	√
96	小青脚鹬 *Tringa guttifer*	II	√
97	遗鸥 *Larus relictus*	I	√
98	楔尾绿鸠 *Treron sphenura*	II	√
99	红翅绿鸠 *Treron sieboldii*	II	√
100	褐翅鸦鹃 *Centropus sinensis*	II	√
101	小鸦鹃 *Centropus bengalensis*	II	√
102	草鸮 *Tyto capensis*	II	√
103	黄嘴角鸮 *Otus spilocephalus*	II	√
104	红角鸮 *Otus sunia*	II	√
105	领角鸮 *Otus bakkamoena*	II	√
106	雕鸮 *Bubo bubo*	II	√
107	毛腿渔鸮 *Ketupa blakistoni*	II	√
108	褐渔鸮 *Ketupa zeylonensis*	II	√
109	黄腿渔鸮 *Ketupa flavipes*	II	√
110	猛鸮 *Surnia ulula*	II	
111	领鸺鹠 *Glaucidium brodiei*	II	√
112	斑头鸺鹠 *Glaucidium cuculoides*	II	√
113	鹰鸮 *Ninox scutulata*	II	√
114	纵纹腹小鸮 *Athene noctua*	II	√
115	褐林鸮 *Strix leptogrammica*	II	√
116	灰林鸮 *Strix aluco*	II	√
117	长耳鸮 *Asio otus*	II	√
118	短耳鸮 *Asio flammeus*	II	√
119	栗头蜂虎 *Merops leschenaulti*	II	
120	蓝翅八色鸫 *Pitta brachyura*	II	√
121	仙八色鸫 *Pitta nympha*	II	√

续表

序号	动物种名称	保护级别	自然保护区(小区、点)内是否有分布
	两栖类：3 种（Ⅱ级 3 种）		
122	大鲵 *Andrias davidianus*	Ⅱ	√
123	细痣疣螈 *Tylototriton asperrimus*	Ⅱ	√
124	虎纹蛙 *Hoplobatrachus rugulosus*	Ⅱ	√
	鱼类：4 种（Ⅰ级 3 种，Ⅱ级 1 种）		
125	中华鲟 *Acipenser sinensis*	Ⅰ	√
126	达氏鲟 *Acipenser dabryanus*	Ⅰ	√
127	白鲟 *Psephurus gladius*	Ⅰ	√
128	胭脂鱼 *Myxocyprinus asiaticus*	Ⅱ	√
	昆虫类：3 种（Ⅱ级 3 种）		
129	三尾褐凤蝶 *Sinonitis thaidina dongchuanensis*	Ⅱ	√
130	中华虎凤蝶 *Luehdorfia chinensis huashanensis*	Ⅱ	√
131	拉步甲 *Carabus (Coptolabrus) lafossei*	Ⅱ	√

* 麋鹿历史上湖北有分布，现为野外绝灭种，石首天鹅洲自然保护区 1993 年引进后已野化；梅花鹿在神农架大九湖为引进种，但已野化。基于上述原因，这两种动物均列入。虎为历史记录。

附表 5　湖北省国家重点保护野生植物及其在自然保护区(小区、点)内的分布状况

序号	植物名称	保护级别	自然保护区(小区、点)内是否有分布
1	金毛狗蕨 *Cibotium barometz*	II	√
2	水蕨 *Ceratopteris thalictroides*	II	√
3	粗梗水蕨 *Ceratopteris pteridoides*	II	√
4	篦子三尖杉 *Cephalotaxus oliveri*	II	√
5	银杏 *Ginkgo biloba*	I	
6	秦岭冷杉 *Abies chensiensis*	II	√
7	大果青杆 *Picea neoveitchii*	II	√
8	大别五针松 *Pinus fenzeliana* var. *dabeshanensis*	II	√
9	金钱松 *Pseudolarix amabilis*	II	√
10	黄杉 *Pseudotsuga sinensis*	II	√
11	红豆杉 *Taxus wallichiana* var. *chinensis*	I	√
12	南方红豆杉 *Taxus wallichiana* var. *mairei*	I	√
13	巴山榧树(原变种)*Torreya fargesii* var. *fargesii*	II	√
14	榧树 *Torreya grandis*	II	√
15	长叶榧树 *Torreya jackii*	II	
16	水杉 *Metasequoia glyptostroboides*	I	√
17	台湾杉 *Taiwania cryptomerioides*	II	√
18	伯乐树 *Bretschneidera sinensis*	I	√
19	七子花 *Heptacodium miconioides*	II	
20	永瓣藤 *Monimopetalum chinense*	II	√
21	连香树 *Cercidiphyllum japonicum*	II	√
22	台湾水青冈 *Fagus hayatae*	II	√
23	樟 *Cinnamomum camphora*	II	√
24	天竺桂(普陀樟) *Cinnamomum japonicum*	II	√
25	油樟 *Cinnamomum longepaniculatum*	II	
26	闽楠 *Phoebe bournei*	II	√
27	楠木 *Phoebe zhennan*	II	√
28	润楠 *Machilus nanmu*	II	√
29	野大豆 *Glycine soja*	II	√
30	花榈木 *Ormosia henryi*	II	√
31	红豆树 *Ormosia hosiei*	II	√

序号	植物名称	保护级别	自然保护区(小区、点)内是否有分布
32	鹅掌楸 *Liriodendron chinense*	II	√
33	厚朴 *Houpoëa officinalis*	II	√
34	峨嵋含笑 *Michelia wilsonii*	II	√
35	水青树 *Tetracentron sinense*	II	√
36	红椿 *Toona ciliata*	II	√
37	莼菜 *Brasenia schreberi*	I	√
38	莲 *Nelumbo nucifera*	II	√
39	喜树 *Camptotheca acuminata*	II	√
40	珙桐 *Davidia involucrata*	I	√
41	光叶珙桐 *Davidia involucrata* var. *vilmoriniana*	I	√
42	金荞麦 *Fagopyrum dibotrys*	II	√
43	香果树 *Emmenopterys henryi*	II	√
44	秃叶黄檗(川黄檗/黄皮树)*Phellodendron chinense*	II	√
45	伞花木 *Eurycorymbus cavaleriei*	II	√
46	呆白菜 *Triaenophora rupestris*	II	√
47	秤锤树 *Sinojackia xylocarpa*	II	√
48	长果秤锤树 *Sinojackia dolichocarpa*	II	√
49	细果野菱 *Trapa incisa*	II	√
50	榉树 *Zelkova serrata*	II	√

　　注：根据 Flora of China,凹叶厚朴和毛红椿已分别归并到厚朴和红椿正种之中,故不再分列;长叶榧树在湖北是否有天然分布尚有争议;润楠(*Machilus nanmu*)是滇楠(*Phoebe nanmu*)的正名(李树刚,韦发南,1988;FOC Vol. 7 Page 204,214,2010)。

附 录

附录一 动物中名、拉丁名对照表

（按拼音顺序排列）

八哥（指名亚种）*Acridotheres cristatellus cristatellus*

彩鹳 *Mycteria leucocephala*

红胸黑雁 *Branta ruficollis*

乌灰鹞 *Circus pygargus*

白额雁 *Anser albifrons*

白腹隼雕（指名亚种）*Hieraaetus fasciatus faciatus*

白腹鹞（指名亚种）*Circus spilonotus spilonotus*

白冠长尾雉 *Syrmaticus reevesii*

白鹤 *Grus leucogeranus*

白喉林鹟（指名亚种）*Rhinomyias brunneata brunneata*

白鱀豚 *Lipotes vexillifer*

白肩雕 *Aquila heliaca*

白颈长尾雉 *Syrmaticus ellioti*

白鹭（指名亚种）*Egretta garzetta garzetta*

白琵鹭（指名亚种）*Platalea leucorodia leucorodia*

白头鹎（指名亚种）*Pycnonotus sinensis sinensis*

白头鹤 *Grus monacha*

白头鹞（指名亚种）*Circus aeruginosus aeruginosus*

白尾海雕（指名亚种）*Haliaeetus albicilla albicilla*

白尾鹞（指名亚种）*Circus cyaneus cyaneus*

白鹇（福建亚种）*Lophura nycthemera fokiensis*

白鲟 *Psephurus gladius*

白枕鹤 *Grus vipio*

斑头鸺鹠（华南亚种）*Glaucidium cuculoides whitelyi*

背角无齿蚌 *Anodonta woodiana*

鳊（长春鳊）*Parabramis pekinensis*

鳊属 *Parabramis*

扁旋螺 *Gyraulus compressus*

鲦 *Hemiculter leucisculus*

苍鹰(普通亚种)*Accipiter gentilis schvedowi*

藏酋猴(湖北居群)*Macaca thibetana Hubei form*

草鸮(华南亚种)*Tyto capensis chinensis*

草鱼 *Ctenopharyngodon idellus*

草原雕(指名亚种)*Aquila nipalensis nipalensis*

草原鹞 *Circus macrourus*

豺(华南亚种)*Cuon alpinus lepturus*

长薄鳅 *Leptobotia elongata*

长耳鸮(指名亚种)*Asio otus otus*

长江江豚 *Neophocaena asiaorientalis asiaorientalis*

长萝卜螺 *Radix pereger*

长吻鮠 *Leiocassis longirostris*

赤豆螺(圆沼螺)*Bithynia fuchsiana*

赤腹松鼠(大巴山亚种)*Callosciurus erythraeus dabashanensis*

赤腹鹰 *Accipiter soloensis*

赤麻鸭 *Tadorna ferruginea*

赤眼鳟 *Squaliobarbus curriculus*

川金丝猴(湖北亚种)*Rhinopithecus roxellana hubeiensis*

达氏鲟 *Acipenser dabryanus*

大白鹭(普通亚种)*Egretta alba modesta*

大鸨(普通亚种)*Otis tarda dybowskii*

大口鲇 *Silurus meridionalis*

大𫛚 *Buteo hemilasius*

大灵猫(华东亚种)*Viverra zibetha ashtoni*

大鲵 *Andrias davidianus*

大山雀(东亚亚种)*Parus major minor*

大天鹅 *Cygnus cygnus*

大嘴乌鸦(普通亚种)*Corvus macrorhynchos colonorum*

戴胜(华南亚种)*Upupa epops longirostris*

丹顶鹤 *Grus japonensis*

雕鸮(华南亚种)*Bubo bubo kiautschensis*

东北刺猬(华北亚种)*Erinaceus amurensis dealbatus*

东方白鹳 *Ciconia boyciana*

董鸡 *Gallicrex cinerea*

豆雁(东西伯利亚亚种)*Anser fabalis middendorffi*

短耳鸮(指名亚种)*Asio flammeus flammeus*

短体副鳅 *Paracobitis potanini*

短尾猴（华南亚种）*Macaca arctoides melli*

短吻间银鱼 *Hemisalanx brachyrostralis*

鹗（指名亚种）*Pandion haliaetus haliaetus*

耳萝卜螺 *Radix auricularia*

方格短沟蜷 *Semisulcospira cancellata*

凤头蜂鹰（东方亚种）*Pernis ptilorhynchus orientalsi*

凤头鹰（普通亚种）*Accipiter trivirgatus indicus*

复齿鼯鼠 *Trogopterus xanthipes*

橄榄蛏蚌 *Solenaia oleivora*

鳡 *Elopichthys bambusa*

狗獾（北方亚种）*Meles meles leptorhynchus*

鲴属 *Xenocypris*

果子狸（西南亚种）*Paguma larvata intrudens*

海南鳽 *Gorsachius magnificus*

蚶形无齿蚌 *Anodonta arcaeformis*

河蚬 *Corbicula fluminea*

褐翅鸦鹃（指名亚种）*Centropus sinensis sinensis*

褐耳鹰（南方亚种）*Accipiter badius poliopsis*

褐冠鹃隼（指名亚种）*Aviceda jerdoni jerdoni*

褐林鸮（华南亚种）*Strix leptogrammica ticehursti*

褐渔鸮（华南亚种）*Ketupa zeylonensis orientalis*

黑斑侧褶蛙 *Pelophylax nigromaculatus*

黑翅鸢（南方亚种）*Elanus caeruleus vociferus*

黑冠鹃隼（指名亚种）*Aviceda leuphotes leuphotes*

黑鹳 *Ciconia nigra*

黑麂 *Muntiacus crinifrons*

黑眉锦蛇 *Elaphe taeniura*

黑熊（四川亚种）*Ursus thibetanus mupinensis*

黑鸢（普通亚种）*Milvus migrans lineatus*

红翅绿鸠（佛坪亚种）*Treron sieboldii fopingensis*

红腹角雉 *Tragopan temminckii*

红腹锦鸡 *Chrysolophus pictus*

红角鸮（华南亚种）*Otus sunia malayanus*

红脚隼 *Falco amurensis*

红隼（普通亚种）*Falco tinnunculus interstinctus*

红嘴鸥 *Larus ridibundus*

红嘴相思鸟（指名亚种）*Leiothrix lutea lutea*

鸿雁 *Anser cygnoides*

胡兀鹫（北方亚种）*Gypaetus barbatus aureus*

湖北侧褶蛙 *Pelophylax hubeiensis*

湖北钉螺（指名亚种）*Oncomelania hupensis hupensis*

湖北圆吻鲷 *Distoechodon hupeinensis*

虎（华南亚种）*Panthera tigris amoyensis*

虎纹蛙 *Hoplobatrachus rugulosus*

花田鸡 *Coturnicops exquisitus*

华南兔（指名亚种）*Lepus sinensis sinensis*

华西雨蛙 *Hyla annectans*

画眉（指名亚种）*Garrulax canorus canorus*

环颈雉（贵州亚种）*Phasianus colchicus decollatus*

环颈雉（华东亚种）*Phasianus colchicus torquatus*

环颈雉（四川亚种）*Phasianus colchicus suehschanensis*

黄腹鼬 *Mustela kathiah*

黄颡鱼 *Pelteobagrus fulvidraco*

黄腿渔鸮（黄渔鸮）*Ketupa flavipes*

黄尾鲷 *Xenocypris davidi*

黄鼬（华南亚种）*Mustela sibirica davidaana*

黄鼬（西南亚种）*Mustela sibirica moupinensis*

黄爪隼 *Falco naumanni*

黄嘴白鹭 *Egretta eulophotes*

黄嘴角鸮（华南亚种）*Otus spilocephalus latouchi*

灰背隼（普通亚种）*Falco columbarius insignis*

灰鹤（普通亚种）*Grus grus lilfordi*

灰脸鵟鹰 *Butastur indicus*

灰林鸮（华南亚种）*Strix aluco nivicola*

灰喜鹊（指名亚种）*Cyanopica cyana cyana*

灰胸竹鸡（指名亚种）*Bambusicola thoracica thoracica*

灰雁（东方亚种）*Anser anser rubrirostris*

鲫属 *Carassius*

尖吻蝮 *Deinagkistrodon acutus*

角鸊鷉（指名亚种）*Podiceps auritus auritus*

金雕（华西亚种）*Aquila chrysaetos daphanea*

金猫 *Catopuma temminckii*

金钱豹（华南亚种）*Panthera pardus fusca*

卷羽鹈鹕 *Pelecanus crispus*

绢丝丽蚌 *Lamprotula fibrosa*

宽鳍鱲 *Zacco platypus*

拉步甲 *Carabus (Coptolabrus) lafossei*

蓝翅八色鸫 *Pitta brachyura*

蓝尾石龙子 *Eumeces elegans*

狼（华南居群）*Canis lupus South－China form*

梨形环棱螺 *Bellamya purificata*

鲤属 *Cyprinus*

丽纹攀蜥 *Japalura splendida*

栗头蜂虎（指名亚种）*Merops leschenaulti leschenaulti*

栗鸢（指名亚种）*Haliastur indus indus*

鲢 *Hypophthalmichthys molitrix*

林雕（指名亚种）*Ictinaetus malayensis malayensis*

林麝（秦巴居群）*Moschus berezovskii Qinling/Dabashan form*

领角鸮（华南亚种）*Otus bakkamoena erythrocampe*

领鸺鹠（指名亚种）*Glaucidium brodiei brodiei*

绿头鸭（指名亚种）*Anas platyrhynchos platyrhynchos*

卵萝卜螺 *Radix ovata*

麦穗鱼 *Pseudorasbora parva*

毛冠鹿（华中亚种）*Elaphodus cephalophus ichangensis*

毛脚鵟（北方亚种）*Buteo lagopus kamtschatkensis*

毛腿渔鸮（东北亚种）*Ketupa blakistoni doerriesi*

矛形楔蚌 *Cuneopsis celtiformis*

梅花鹿（东北亚种）*Cervus nippon hortulorum*

猛鸮（天山亚种）*Surnia ulula tianshanica*

猕猴（福建亚种）*Macaca mulatta littorbalis*

麋鹿 *Elaphurus davidianus*

泥鳅 *Misgurnus anguillicaudatus*

鲇属 *Silurus*

普通鵟（普通亚种）*Buteo buteo japonicus*

普通鸬鹚（中国亚种）*Phalacrocorax carbo sinensis*

翘嘴鲌 *Culter alburnus*

青鼬（黄喉貂）（指名亚种）*Martes flavigula flavigula*

青鱼 *Mylopharyngodon piceus*

雀鹰(北方亚种)*Accipiter nisus nisosimilis*

鹊鹞 *Circus melanoleucos*

三尾褐凤蝶(东川亚种)*Sinonitis thaidina dongchuanensis*

勺鸡(东南亚种)*Pucrasia macrolopha darwini*

勺鸡(河北亚种)*Pucrasia macrolopha xanthospila*

勺鸡(陕西亚种)*Pucrasia macrolopha ruficollis*

蛇雕(东南亚种)*Spilornis cheela ricketti*

施氏巴鲵 *Liua shihi*

水獭(江南亚种)*Lutra lutra chinensis*

松雀鹰(南方亚种)*Accipiter virgatus affinis*

太湖新银鱼 *Neosalanx taihuensis*

铜锈环棱螺 *Bellamya aeruginosa*

铜鱼 *Coreius heterodon*

秃鹫 *Aegypius monachus*

团头鲂 *Megalobrama amblycephala*

王锦蛇 *Elaphe carinata*

纹背鼩鼱(川西亚种)*Sorex cylindricauda cylindricauda*

纹沼螺 *Parafossarulus striatulus*

乌雕 *Aquila clanga*

乌龟 *Chinemys reevesii*

乌鳢 *Channa argus*

乌梢蛇 *Zaocys dhumnades*

鼯鼠属 *Petaurista*

喜鹊(东亚亚种)*Pica pica sericea*

细痣疣螈 *Tylototriton asperrimus*

仙八色鸫(指名亚种)*Pitta nympha nympha*

仙琴蛙 *Babina daunchina*

小杓鹬 *Numenius minutus*

小麂(指名亚种)*Muntiacus reevesi reevesi*

小灵猫(华东亚种)*Viverricula indica pallida*

小青脚鹬 *Tringa guttifer*

小天鹅(比尤伊克亚种)*Cygnus columbianus bewickii*

小苇鳽(指名亚种)*Ixobrychus minutus minutus*

小鸦鹃(华南亚种)*Centropus bengalensis lignator*

楔尾绿鸠(指名亚种)*Treron sphenura sphenura*

牙獐(河麂)(指名亚种)*Hydropotes inermis inermis*

胭脂鱼 *Myxocyprinus asiaticus*

燕隼(指名亚种)*Falco subbuteo subbuteo*

野鸭 *Anas* spp.，*Netta* spp.，*Aythya* spp.

野猪(华南亚种)*Sus scrofa chirodontus*

遗鸥 *Larus relictus*

鹰雕(指名亚种)*Spizaetus nipalensis nipalensis*

鹰鸮(华南亚种)*Ninox scutulata burmanica*

鳙 *Aristichthys nobilis*

疣鼻天鹅 *Cygnus olor*

游隼(南方亚种)*Falco peregrinus peregrinator*

游隼(普通亚种)*Falco peregrinus calidus*

鱼盘螺 *Valvata piscinalis*

鸳鸯 *Aix galericulata*

原麝(指名亚种)*Moschus fuscus fuscus*

圆顶珠蚌 *Unio douglasiae*

云豹(指名亚种)*Neofelis nebulosa nebulosa*

中国穿山甲(华南亚种)*Manis pentadactyla auritus*

中国小鲵 *Hynobius chinensis*

中华斑羚 *Naemorhedus caudatus*

中华蟾蜍 *Bufo gargarizans*

中华虎凤蝶(黄山亚种)*Luehdorfia chinensis huashanensis*

中华鬣羚 *Capricornis milneedwardsii*

中华秋沙鸭 *Mergus squamatus*

中华鲟 *Acipenser sinensis*

中华圆田螺 *Cipangopaludina cathayensis*

中华沼螺 *Parafossarulus sinensis*

珠颈斑鸠(指名亚种)*Streptopelia chinensis chinensis*

猪獾(西南亚种)*Arctonyx collaris albogularis*

棕腹啄木鸟(普通亚种)*Picoides hyperythrus subrufinus*

棕尾鵟(指名亚种)*Buteo rufinus rufinus*

纵纹腹小鸮(西藏亚种)*Athene noctua ludlowi*

附录二 植物中名、拉丁名对照表
（按拼音顺序排列）

安徽小檗 *Berberis anhweiensis*

八角莲 *Dysosma versipellis*

巴东栎 *Quercus engleriana*

巴东醉鱼草 *Buddleja albiflora*

巴山榧树 *Torreya fargesii* var. *fargesii*

巴山冷杉 *Abies fargesii*

巴山松 *Pinus tabuliformis* var. *henryi*

菝葜 *Smilax china*

白车轴草 *Trifolium repens*

白及 *Bletilla striata*

白茅 *Imperata cylindrica*

白辛树 *Pterostyrax psilophyllus*

稗 *Echinochloa crusgalli*

斑唇卷瓣兰 *Bulbophyllum pectenveneris*

半边月（水马桑）*Weigela japonica* var. *sinica*

包槲柯 *Lithocarpus cleistocarpus*

杯药草 *Cotylanthera paucisquama*

碧口柳 *Salix bikouensis*

篦子三尖杉 *Cephalotaxus oliveri*

波密斑叶兰 *Goodyera bomiensis*

伯乐树 *Bretschneidera sinensis*

檫木 *Sassafras tzumu*

长果秤锤树 *Sinojackia dolichocarpa*

长距美冠兰 *Eulophia dabia*

长叶山兰 *Oreorchis fargesii*

车前 *Plantago asiatica*

城口桤叶树 *Clethra fargesii*

秤锤树 *Sinojackia xylocarpa*

川陕鹅耳枥 *Carpinus fargesiana*

春兰 *Cymbidium goeringii*

莼菜 *Brasenia schreberi*

刺柏 *Juniperus formosana*

刺叶高山栎 *Quercus spinosa*

葱叶兰 *Microtis unifolia*

粗梗水蕨 *Ceratopteris pteridoides*

大别山丹参 *Salvia dabieshanensis*

大别五针松 *Pinus fenzeliana* var. *dabeshanensis*

大果青杆 *Picea neoveitchii*

大花斑叶兰 *Goodyera biflora*

大花对叶兰 *Listera grandiflora*

大叶火烧兰 *Epipactis mairei*

呆白菜 *Triaenophora rupestris*

荻 *Miscanthus sacchariflorus*

豆瓣兰 *Cymbidium serratum*

独花兰 *Changnienia amoena*

杜鹃 *Rhododendron simsii*

杜鹃兰 *Cremastra appendiculata*

杜仲 *Eucommia ulmoides*

短茎脊萼兰 *Sedirea subparishii*

多花兰 *Cymbidium floribundum*

多脉青冈 *Cyclobalanopsis multinervis*

多叶重楼（七叶一枝花）*Paris polyphylla*

峨嵋含笑 *Michelia wilsonii*

鹅耳枥 *Carpinus turczaninowii*

鹅毛玉凤花 *Habenaria dentata*

鹅掌楸 *Liriodendron chinense*

榧树 *Torreya grandis*

风兰 *Neofinetia falcata*

风杨 *Pterocarya stenoptera*

枫香树 *Liquidambar formosana*

凤眼蓝 *Eichhornia crassipes*

枹栎 *Quercus serrata*

浮毛茛 *Ranunculus natans*

珙桐 *Davidia involucrata*

钩距虾脊兰 *Calanthe graciliflora*

钩锥 *Castanopsis tibetana*

狗牙根 *Cynodon dactylon*

菰 *Zizania latifolia*

光萼斑叶兰 *Goodyera henryi*

光叶珙桐 *Davidia involucrata* var. *vilmoriniana*

光柱铁线莲 *Clematis longistyla*

广布红门兰 *Orchis chusua*

广布芋兰 *Nervilia aragoana*

寒兰 *Cymbidium kanran*

旱柳 *Salix matsudana*

褐果薹草 *Carex brunnea*

黑壳楠 *Lindera megaphylla*

黑麦草 *Lolium perenne*

黑三棱 *Sparganium stoloniferum*

黑藻 *Hydrilla verticillata*

红椿 *Toona ciliata*

红豆杉 *Taxus wallichiana* var. *chinensis*

红豆树 *Ormosia hosiei*

红桦 *Betula albosinensis*

红平杏 *Armeniaca hongpingensis*

厚皮香 *Ternstroemia gymnanthera*

厚朴 *Houpoëa officinalis*

胡枝子 *Lespedeza bicolor*

湖北海棠 *Malus hupehensis*

槲栎 *Quercus aliena*

花榈木 *Ormosia henryi*

华刺子莞 *Rhynchospora chinensis*

华山松 *Pinus armandii*

华西箭竹 *Fargesia nitida*

化香树 *Platycarya strobilacea*

槐叶萍 *Salvinia natans*

黄花白及 *Bletilla ochracea*

黄花狸藻 *Utricularia aurea*

黄花珍珠菜 *Lysimachia stenosepala* var. *lutea*

黄荆 *Vitex negundo*

黄连 *Coptis chinensis*

黄连木 *Pistacia chinensis*

黄耆 *Astragalus* sp.

黄山栎 *Quercus stewardii*

黄山松 *Pinus taiwanensis*

黄杉 *Pseudotsuga sinensis*

黄檀 *Dalbergia hupeana*

黄杨 *Buxus microphylla* subsp. *sinica*

蕙兰 *Cymbidium faberi*

火棘 *Pyracantha fortuneana*

火烧兰 *Epipactis helleborine*

鸡眼草 *Kummerowia striata*

戟唇叠鞘兰 *Chamaegastrodia vaginata*

檵木 *Loropetalum chinense*

假俭草 *Eremochloa ophiuroides*

菅 *Themeda villosa*

剑叶虾脊兰 *Calanthe davidii*

箭竹 *Fargesia spathacea*

绞股蓝 *Gynostemma pentaphyllum*

金唇兰 *Chrysoglossum ornatum*

金兰 *Cephalanthera falcata*

金毛狗蕨 *Cibotium barometz*

金钱槭 *Dipteronia sinensis*

金钱松 *Pseudolarix amabilis*

金荞麦 *Fagopyrum dibotrys*

金鱼藻 *Ceratophyllum demersum*

榉树 *Zelkova serrata*

栲 *Castanopsis fargesii*

苦草 *Vallisneria natans*

苦槠 *Castanopsis sclerophylla*

阔蕊兰 *Peristylus goodyeroides*

阔叶箬竹 *Indocalamus latifolius*

蜡梅 *Chimonanthus praecox*

榔榆 *Ulmus parvifolia*

狸藻 *Utricularia vulgaris*

利川楠 *Phoebe lichuanensis*

栗 *Castanea mollissima*

连香树 *Cercidiphyllum japonicum*

莲 *Nelumbo nucifera*

亮叶桦 *Betula luminifera*

亮叶水青冈 *Fagus lucida*

裂唇舌喙兰 *Hemipilia henryi*

芦苇 *Phragmites australis*

鹿角杜鹃(西施花)*Rhododendron latoucheae*

麻花杜鹃 *Rhododendron maculiferum*

麻栎 *Quercus acutissima*

马鞭草 *Verbena officinalis*

马桑 *Coriaria nepalensis*

马尾松 *Pinus massoniana*

麦吊云杉 *Picea brachytyla*

曼青冈 *Cyclobalanopsis oxyodon*

毛萼山珊瑚 *Galeola lindleyana*

毛秆野古草 *Arundinella hirta*

毛桂 *Cinnamomum appelianum*

毛黄栌 *Cotinus coggygria* var. *pubescens*

毛泡桐 *Paulownia tomentosa*

毛竹 *Phyllostachys edulis*

茅栗 *Castanea seguinii*

米心水青冈 *Fagus engleriana*

密刺苦草 *Vallisneria denseserrulata*

绵柯 *Lithocarpus henryi*

闽楠 *Phoebe bournei*

明党参 *Changium smyrnioides*

牡荆 *Vitex negundo* var. *cannabifolia*

木荷 *Schima superba*

苜蓿 *Medicago* sp.

南方红豆杉 *Taxus wallichiana* var. *mairei*

楠木 *Phoebe zhennan*

泥炭藓 *Sphagnum palustre*

牛毛毡 *Eleocharis yokoscensis*

欧菱 *Trapa natans*

泡花树 *Meliosma cuneifolia*

七子花 *Heptacodium miconioides*

槭属 *Acer*

芡实 *Euryale ferox*

秦岭冷杉 *Abies chensiensis*
青冈 *Cyclobalanopsis glauca*
青檀 *Pteroceltis tatarinowii*
蜻蜓兰 *Tulotis fuscescens*
楸 *Catalpa bungei*
忍冬 *Lonicera japonica*
绒叶斑叶兰 *Goodyera velutina*
锐齿槲栎 *Quercus aliena* var. *acutiserrata*
三尖杉 *Cephalotaxus fortunei*
三棱针蔺 *Trichophorum mattfeldianum*
伞花木 *Eurycorymbus cavaleriei*
缫丝花 *Rosa roxburghii*
山白树 *Sinowilsonia henryi*
山胡椒 *Lindera glauca*
山槐 *Albizia kalkora*
山楠 *Phoebe chinensis*
山羊角树 *Carrierea calycina*
山杨 *Populus davidiana*
杉木 *Cunninghamia lanceolata*
舌唇兰 *Platanthera japonica*
神农架冬青 *Ilex shennongjiaensis*
石斛 *Dendrobium nobile*
石灰花楸 *Sorbus folgneri*
石龙芮 *Ranunculus sceleratus*
手参 *Gymnadenia conopsea*
绶草 *Spiranthes sinensis*
栓皮栎 *Quercus variabilis*
水鳖 *Hydrocharis dubia*
水蕨 *Ceratopteris thalictroides*
水青冈 *Fagus longipetiolata*
水青树 *Tetracentron sinense*
水杉 *Metasequoia glyptostroboides*
水丝梨 *Sycopsis sinensis*
水竹 *Phyllostachys heteroclada*
睡菜 *Menyanthes trifoliata*
四川含笑 *Michelia wilsonii* subsp. *szechuanica*

苏丹草 *Sorghum sudanense*

穗状狐尾藻 *Myriophyllum spicatum*

台湾盆距兰 *Gastrochilus formosanus*

台湾杉 *Taiwania cryptomerioides*

台湾水青冈 *Fagus hayatae*

天麻 *Gastrodia elata*

天目木姜子 *Litsea auriculata*

天师栗 *Aesculus wilsonii*

天竺桂（普陀樟）*Cinnamomum japonicum*

甜槠 *Castanopsis eyrei*

铁杉 *Tsuga chinensis*

铜钱树 *Paliurus hemsleyanus*

秃叶黄檗（川黄檗/黄皮树）*Phellodendron chinense*

微齿眼子菜（黄丝草）*Potamogeton maackianus*

乌冈栎 *Quercus phillyraeoides*

乌桕 *Sapium sebiferum*

五节芒 *Miscanthus floridulus*

武当玉兰 *Yulania sprengerii*

喜旱莲子草 *Alternanthera philoxeroides*

喜树 *Camptotheca acuminata*

细果野菱 *Trapa incisa*

细茎石斛 *Dendrobium moniliforme*

细叶石斛 *Dendrobium hancockii*

虾脊兰 *Calanthe discolor*

狭叶瓶儿小草 *Ophioglossum thermale*

香椿 *Toona sinensis*

香果树 *Emmenopterys henryi*

香花羊耳蒜 *Liparis odorata*

香蒲 *Typha orientalis*

小斑叶兰 *Goodyera repens*

小茨藻 *Najas minor*

小勾儿茶 *Berchemiella wilsonii*

小黑三棱 *Sparganium emersum*

小花蜻蜓兰 *Tulotis ussuriensis*

小叶青冈 *Cyclobalanopsis gracilis*

宣恩盆距兰 *Gastrochilus xuanenensis*

延龄草 *Trillium tschonoskii*

盐肤木 *Rhus chinensis*

眼子菜 *Potamogeton distinctus*

野慈姑 *Sagittaria trifolia*

野大豆 *Glycine soja*

野灯心草 *Juncus setchuensis*

野燕麦 *Avena fatua*

宜昌润楠 *Machilus ichangensis*

益母草 *Leonurus japonicus*

意杨 *Populus euramevicana* cv. 'i—214'

银兰 *Cephalanthera erecta*

银杏 *Ginkgo biloba*

瘿椒树 *Tapiscia sinensis*

硬叶山兰 *Oreorchis nana*

油樟 *Cinnamomum longepaniculatum*

圆叶茅膏菜 *Drosera rotundifolia*

云锦杜鹃 *Rhododendron fortunei*

樟 *Cinnamomum camphora*

沼兰 *Malaxis monophyllos*

朱兰 *Pogonia japonica*

竹叶眼子菜 *Potamogeton wrightii*

锥栗 *Castanea henryi*

紫斑牡丹 *Paeonia rockii*

紫薇 *Lagerstroemia indica*

菹草 *Potamogeton crispus*

附录三　动物拉丁名、中名对照表

Accipiter badius poliopsis 褐耳鹰（南方亚种）

Accipiter gentilis schvedowi 苍鹰（普通亚种）

Accipiter nisus nisosimilis 雀鹰（北方亚种）

Accipiter soloensis 赤腹鹰

Accipiter trivirgatus indicus 凤头鹰（普通亚种）

Accipiter virgatus affinis 松雀鹰（南方亚种）

Acipenser dabryanus 达氏鲟

Acipenser sinensis 中华鲟

Acridotheres cristatellus cristatellus 八哥（指名亚种）

Aegypius monachus 秃鹫

Aix galericulata 鸳鸯

Anas 野鸭

Anas platyrhynchos platyrhynchos 绿头鸭（指名亚种）

Andrias davidianus 大鲵

Anodonta arcaeformis 蚶形无齿蚌

Anodonta woodiana 背角无齿蚌

Anser albifrons 白额雁

Anser anser rubrirostris 灰雁（东方亚种）

Anser cygnoides 鸿雁

Anser fabalis middendorffi 豆雁（东西伯利亚亚种）

Aquila chrysaetos daphanea 金雕（华西亚种）

Aquila clanga 乌雕

Aquila heliaca 白肩雕

Aquila nipalensis nipalensis 草原雕（指名亚种）

Arctonyx collaris albogularis 猪獾（西南亚种）

Aristichthys nobilis 鳙

Asio flammeus flammeus 短耳鸮（指名亚种）

Asio otus otus 长耳鸮（指名亚种）

Athene noctua ludlowi 纵纹腹小鸮（西藏亚种）

Aviceda jerdoni jerdoni 褐冠鹃隼（指名亚种）

Aviceda leuphotes leuphotes 黑冠鹃隼（指名亚种）

Aythya 野鸭

Babina daunchina 仙琴蛙

Bambusicola thoracica thoracica 灰胸竹鸡（指名亚种）

Bellamya aeruginosa 铜锈环棱螺

Bellamya purificata 梨形环棱螺

Bithynia fuchsiana 赤豆螺（圆沼螺）

Branta ruficollis 红胸黑雁

Bubo bubo kiautschensis 雕鸮（华南亚种）

Bufo gargarizans 中华蟾蜍

Butastur indicus 灰脸鵟鹰

Buteo buteo japonicus 普通鵟（普通亚种）

Buteo hemilasius 大鵟

Buteo lagopus kamtschatkensis 毛脚鵟（北方亚种）

Buteo rufinus rufinus 棕尾鵟（指名亚种）

Callosciurus erythraeus dabashanensis 赤腹松鼠（大巴山亚种）

Canis lupus South－China form 狼（华南居群）

Capricornis milneedwardsii 中华鬣羚

Carabus（Coptolabrus）lafossei 拉步甲

Carassius 鲫属

Catopuma temminckii 金猫

Centropus bengalensis lignator 小鸦鹃（华南亚种）

Centropus sinensis sinensis 褐翅鸦鹃（指名亚种）

Cervus nippon hortulorum 梅花鹿（东北亚种）

Channa argus 乌鳢

Chinemys reevesii 乌龟

Chrysolophus pictus 红腹锦鸡

Ciconia boyciana 东方白鹳

Ciconia nigra 黑鹳

Cipangopaludina cathayensis 中华圆田螺

Circus aeruginosus aeruginosus 白头鹞（指名亚种）

Circus cyaneus cyaneus 白尾鹞（指名亚种）

Circus macrourus 草原鹞

Circus melanoleucos 鹊鹞

Circus pygargus 乌灰鹞

Circus spilonotus spilonotus 白腹鹞（指名亚种）

Corbicula fluminea 河蚬

Coreius heterodon 铜鱼

Corvus macrorhynchos colonorum 大嘴乌鸦（普通亚种）

Coturnicops exquisitus 花田鸡

Ctenopharyngodon idellus 草鱼

Culter alburnus 翘嘴鲌

Cuneopsis celtiformis 矛形楔蚌

Cuon alpinus lepturus 豺(华南亚种)

Cyanopica cyana cyana 灰喜鹊(指名亚种)

Cygnus columbianus bewickii 小天鹅(比尤伊克亚种)

Cygnus cygnus 大天鹅

Cygnus olor 疣鼻天鹅

Cyprinus 鲤属

Deinagkistrodon acutus 尖吻蝮

Distoechodon hupeinensis 湖北圆吻鲴

Egretta alba modesta 大白鹭(普通亚种)

Egretta eulophotes 黄嘴白鹭

Egretta garzetta garzetta 白鹭(指名亚种)

Elanus caeruleus vociferus 黑翅鸢(南方亚种)

Elaphe carinata 王锦蛇

Elaphe taeniura 黑眉锦蛇

Elaphodus cephalophus ichangensis 毛冠鹿(华中亚种)

Elaphurus davidianus 麋鹿

Elopichthys bambusa 鳡

Erinaceus amurensis dealbatus 东北刺猬(华北亚种)

Eumeces elegans 蓝尾石龙子

Falco amurensis 红脚隼

Falco columbarius insignis 灰背隼(普通亚种)

Falco naumanni 黄爪隼

Falco peregrinus calidus 游隼(普通亚种)

Falco peregrinus peregrinator 游隼(南方亚种)

Falco subbuteo subbuteo 燕隼(指名亚种)

Falco tinnunculus interstinctus 红隼(普通亚种)

Gallicrex cinerea 董鸡

Garrulax canorus canorus 画眉(指名亚种)

Glaucidium brodiei brodiei 领鸺鹠(指名亚种)

Glaucidium cuculoides whitelyi 斑头鸺鹠(华南亚种)

Gorsachius magnificus 海南鳽

Grus grus lilfordi 灰鹤(普通亚种)

Grus japonensis 丹顶鹤

Grus leucogeranus 白鹤

Grus monacha 白头鹤

Grus vipio 白枕鹤

Gypaetus barbatus aureus 胡兀鹫（北方亚种）

Gyraulus compressus 扁旋螺

Haliaeetus albicilla albicilla 白尾海雕（指名亚种）

Haliastur indus indus 栗鸢（指名亚种）

Hemiculter leucisculus 鲦

Hemisalanx brachyrostralis 短吻间银鱼

Hieraaetus fasciatus faciatus 白腹隼雕（指名亚种）

Hoplobatrachus rugulosus 虎纹蛙

Hydropotes inermis inermis 牙獐（河麂）（指名亚种）

Hyla annectans 华西雨蛙

Hynobius chinensis 中国小鲵

Hypophthalmichthys molitrix 鲢

Ictinaetus malayensis malayensis 林雕（指名亚种）

Ixobrychus minutus minutus 小苇鳽（指名亚种）

Japalura splendida 丽纹攀蜥

Ketupa blakistoni doerriesi 毛腿渔鸮（东北亚种）

Ketupa flavipes 黄腿渔鸮（黄渔鸮）

Ketupa zeylonensis orientalis 褐渔鸮（华南亚种）

Lamprotula fibrosa 绢丝丽蚌

Larus relictus 遗鸥

Larus ridibundus 红嘴鸥

Leiocassis longirostris 长吻鮠

Leiothrix lutea lutea 红嘴相思鸟（指名亚种）

Leptobotia elongata 长薄鳅

Lepus sinensis sinensis 华南兔（指名亚种）

Lipotes vexillifer 白鱀豚

Liua shihi 施氏巴鲵

Lophura nycthemera fokiensis 白鹇（福建亚种）

Luehdorfia chinensis huashanensis 中华虎凤蝶（黄山亚种）

Lutra lutra chinensis 水獭（江南亚种）

Macaca arctoides melli 短尾猴（华南亚种）

Macaca mulatta littorbalis 猕猴（福建亚种）

Macaca thibetana Hubei form 藏酋猴(湖北居群)

Manis pentadactyla auritus 中国穿山甲(华南亚种)

Martes flavigula flavigula 青鼬(黄喉貂)(指名亚种)

Megalobrama amblycephala 团头鲂

Meles meles leptorhynchus 狗獾(北方亚种)

Mergus squamatus 中华秋沙鸭

Merops leschenaulti leschenaulti 栗头蜂虎(指名亚种)

Milvus migrans lineatus 黑鸢(普通亚种)

Misgurnus anguillicaudatus 泥鳅

Moschus berezovskii Qinling/Dabashan form 林麝(秦巴居群)

Moschus fuscus fuscus 原麝(指名亚种)

Muntiacus crinifrons 黑麂

Muntiacus reevesi reevesi 小麂(指名亚种)

Mustela kathiah 黄腹鼬

Mustela sibirica davidaana 黄鼬(华南亚种)

Mustela sibirica moupinensis 黄鼬(西南亚种)

Mycteria leucocephala 彩鹳

Mylopharyngodon piceus 青鱼

Myxocyprinus asiaticus 胭脂鱼

Naemorhedus caudatus 中华斑羚

Neofelis nebulosa nebulosa 云豹(指名亚种)

Neophocaena asiaorientalis asiaorientalis 长江江豚

Neosalanx taihuensis 太湖新银鱼

Netta 野鸭

Ninox scutulata burmanica 鹰鸮(华南亚种)

Numenius minutus 小杓鹬

Oncomelania hupensis hupensis 湖北钉螺(指名亚种)

Otis tarda dybowskii 大鸨(普通亚种)

Otus bakkamoena erythrocampe 领角鸮(华南亚种)

Otus spilocephalus latouchi 黄嘴角鸮(华南亚种)

Otus sunia malayanus 红角鸮(华南亚种)

Paguma larvata intrudens 果子狸(西南亚种)

Pandion haliaetus haliaetus 鹗(指名亚种)

Panthera pardus fusca 金钱豹(华南亚种)

Panthera tigris amoyensis 虎(华南亚种)

Parabramis pekinensis 鳊(长春鳊)

Parabramis 鳊属

Paracobitis potanini 短体副鳅

Parafossarulus sinensis 中华沼螺

Parafossarulus striatulus 纹沼螺

Parus major minor 大山雀（东亚亚种）

Pelecanus crispus 卷羽鹈鹕

Pelophylax hubeiensis 湖北侧褶蛙

Pelophylax nigromaculatus 黑斑侧褶蛙

Pelteobagrus fulvidraco 黄颡鱼

Pernis ptilorhynchus orientalsi 凤头蜂鹰（东方亚种）

Petaurista 鼯鼠属

Phalacrocorax carbo sinensis 普通鸬鹚（中国亚种）

Phasianus colchicus decollatus 环颈雉（贵州亚种）

Phasianus colchicus suehschanensis 环颈雉（四川亚种）

Phasianus colchicus torquatus 环颈雉（华东亚种）

Pica pica sericea 喜鹊（东亚亚种）

Picoides hyperythrus subrufinus 棕腹啄木鸟（普通亚种）

Pitta brachyura 蓝翅八色鸫

Pitta nympha nympha 仙八色鸫（指名亚种）

Platalea leucorodia leucorodia 白琵鹭（指名亚种）

Podiceps auritus auritus 角䴙䴘（指名亚种）

Psephurus gladius 白鲟

Pseudorasbora parva 麦穗鱼

Pucrasia macrolopha darwini 勺鸡（东南亚种）

Pucrasia macrolopha ruficollis 勺鸡（陕西亚种）

Pucrasia macrolopha xanthospila 勺鸡（河北亚种）

Pycnonotus sinensis sinensis 白头鹎（指名亚种）

Radix auricularia 耳萝卜螺

Radix ovata 卵萝卜螺

Radix pereger 长萝卜螺

Rhinomyias brunneata brunneata 白喉林鹟（指名亚种）

Rhinopithecus roxellana hubeiensis 川金丝猴（湖北亚种）

Semisulcospira cancellata 方格短沟蜷

Silurus meridionalis 大口鲇

Silurus 鲇属

Sinonitis thaidina dongchuanensis 三尾褐凤蝶（东川亚种）

Solenaia oleivora 橄榄蛏蚌

Sorex cylindricauda cylindricauda 纹背鼩鼱（川西亚种）

Spilornis cheela ricketti 蛇雕（东南亚种）

Spizaetus nipalensis nipalensis 鹰雕（指名亚种）

Squaliobarbus curriculus 赤眼鳟

Streptopelia chinensis chinensis 珠颈斑鸠（指名亚种）

Strix aluco nivicola 灰林鸮（华南亚种）

Strix leptogrammica ticehursti 褐林鸮（华南亚种）

Surnia ulula tianshanica 猛鸮（天山亚种）

Sus scrofa chirodontus 野猪（华南亚种）

Syrmaticus ellioti 白颈长尾雉

Syrmaticus reevesii 白冠长尾雉

Tadorna ferruginea 赤麻鸭

Tragopan temminckii 红腹角雉

Treron sieboldii fopingensis 红翅绿鸠（佛坪亚种）

Treron sphenura sphenura 楔尾绿鸠（指名亚种）

Tringa guttifer 小青脚鹬

Trogopterus xanthipes 复齿鼯鼠

Tylototriton asperrimus 细痣疣螈

Tyto capensis chinensis 草鸮（华南亚种）

Unio douglasiae 圆顶珠蚌

Upupa epops longirostris 戴胜（华南亚种）

Ursus thibetanus mupinensis 黑熊（四川亚种）

Valvata piscinalis 鱼盘螺

Viverra zibetha ashtoni 大灵猫（华东亚种）

Viverricula indica pallida 小灵猫（华东亚种）

Xenocypris davidi 黄尾鲴

Xenocypris 鲴属

Zacco platypus 宽鳍鱲

Zaocys dhumnades 乌梢蛇

附录四　植物拉丁名、中名对照表

Abies chensiensis 秦岭冷杉

Abies fargesii 巴山冷杉

Acer 槭属

Aesculus wilsonii 天师栗

Albizia kalkora 山槐

Alternanthera philoxeroides 喜旱莲子草

Armeniaca hongpingensis 红平杏

Arundinella hirta 毛秆野古草

Astragalus 黄耆

Avena fatua 野燕麦

Berberis anhweiensis 安徽小檗

Berchemiella wilsonii 小勾儿茶

Betula albosinensis 红桦

Betula luminifera 亮叶桦

Bletilla ochracea 黄花白及

Bletilla striata 白及

Brasenia schreberi 莼菜

Bretschneidera sinensis 伯乐树

Buddleja albiflora 巴东醉鱼草

Bulbophyllum pectenveneris 斑唇卷瓣兰

Buxus microphylla subsp. *sinica* 黄杨

Calanthe davidii 剑叶虾脊兰

Calanthe discolor 虾脊兰

Calanthe graciliflora 钩距虾脊兰

Camptotheca acuminata 喜树

Carex brunnea 褐果薹草

Carpinus fargesiana 川陕鹅耳枥

Carpinus turczaninowii 鹅耳枥

Carrierea calycina 山羊角树

Castanea henryi 锥栗

Castanea mollissima 栗

Castanea seguinii 茅栗

Castanopsis eyrei 甜槠

NATURE RESERVE OF **HUBEI** PROVINCE IN CHINA

Castanopsis fargesii 栲

Castanopsis sclerophylla 苦槠

Castanopsis tibetana 钩锥

Catalpa bungei 楸

Cephalanthera erecta 银兰

Cephalanthera falcata 金兰

Cephalotaxus fortunei 三尖杉

Cephalotaxus oliveri 篦子三尖杉

Ceratophyllum demersum 金鱼藻

Ceratopteris pteridoides 粗梗水蕨

Ceratopteris thalictroides 水蕨

Cercidiphyllum japonicum 连香树

Chamaegastrodia vaginata 戟唇叠鞘兰

Changium smyrnioides 明党参

Changnienia amoena 独花兰

Chimonanthus praecox 蜡梅

Chrysoglossum ornatum 金唇兰

Cibotium barometz 金毛狗蕨

Cinnamomum appelianum 毛桂

Cinnamomum camphora 樟

Cinnamomum japonicum 天竺桂（普陀樟）

Cinnamomum longepaniculatum 油樟

Clematis longistyla 光柱铁线莲

Clethra fargesii 城口桤叶树

Coptis chinensis 黄连

Coriaria nepalensis 马桑

Cotinus coggygria var. *pubescens* 毛黄栌

Cotylanthera paucisquama 杯药草

Cremastra appendiculata 杜鹃兰

Cunninghamia lanceolata 杉木

Cyclobalanopsis glauca 青冈

Cyclobalanopsis gracilis 小叶青冈

Cyclobalanopsis multinervis 多脉青冈

Cyclobalanopsis oxyodon 曼青冈

Cymbidium faberi 蕙兰

Cymbidium floribundum 多花兰

Cymbidium goeringii 春兰
Cymbidium kanran 寒兰
Cymbidium serratum 豆瓣兰
Cynodon dactylon 狗牙根
Dalbergia hupeana 黄檀
Davidia involucrata var. *vilmoriniana* 光叶珙桐
Davidia involucrata 珙桐
Dendrobium hancockii 细叶石斛
Dendrobium moniliforme 细茎石斛
Dendrobium nobile 石斛
Dipteronia sinensis 金钱械
Drosera rotundifolia 圆叶茅膏菜
Dysosma versipellis 八角莲
Echinochloa crusgalli 稗
Eichhornia crassipes 凤眼蓝
Eleocharis yokoscensis 牛毛毡
Emmenopterys henryi 香果树
Epipactis helleborine 火烧兰
Epipactis mairei 大叶火烧兰
Eremochloa ophiuroides 假俭草
Eucommia ulmoides 杜仲
Eulophia dabia 长距美冠兰
Euryale ferox 芡实
Eurycorymbus cavaleriei 伞花木
Fagopyrum dibotrys 金荞麦
Fagus engleriana 米心水青冈
Fagus hayatae 台湾水青冈
Fagus longipetiolata 水青冈
Fagus lucida 亮叶水青冈
Fargesia nitida 华西箭竹
Fargesia spathacea 箭竹
Galeola lindleyana 毛萼山珊瑚
Gastrochilus formosanus 台湾盆距兰
Gastrochilus xuanenensis 宣恩盆距兰
Gastrodia elata 天麻
Ginkgo biloba 银杏

Glycine soja 野大豆

Goodyera biflora 大花斑叶兰

Goodyera bomiensis 波密斑叶兰

Goodyera henryi 光萼斑叶兰

Goodyera repens 小斑叶兰

Goodyera velutina 绒叶斑叶兰

Gymnadenia conopsea 手参

Gynostemma pentaphyllum 绞股蓝

Habenaria dentata 鹅毛玉凤花

Hemipilia henryi 裂唇舌喙兰

Heptacodium miconioides 七子花

Houpoëa officinalis 厚朴

Hydrilla verticillata 黑藻

Hydrocharis dubia 水鳖

Ilex shennongjiaensis 神农架冬青

Imperata cylindrica 白茅

Indocalamus latifolius 阔叶箬竹

Juncus setchuensis 野灯心草

Juniperus formosana 刺柏

Kummerowia striata 鸡眼草

Lagerstroemia indica 紫薇

Leonurus japonicus 益母草

Lespedeza bicolor 胡枝子

Lindera glauca 山胡椒

Lindera megaphylla 黑壳楠

Liparis odorata 香花羊耳蒜

Liquidambar formosana 枫香树

Liriodendron chinense 鹅掌楸

Listera grandiflora 大花对叶兰

Lithocarpus cleistocarpus 包槲柯

Lithocarpus henryi 绵柯

Litsea auriculata 天目木姜子

Lolium perenne 黑麦草

Lonicera japonica 忍冬

Loropetalum chinense 檵木

Lysimachia stenosepala var. *lutea* 黄花珍珠菜

Machilus ichangensis 宜昌润楠

Malaxis monophyllos 沼兰

Malus hupehensis 湖北海棠

Medicago 苜蓿

Meliosma cuneifolia 泡花树

Menyanthes trifoliata 睡菜

Metasequoia glyptostroboides 水杉

Michelia wilsonii subsp. *szechuanica* 四川含笑

Michelia wilsonii 峨嵋含笑

Microtis unifolia 葱叶兰

Miscanthus floridulus 五节芒

Miscanthus sacchariflorus 荻

Myriophyllum spicatum 穗状狐尾藻

Najas minor 小茨藻

Nelumbo nucifera 莲

Neofinetia falcata 风兰

Nervilia aragoana 广布芋兰

Ophioglossum thermale 狭叶瓶儿小草

Orchis chusua 广布红门兰

Oreorchis fargesii 长叶山兰

Oreorchis nana 硬叶山兰

Ormosia henryi 花榈木

Ormosia hosiei 红豆树

Paeonia rockii 紫斑牡丹

Paliurus hemsleyanus 铜钱树

Paris polyphylla 多叶重楼(七叶一枝花)

Paulownia tomentosa 毛泡桐

Peristylus goodyeroides 阔蕊兰

Phellodendron chinense 秃叶黄檗(川黄檗/黄皮树)

Phoebe bournei 闽楠

Phoebe chinensis 山楠

Phoebe lichuanensis 利川楠

Phoebe zhennan 楠木

Phragmites australis 芦苇

Phyllostachys edulis 毛竹

Picea brachytyla 麦吊云杉

Picea neoveitchii 大果青杆

Pinus armandii 华山松

Pinus fenzeliana var. *dabeshanensis* 大别五针松

Pinus massoniana 马尾松

Pinus tabuliformis var. *henryi* 巴山松

Pinus taiwanensis 黄山松

Pistacia chinensis 黄连木

Plantago asiatica 车前

Platanthera japonica 舌唇兰

Platycarya strobilacea 化香树

Pogonia japonica 朱兰

Populus davidiana 山杨

Populus euramevicana cv. 'i—214' 意杨

Potamogeton crispus 菹草

Potamogeton distinctus 眼子菜

Potamogeton maackianus 微齿眼子菜(黄丝草)

Potamogeton wrightii 竹叶眼子菜

Pseudolarix amabilis 金钱松

Pseudotsuga sinensis 黄杉

Pterocarya stenoptera 风杨

Pteroceltis tatarinowii 青檀

Pterostyrax psilophyllus 白辛树

Pyracantha fortuneana 火棘

Quercus acutissima 麻栎

Quercus aliena var. *acutiserrata* 锐齿槲栎

Quercus aliena 槲栎

Quercus engleriana 巴东栎

Quercus phillyraeoides 乌冈栎

Quercus serrata 枹栎

Quercus spinosa 刺叶高山栎

Quercus stewardii 黄山栎

Quercus variabilis 栓皮栎

Ranunculus natans 浮毛茛

Ranunculus sceleratus 石龙芮

Rhododendron fortunei 云锦杜鹃

Rhododendron latoucheae 鹿角杜鹃(西施花)

Rhododendron maculiferum 麻花杜鹃

Rhododendron simsii 杜鹃

Rhus chinensis 盐肤木

Rhynchospora chinensis 华刺子莞

Rosa roxburghii 缫丝花

Sagittaria trifolia 野慈姑

Salix bikouensis 碧口柳

Salix matsudana 旱柳

Salvia dabieshanensis 大别山丹参

Salvinia natans 槐叶萍

Sapium sebiferum 乌桕

Sassafras tzumu 檫木

Schima superba 木荷

Sedirea subparishii 短茎脊萼兰

Sinojackia dolichocarpa 长果秤锤树

Sinojackia xylocarpa 秤锤树

Sinowilsonia henryi 山白树

Smilax china 菝葜

Sorbus folgneri 石灰花楸

Sorghum sudanense 苏丹草

Sparganium emersum 小黑三棱

Sparganium stoloniferum 黑三棱

Sphagnum palustre 泥炭藓

Spiranthes sinensis 绶草

Sycopsis sinensis 水丝梨

Taiwania cryptomerioides 台湾杉

Tapiscia sinensis 瘿椒树

Taxus wallichiana var. *chinensis* 红豆杉

Taxus wallichiana var. *mairei* 南方红豆杉

Ternstroemia gymnanthera 厚皮香

Tetracentron sinense 水青树

Themeda villosa 菅

Toona ciliata 红椿

Toona sinensis 香椿

Torreya fargesii var. *fargesii* 巴山榧树

Torreya grandis 榧树

Trapa incisa 细果野菱

Trapa natans 欧菱

Triaenophora rupestris 呆白菜

Trichophorum mattfeldianum 三棱针蔺

Trifolium repens 白车轴草

Trillium tschonoskii 延龄草

Tsuga chinensis 铁杉

Tulotis fuscescens 蜻蜓兰

Tulotis ussuriensis 小花蜻蜓兰

Typha orientalis 香蒲

Ulmus parvifolia 榔榆

Utricularia aurea 黄花狸藻

Utricularia vulgaris 狸藻

Vallisneria denseserrulata 密刺苦草

Vallisneria natans 苦草

Verbena officinalis 马鞭草

Vitex negundo 黄荆

Vitex negundo var. *cannabifolia* 牡荆

Weigela japonica var. *sinica* 半边月（水马桑）

Yulania sprengerii 武当玉兰

Zelkova serrata 榉树

Zizania latifolia 菰

参考文献

［1］ BirdLife International. *Threatened Birds of Asia：The BirdLife International Red Data Book*［M］. Cambridge U. K，2001.

［2］ Chen, Y. , Y. Chen and He D. Biodiversity in the Yangtze river fauna and distribution of fishes［J］. *Journal of Ichthyology*，2002，42(2)：161～171.

［3］ DENG Hong－bing, JIANG Ming－xi, WU Jin－qing, GE Ji－wen. Flora and ecological characteristics of rare plant communities on the southern slope of Shennongjia Mountain［J］. *Journal of Forestry Research*，2002，13(1)：21～24.

［4］ Ge Jiwen, Wu Jinqing, Zhu Zhaoquan, *et al*. Studies on Plant Diversity and Present Situation of Conservation in Shennongjia Biosphere Reserve, Hubei, China［J］. 武汉植物学研究，1997，15(4)：341～352.

［5］ Hongxing Hu, Hanzhou Mu, Bing Feng, *et al*. New discoveries regarding the waterfowl of Hubei, China. In： G. V. T. Matthews. *Managing Waterfowl Populations*. The International Waterfowl and Wetlands Research Bureau, Silimbridge［C］, Gloucester GL 27BX, UK, 1990, pp. 188～189.

［6］ Hongxing Hu, Yibo Cui. The influence of habitat destruction on the waterfowls from the lake in the Yangtze and the Han river basins. In：G. V. T. Matthews. *Managing Waterfowl Populations*［C］. The International Waterfowl and Wetlands Research Bureau, Silimbridge, Gloucester GL 27BX, UK, 1990, pp. 190～193.

［7］ J. A. 麦克尼利,等(1990). 薛达元,等(译). 保护世界的生物多样性［M］. 北京：中国环境科学出版社，1991，17～32.

［8］ Liu Shengxiang, Mei Weijun, Ge Jiwen. The endangered status and preserves strategues of endemic dawn redwood in China［J］. Proceedings of International Symposium on Eco－Environmental Conservation and 21 Century's Forestry Management, 2001. 5. 14～16. *Forest Science & Technology Management*，2002 (Supplement)：113～116.

［9］ Liu Shengxiang, Wang Kehua, Mei Weijun, *et al*. The endangered status and preserves strategies of endemic dawn redwood (*Metasequoia glyotosproboides*). 见：刘胜祥，瞿建平主编. 湖北星斗山自然保护区科学考察集［M］. 武汉：湖北科学技术出版社，2003，141～145.

［10］ 班继德，李博，袁道凌，等. 鄂西七姊妹山自然植被研究. 见：班继德，漆根深等著. 鄂西植被研究［M］，武汉：华中理工大学出版社，1995，142～162.

［11］ 班继德，漆根深，等. 鄂西植被研究［M］. 武汉：华中理工大学出版社，1995.

［12］ 北京大学城市与环境学院，湖北三峡大老岭山自然保护区管理局(沈泽昊主编)［R］. 湖北三峡大老岭自然保护区科学考察与研究报告，2010 年 12 月.

［13］ 蔡三元. 湖北省九宫山自然保护区的两栖爬行动物. 见：赵尔宓，陈壁辉，T J Papenfuss 主编，中国黄山国际两栖爬行动物学学术会议论文集［M］. 北京：中国林业出版社，1993，75～78.

［14］ 蔡三元. 湖北省两栖动物区系与地理区划［J］. 见：赵尔宓，中国两栖地区地理区划，四川动物，1995 增刊：111～117.

［15］ 曹国斌，蒲云海主编. 湖北野人谷自然保护区总体规划(2005～2014)［R］，2005 年 8 月.

［16］ 曹国斌，朱兆泉，胡鸿兴，等. 湖北沉湖自然保护区鸟类多样性研究［J］. 四川动物，2004，23(4)：358～362，365.

［17］ 曹文宣，张国华，马骏，等. 洪湖鱼类资源小型化现象初步探讨. 见：中国科学院水生生物研究所洪湖课题组编著. 洪湖的水体生物生产力综合开发及湖泊生态环境优化研究［M］. 北京：海洋出版社，1991，148～152.

［18］ 常剑波，曹文宣. 通江湖泊的渔业意义及其资源管理对策［J］，长江流域资源与环境，1999，8(2)：153～157.

[19] 常剑波，邓中舞，张国华，等．洪湖灌江纳苗的可行性及效益评价．见：陈宜瑜，许蕴玕等著．洪湖水生生物及其资源开发[M]．北京：科学出版社，1995，220～231．

[20] 常剑波，张国华，许蕴玕，等．洪湖鱼类和渔业．见：陈宜瑜，徐蕴玕等著．洪湖水生生物及其资源开发[M]．北京：科学出版社，1995，106～128．

[21] 陈国生，骆启桂，敖景祥，等．长江新螺段白鱀豚国家级自然保护区浮游动物与底栖动物的初步研究[J]．华中师范大学学报（自然科学版），1998专辑：55～58．

[22] 陈洪达．洪湖水生植被[J]．水生生物学集刊，1963，16(3)：69～81．

[23] 陈洪达．洪湖水生植物．见：湖北省荆州地区洪湖水生生物调查组．洪湖水生资源（一）：历史调查资料汇编[R]，1981，9～22．

[24] 陈佩薰，刘沛霖，刘仁俊，等．长江中游（武汉—岳阳江段）豚类的分布，生态，行为和保护[J]．海洋与湖沼，1980，11(1)：73～84．

[25] 陈炜．湖北省的鱼类及其分布[J]．资源开发与保护杂志，1990，8(3)：144～149．

[26] 陈宜瑜，徐蕴玕等著．洪湖水生生物及其资源开发[M]．北京：科学出版社，1995．

[27] 陈中义，雷泽湘，周进，等．梁子湖六种沉水植物种群数量和生物量周年动态[J]．水生生物学报，2000，24(6)：582～588．

[28] 陈中义，雷泽湘，周进，等．梁子湖优势沉水植物冬季种子库的初步研究[J]．水生生物学报，2001，25(2)：152～158．

[29] 崔鸿，刘胜祥，汪亮．略谈我国白鱀豚保护的主要途径及取得的成果[J]．华中师范大学学报（自然科学版），1998专辑：1～5．

[30] 戴宗兴，吴发清，杨其仁．神农架地区两栖爬行动物的区系研究[J]．华中师范大学学报（自然科学版），1997专辑：83～86．

[31] 邓中舞，余志堂，赵燕，等．三峡水利枢纽对长江白鲟和胭脂鱼影响的评价及资源保护的研究．见：长江三峡工程对生态与环境影响及其对策研究论文集[M]．北京：科学出版社，1987，42～51．

[32] 恩施州林业勘察规划设计院．湖北省咸丰二仙岩湿地自然保护区总体规划[R]，2007年3月．

[33] 方元平，葛继稳，袁道凌，等．湖北省国家重点保护野生植物名录及特点[J]．环境科学与技术，2000，(2)：14～17．

[34] 费梁，叶昌媛．湖北省两栖动物地理分布特点，包括一新种[J]．动物学报，1982，28(3)：293～301．

[35] 郜二虎，汪正祥，王志臣著．湖北堵河源自然保护区科学考察与研究[M]．北京：科学出版社，2012．

[36] 葛继稳，Ngbo－Ngbangbo Louis MAXIME，雷艳辉，等．武汉城市圈重要湖泊湿地评定初步研究[J]．环境科学与技术，2009，32(专刊)：21～33．

[37] 葛继稳，蔡庆华，胡鸿兴，等．湖北省湿地水禽资源研究[J]．自然资源学报，2004，19(3)：285～292．

[38] 葛继稳，蔡庆华，胡鸿兴，等．湖北省珍稀濒危保护水禽物种多样性及种群数量研究[J]．长江流域资源与环境，2005，14(1)：50～54．

[39] 葛继稳，蔡庆华，李建军，等．梁子湖水生植被1955～2001年间的演替[J]．北京林业大学学报，2004，26(1)：14～20．

[40] 葛继稳，蔡庆华，刘建康，等．湖北省湿地面临的威胁及原因分析．见：国际生物多样性计划中国委员会，中国科学院生物多样性委员会，国家环境保护部自然生态保护司，等主编．中国生物多样性保护与研究进展Ⅷ[M]．北京：气象出版社，2010，46～57．

[41] 葛继稳，蔡庆华，刘建康，等．梁子湖湿地植物多样性现状与保护[J]．中国环境科学，2003，23(5)：451～456．

[42] 葛继稳，胡鸿兴主编．湖北省黄梅龙感湖白头鹤自然保护区湿地资源调查成果报告[R]，1998年．

[43] 葛继稳，胡鸿兴主编．湖北省武汉沉湖珍稀湿地水禽自然保护区湿地资源调查成果报告[R]，1998年．

[44] 葛继稳，雷耘，杨敬元．湖北省国家珍稀濒危保护植物就地保护的研究[J]．华中师范大学学报（自然科学版），

1997，31(2)：213～219.

[45] 葛继稳，刘立德．湖北利川毛坝秃杉群落的初步研究．见：班继德，漆根深等著．鄂西植被研究[M]．武汉：华中理工大学出版社，1995，203～214.

[46] 葛继稳，梅伟俊，高发祥，等．湖北省林业系统自然保护区的调查与规划．见：王涛，金佩华，刘兆华主编．中国社会林业工程现状研究报告[M]．北京：北京科学技术出版社，2001，329～334.

[47] 葛继稳，梅伟俊，高发祥，等．三峡库区(湖北部分)珍稀濒危保护植物资源现状[J]．长江流域资源与环境，1999，8(4)：378～385.

[48] 葛继稳，梅伟俊，刘胜祥,等．梁子湖湿地自然保护区生物多样性研究[J]．湖北林业科技，2003，(s1)：38～43.

[49] 葛继稳，王希群，吴金清．湖北珍稀濒危野生保护植物物种多样性及其地理分布的研究[J]．湖北林业科技，1997，(1)：1～5.

[50] 葛继稳，吴金清，朱兆泉，等 湖北省珍稀濒危植物现状及其就地保护[J]．生物多样性，1998，6(3)：220～228.

[51] 葛继稳，张德春，高发祥．湖北省林业系统自然保护区现状调查与评价[J]．湖北林业科技，1998，(4)：24～28.

[52] 葛继稳，张如松主编．湖北省洪湖湿地资源调查成果报告[R]，1998年.

[53] 葛继稳．湖北珍稀濒危野生植物物种多样性就地保护之评议[J]．湖北林业科技，1998，(2)：6～11.

[54] 葛继稳主编．湖北梁子湖省级自然保护区总体规划(2001～2011)[R]，2001年8月.

[55] 葛继稳主编．湖北梁子湖自然保护区综合科学考察报告[R]，2001年8月.

[56] 葛继稳主编．湖北龙感湖自然保护区综总体规划(2002～2011)》[R]，2001年10月.

[57] 葛继稳主编．湖北七姊妹山自然保护区综合科学考察报告[R]，2001年10月.

[58] 葛继稳主编．湖北七姊妹山自然保护区总体规划(2002～2011)[R]，2001年10月.

[59] 龚明昊，蔺琛，葛继稳，等著．湖北十八里长峡自然保护区科学考察与研究[M]．北京：北京出版社，2011.

[60] 国家环境保护局．中国生物多样性国情研究报告[M]．北京：中国环境科学出版社，1998.

[61] 国家环境保护总局．全国自然保护区发展规划(2006～2020年)(征求意见稿)[R]，2005年12月.

[62] 国家林业局《湿地公约》履约办公室编译．湿地公约履约指南[M]．北京：中国林业出版社，2001.

[63] 国家林业局等编制．中国湿地保护行动计划[M]．北京：中国林业出版社，2000.

[64] 国家林业局调查规划设计院，湖北堵河源自然保护区管理局．湖北堵河源自然保护区总体规划(2011～2020)[R]，2010年12月.

[65] 国家林业局调查规划设计院，湖北九宫山自然保护区管理局．湖北九宫山自然保护区总体规划(2004～2013)[R]，2004年3月.

[66] 国家林业局调查规划设计院，湖北三峡大老岭山自然保护区管理局(刘增力主编)．湖北三峡大老岭自然保护区总体规划(2011～2020)[R]，2010年12月.

[67] 国家林业局调查规划设计院，湖北神农架国家级自然保护区管理局．湖北神农架国家级自然保护区总体规划(2003～2012)[R]，2003年3月.

[68] 国家林业局调查规划设计院，湖北十八里长峡自然保护区管理局．湖北十八里长峡自然保护区总体规划[R]．2011年7月.

[69] 国家林业局调查规划设计院，湖北五峰后河国家级自然保护区管理局．湖北五峰后河国家级自然保护区总体规划(2001～2010)[R]，2000年9月.

[70] 国家林业局林产工业规划设计院．湖北大别山自然保护区科学考察报告[R]，2011年6月.

[71] 国家林业局林产工业规划设计院．湖北大别山自然保护区总体规划(2011～2020)[R]，2011年6月.

[72] 何飞，隆廷伦，刘兴良，等．保护植物润楠资源现状及分类学地位探讨[J]．四川林业科技，2012，33(5)：29～30.

[73] 胡鸿兴，葛继稳主编．湖北龙感湖自然保护区综合科学考察报告[R]，2001年10月.

[74] 胡鸿兴，关鸿亮．洪湖湿地水禽物种多样性及环境影响评价．见：中国鸟类学会水鸟组．中国水鸟研究[M]．上

海：华东师范大学出版社，1994，129～134.

[75] 胡鸿兴，万晖．湖北鸟兽多样性及保护研究[M]．武汉：武汉大学出版社，1995.

[76] 胡慧建，王忠锁，吕偲．恢复长江中游通江湖泊的可行性研究及其示范点的选择[R]，2003年.

[77] 湖北省环境保护局．湖北省自然保护区规划[R]，1995年7月.

[78] 湖北省环境保护局．湖北省自然保护区发展规划(1998—2010)[R]，1998年11月.

[79] 湖北省环境保护厅，中国地质大学(武汉)，华中师范大学．湖北省自然保护区发展规划(2011～2020)[R]，2011年9月.

[80] 湖北省林业勘察设计院，十堰市林业局．湖北丹江口湿地自然保护区总体规划[R]，2005年5月.

[81] 湖北省林业厅，湖北省水产局，湖北省野生动物保护协会．湖北省重点保护野生动物图谱[M]．武汉：湖北科学技术出版社，1996.

[82] 湖北省林业厅．湖北省林业系统自然保护区规划(1997—2010)[R]，1997年.

[83] 湖北省林业厅．湖北省林业系统自然保护区建设规划(1998—2030)[R]，1998年.

[84] 湖北省林业厅．湖北省野生动植物保护工程建设规划(1998—2030)[R]，1998年7月.

[85] 湖北省人民政府．2006—2020年湖北省土地利用总体规划[R]，2009年3月.

[86] 湖北省水产科学研究所，湖北省咸丰县水利水产局．湖北省咸丰忠建河大鲵自然保护区综合科学考察报告[R]，2009年3月.

[87] 湖北省统计局，国家统计局湖北调查总队．湖北省2012年国民经济和社会发展统计公报[R]，2013年3月.

[88] 湖北省野生动植物保护总站，丹江口市林业局．湖北五朵峰自然保护区综合科学考报告[R]，2012年11月.

[89] 湖北省野生动植物保护总站，丹江口市林业局．湖北五朵峰自然保护区总体规划[R]，2012年11月.

[90] 湖北省野生动植物保护总站，湖北大学资源环境学院．湖北八卦山自然保护区科学考察报告[R]，2012年10月.

[91] 湖北省野生动植物保护总站，湖北大学资源环境学院．湖北八卦山自然保护区总体规划(2012—2021)[R]，2012年10月.

[92] 湖北省野生动植物保护总站，湖北大学资源与环境学院，华中师范大学生命科学学院，等．湖北涨渡湖自然保护区综合科学考察报告[R]，2008年3月.

[93] 湖北省野生动植物保护总站，湖北大学资源与环境学院，华中师范大学生命科学学院，等．湖北涨渡湖自然保护区总体规划[R]，2008年3月.

[94] 湖北省野生动植物保护总站，湖北三峡大老岭山自然保护区管理局(葛继稳，庹德政主编)．湖北三峡大老岭自然保护区综合科学考察报告[R]，2004年12月.

[95] 湖北省野生动植物保护总站，湖北生态工程职业技术学院，湖北省团风县林业局．湖北大崎山自然保护区综合科学考报告[R]，2012年8月.

[96] 湖北省野生动植物保护总站，湖北生态工程职业技术学院，湖北省团风县林业局．湖北大崎山自然保护区总体规划(2012～2021)[R]，2012年8月.

[97] 湖北省野生动植物保护总站，湖北省长阳土家族自治县林业局，湖北崩尖子自然保护区管理局(石道良，梅浩主编)．湖北崩尖子自然保护区综合科学考察报告[R]，2006年10月.

[98] 湖北省野生动植物保护总站，湖北省长阳土家族自治县林业局，湖北崩尖子自然保护区管理局(石道良，梅浩主编)．湖北崩尖子自然保护区总体规划[R]，2006年10月.

[99] 湖北省野生动植物保护总站，湖北省谷城县林业局，湖北南河自然保护区管理局(蒲云海主编)．湖北南河自然保护区总体规划(2009～2018)[R]，2008年3月.

[100] 湖北省野生动植物保护总站，湖北省谷城县林业局，中国科学院武汉植物园，等(朱兆泉，蒲云海主编)．湖北南河自然保护区综合科学考察报告[R]，2008年3月.

[101] 湖北省野生动植物保护总站，湖北省南漳县林业局，湖北漳河源自然保护区管理局(蒲云海主编)．湖北漳河源自

然保护区总体规划(2011~2010)[R]，2010 年 12 月.

[102] 湖北省野生动植物保护总站，湖北省阳新县林业局，湖北网湖自然保护区管理局 . 湖北网湖自然保护区总体规划 (2005~2014)[R]，2005 年 3 月.

[103] 湖北省野生动植物保护总站，湖北省宜昌市林业局，湖北三峡大老岭山自然保护区管理局(葛继稳，庹德政主编). 湖北三峡大老岭省级自然保护区总体规划(2005~2014)[R]，2004 年 12 月.

[104] 湖北省野生动植物保护总站，湖北阳新县林业局，湖北网湖自然保护区管理局(朱兆泉，石道良主编). 网湖生物多样性——网湖自然保护区科学考察报告[R]，2005 年 3 月.

[105] 湖北省野生动植物保护总站，华中师范大学生命科学学院，湖北大学资源与环境学院，等 . 湖北上涉湖自然保护区综合科学考察报告[R]，2012 年 8 月.

[106] 湖北省野生动植物保护总站，华中师范大学生命科学学院，湖北大学资源与环境学院，等 . 湖北上涉湖自然保护区总体规划(2012~2021)[R]，2012 年 8 月.

[107] 湖北省野生动植物保护总站，武汉市蔡甸区林业局，湖北沉湖湿地省级自然保护区管理局 . 湖北沉湖湿地省级自然保护区总体规划(2011~2020)(修编)[R]，2010 年 10 月.

[108] 湖北省野生动植物保护总站，中国科学院武汉植物园，中南林业科技大学，等(朱兆泉，石道良主编). 湖北五龙河自然保护区综合科学考察报告[R]，2010 年 12 月.

[109] 湖北省野生动植物保护总站 . 湖北省国家重点保护野生植物调查报告[R]，2001 年 5 月.

[110] 湖北省野生动植物保护总站 . 湖北省湿地资源调查报告[R]，2000 年 11 月.

[111] 华元渝，陈佩薰 . 葛洲坝枢纽建成后宜昌—城陵矶河段变化对白鱀豚影响的调查[J]. 水产学报，1992，16(4)：322~329.

[112] 华元渝，张建，章贤，等 . 白鱀豚种群现状、致危因素及保护策略的研究[J]. 长江流域资源与环境，1995，4(1)：45~51.

[113] 华中师范大学，湖北省野生动植物保护总站(刘胜祥，梅伟俊主编). 湖北丹江口湿地省级自然保护区科学考察报告[R]，2003 年 10 月.

[114] 华中师范大学生命科学学院，恩施州林业勘察规划设计院，湖北咸丰县林业局 . 湖北二仙岩湿地自然保护区综合科学考察报告[R]，2007 年 3 月.

[115] 江明喜，吴金清，葛继稳 . 神农架南坡送子园珍稀植物群落的区系及生态特征研究[J]. 武汉植物学研究，2000，18(5)：368~374.

[116] 雷艳辉，葛继稳，吴兆俊 . 湖北省水生维管植物区系研究 . 见：中国环境科学学会 . 第十三届世界湖泊大会论文集(下卷)[M]. 北京：中国农业大学出版社，2010，1729~1735.

[117] 雷耘，刘胜祥，杨福生，等 . 长江新螺段白鱀豚国家级自然区湿地植物区系分析[J]. 华中师范大学学报(自然科学版)，1998 专辑：80~84.

[118] 李承龄，江永生 . 洪湖十年野鸭捕获量分析[J]. 中山大学学报论丛，1995，(3)：120~123.

[119] 李建华 . 中国特产的水杉群落[D]. 华中师范大学硕士学位论文，1987.

[120] 李树刚，韦发南 . 楠木名称考订[J]. 广西植物，1988，8(4)：297~300.

[121] 李伟，程玉 .(洪湖)水生高等植物 . 见：陈宜瑜，徐蕴玕等著 . 洪湖水生生物及其资源开发[M]. 北京：科学出版社，1995，44~63.

[122] 刘家武，吴发清，何定富，等 . 湖北七姊妹山自然保护区兽类资源初步研究[J]. 华中师范大学学报(自然科学版)，2002，36(4)：503~507.

[123] 刘家武，吴法清，葛继稳，等 . 湖北省七姊妹山自然保护区华南虎考察初报[J]. 华中师范大学学报(自然科学版)，2002，36(2)：213~216.

[124] 刘仁俊，赵庆中，张国成，等 . 长江中下游江豚种群现状及评价[J]. 兽类学报，1993，13(4)：260~270.

[125] 卢建利，吴法清，刘胜祥，等．湖北省两栖类种的新记录——仙琴水蛙[J]．动物研究，2006，27(6)：594.

[126] 彭亚军，彭光银，彭丹．长江新螺段白鱀豚国家级自然保护区河流湿地植被研究[J]．华中师范大学学报(自然科学版)，1998专辑：85～91.

[127] 蒲云海，曹国斌主编．湖北大别山自然保护区综合科学考察报告[R]，2004年12月.

[128] 蒲云海，曹国斌主编．湖北大别山自然保护区总体规划(2005～2014)[R]，2004年12月.

[129] 蒲云海，曹国斌主编．湖北五道峡自然保护区综合科学考察报告[R]，2004年12月.

[130] 蒲云海，曹国斌主编．湖北五道峡自然保护区总体规划(2005～2014)[R]，2004年12月.

[131] 蒲云海，石道良主编．湖北堵河源自然保护区综合科学考察报告[R]，2002年12月.

[132] 蒲云海，石道良主编．湖北堵河源自然保护区总体规划[R]，2002年12月.

[133] 蒲云海，文安良，石道良主编．湖北沉湖湿地自然保护区总体规划(2005～2014)[R]，2005年5月.

[134] 秦伟，刘胜祥，梅伟俊，等．湖北省湿地保护研究[J]．湖北林业科技，2003，(3)：11～15.

[135] 神农架林区林业管理局，神农架大九湖国家级湿地公园管理局，中国科学院测量与地球物理研究所，等．湖北省神农架大九湖省级自然保护区综合科学考察报告[R]，2007年5月.

[136] 神农架林区林业勘察设计院．湖北省神农架大九湖省级自然保护区总体规划[R]，2007年5月.

[137] 十堰市林业勘察设计院．湖北赛武当自然保护区总体规划[R]，2001年9月.

[138] 水利部中国科学院水工程生态研究所．长江中游荆江河段行道整治工程对长江天鹅洲白鱀豚国家级自然保护区影响评价专题报告[R]，2011年12月.

[139] 四川生物所两栖爬行室(费梁，叶昌媛)．湖北西部两栖动物初步调查报告[J]．两栖爬行动物研究资料(第3辑)，1976，18～23.

[140] 四川生物所两栖爬行室(赵尔宓，江耀明)．湖北省西部爬行动物初步调查[J]．两栖爬行动物研究资料(第3辑)，1976，49～53.

[141] 宋朝枢，刘胜祥主编．湖北后河自然保护区科学考察集[M]．北京：中国林业出版社，1999.

[142] 苏化龙，马强，林英华．三峡库区陆栖野生脊椎动物监测与研究[M]．北京：中国水利水电出版社，2007，158～171，258～276.

[143] 索建中，周友兵，江广华，等．湖北省发现两栖类新纪录：细痣疣螈[J]．动物学杂志，2007，42(4)：7.

[144] 庹德政，朱兆泉，文安良，等编．湖北野人谷自然保护区科学考察报告[R]，2005年8月.

[145] 汪正祥，朱兆泉，王立志，等著．湖北漳河源自然保护区生物多样性及其保护研究[M]．北京：科学出版社，2008.

[146] 汪正祥，蔡德军，湖北五道峡自然保护区生物多样性及其保护研究[M]．北京：中国林业出版社，2013.

[147] 王茜茜，葛继稳，李炜，等．湖北省自然保护区建设现状及空缺分析[J]．环境科学与技术，2010，33(4)：190～195.

[148] 王茜茜，葛继稳，徐鑫磊．湖北省国家重点保护野生动物就地保护现状及分析．见：国际生物多样性计划中国委员会，中国科学院生物多样性委员会，国家环境保护部自然生态保护司，等主编．中国生物多样性保护与研究进展Ⅷ[M]．北京：气象出版社，2010，249～256.

[149] 王青峰，葛继稳主编．湖北九宫山自然保护区生物多样性及其保护[M]．北京：中国林业出版社，2002.

[150] 王卫民，杨干荣，樊启学，等．梁子湖水生植被[J]．华中农业大学学报，1994，13(2)：281～290.

[151] 王希群，马履一，郭宝香，等．水杉的保护历程和存在的问题[J]．生物多样性，2004，12(3)：377～385.

[152] 王应祥．中国哺乳动物种和亚种分类名录与分布大全[M]．北京：中国林业出版社，2003.

[153] 文安良，曹国斌主编．湖北沉湖湿地自然保护区综合科学考察报告[R]，2005年5月.

[154] 吴兆俊，葛继稳，雷艳辉．湖北省水生维管植物优先保护顺序研究．见：中国环境科学学会．第十三届世界湖泊大会论文集(下卷)[M]．北京：中国农业大学出版社，2010，1746～1739.

[155] 武汉大学，武汉市汉南农(林)局．武汉市汉南区武湖自然保护区综合科学考察报告及总体规划[R]，2007 年 7 月．

[156] 徐鑫磊，葛继稳，王茜茜．湖北省国家重点保护野生植物的地理分布．见：国际生物多样性计划中国委员会，中国科学院生物多样性委员会，国家环境保护部自然生态保护司，等主编．中国生物多样性保护与研究进展Ⅷ[M]．北京：气象出版社，2010，243～248．

[157] 徐鑫磊，葛继稳，王茜茜．湖北省国家重点保护野生植物就地保护空缺研究[J]．安徽农业科学，2009，37(7)：3134～3136．

[158] 杨健，张先锋，魏卓，等．湖北天鹅洲故道试养江豚生活习性的初步研究[J]．兽类学报，1995，15(4)：254～258．

[159] 杨健．从生物多样性论白鱀豚的保护[J]．环境科学与技术，1993，(2)：40～42．

[160] 杨其仁，戴宗兴．湖北省两栖爬行类新记录[J]．华中师范大学学报(自然科学版)，1999，33(4)：590～591．

[161] 杨其仁，王小立，吴发清，等．1996～1997 年洪湖湿地鸟类调查报告[J]．华中师范大学学报(自然科学版)，1999，33(2)：263～265．

[162] 易慕荣，张汉华，余炳辉，等．长江天鹅洲白鱀豚国家级自然保护区的建设及管理[J]．华中师范大学学报(自然科学版)，1998 专辑：12～17．

[163] 英国 WWT 咨询有限公司，乌邦寺，布里斯托尔动物园．湖北石首麋鹿国家级自然保护区总体规划 2011～2026[R]，2011 年．

[164] 于长青，刘少英，冉江红，等．三峡库区两栖爬行类．见：肖文发，李建文，于长青，等．长江三峡库区陆生动植物生态[M]．重庆：西南师范大学出版社，2000，296～303．

[165] 于丹，葛雷，易慕荣，等．长江天鹅洲白鱀豚国家级自然区鱼类资源及其生态功能评价[J]．华中师范大学学报(自然科学版)，1998 专辑：21～29．

[166] 余志堂，邓中粦，许蕴玕，等．葛洲坝枢纽修建后长江四大家鱼产卵场的现状及工程对家鱼繁殖影响的评价．见：易伯鲁，余志堂，梁轶燊等．水利枢纽建设与渔业生态研究专集——葛洲坝水利枢纽与长江四大家鱼[M]．武汉：湖北科学技术出版社，1988，42～51．

[167] 张汉华，易慕荣，高立方，等．长江天鹅洲白鱀豚国家级自然保护区鱼类资源及其生态作用浅析[J]．华中师范大学学报(自然科学版)，1998 专辑：30～35．

[168] 张圣照，窦鸿身，姜加虎．龙感湖水生植被[J]．湖泊科学，1996，8(2)：161～166．

[169] 张先锋，魏卓，王小强，等．建立长江天鹅洲白鱀豚自然保护区的可行性研究[J]．水生生物学报，1995，19(2)：110～123．

[170] 赵学刚．湖北省黄梅县龙感湖越冬白头鹤调查简报[J]．动物学杂志，1992，27(2)：58．

[171] 郑重．湖北植物大全[M]．武汉：武汉大学出版社，1993．

[172] 中国地质大学(武汉)，湖北药姑山自然保护区管理局．湖北药姑山自然保护区总体规划(2012～2022)[R]，2012 年 11 月．

[173] 中国地质大学(武汉)，武汉大学，湖北省通城县环境保护局．湖北药姑山自然保护区综合科学考察报告R]，2012 年 11 月．

[174] 中国科学院水生生物研究所洪湖课题研究组．洪湖水体生物生产力综合开发及湖泊生态环境优化研究[M]．北京：海洋出版社，1991．

[175] 中国科学院水生植物研究所，WWF，石首天鹅洲湿地保护管理委员会．天鹅洲长江故道湿地保护总体规划预研究[R]，2004 年 6 月．

[176] 中国水产科学研究院，湖北省水产科学研究所．湖北省咸丰忠建河大鲵自然保护区总体规划(2009～2013)[R]，2009 年 3 月．

[177] 中国自然资源丛书编撰委员会．中国自然资源丛书：湖北卷[M]．北京：中国环境科学出版社，1995．

[178] 周开亚，钱伟娟，李悦民．白鱀豚的分布调查[J]．动物学报，1977，23(1)：72～79．

湖北省自然保护区现状分布图

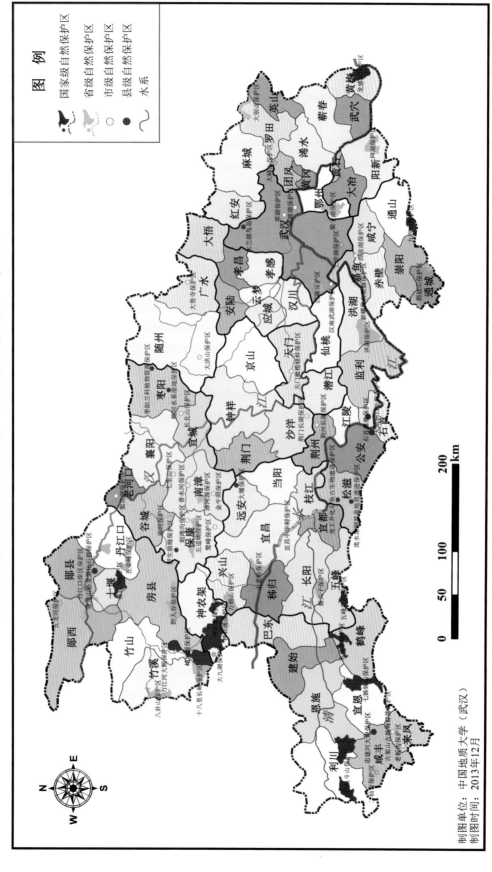

制图单位：中国地质大学（武汉）
制图时间：2013年12月

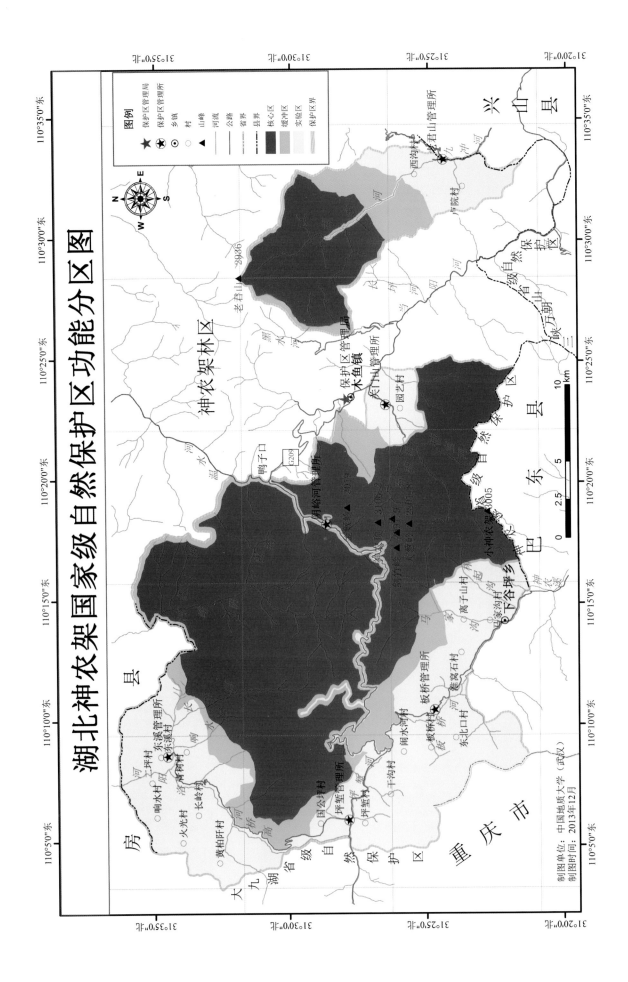

湖北神农架国家级自然保护区功能分区图

图例

保护区管理局
保护区管理所
乡镇
村
山峰
河流
公路
省界
县界
核心区
缓冲区
实验区
保护区界

制图单位：中国地质大学（武汉）
制图时间：2013年12月

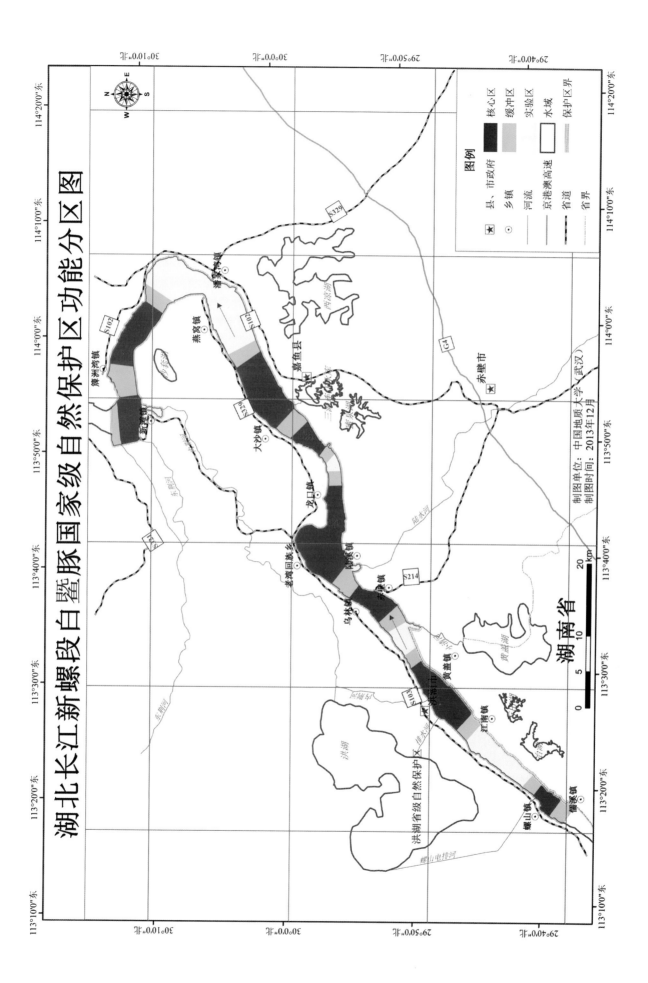

湖北长江新螺段白鱀豚国家级自然保护区功能分区图

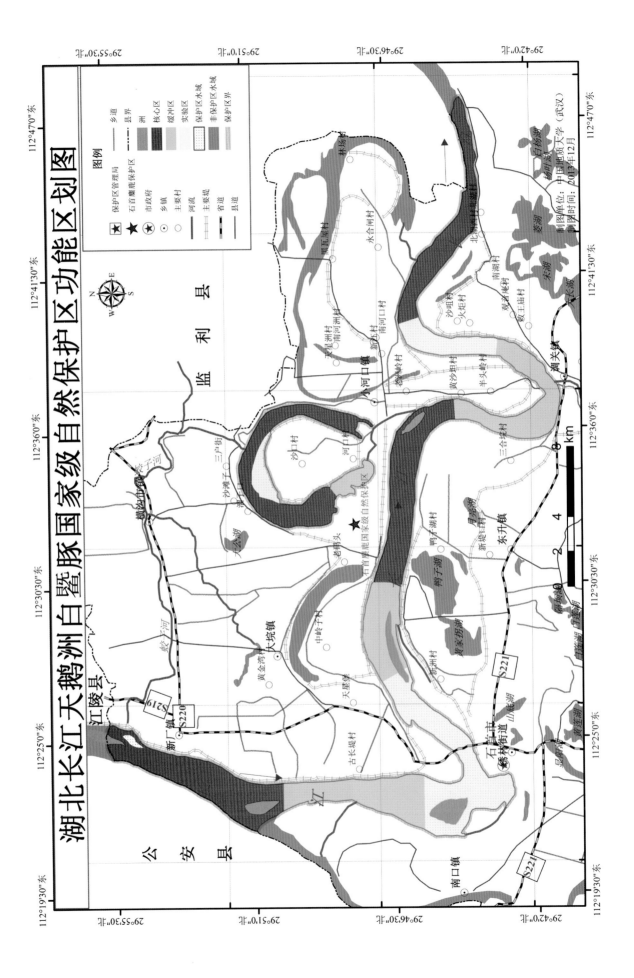

湖北长江天鹅洲白鱀豚国家级自然保护区功能区划图

图例

保护区管理局　　乡道
石首麋鹿保护区　　县界
市政府　　洲
乡镇　　核心区
主要村　　缓冲区
河流　　实验区
主要堤　　保护区水域
省道　　非保护区水域
县道　　保护区界

江陵县

监　　利　　县

公　安　县

石首市

制图单位：中国地质大学（武汉）
制图时间：2013年12月

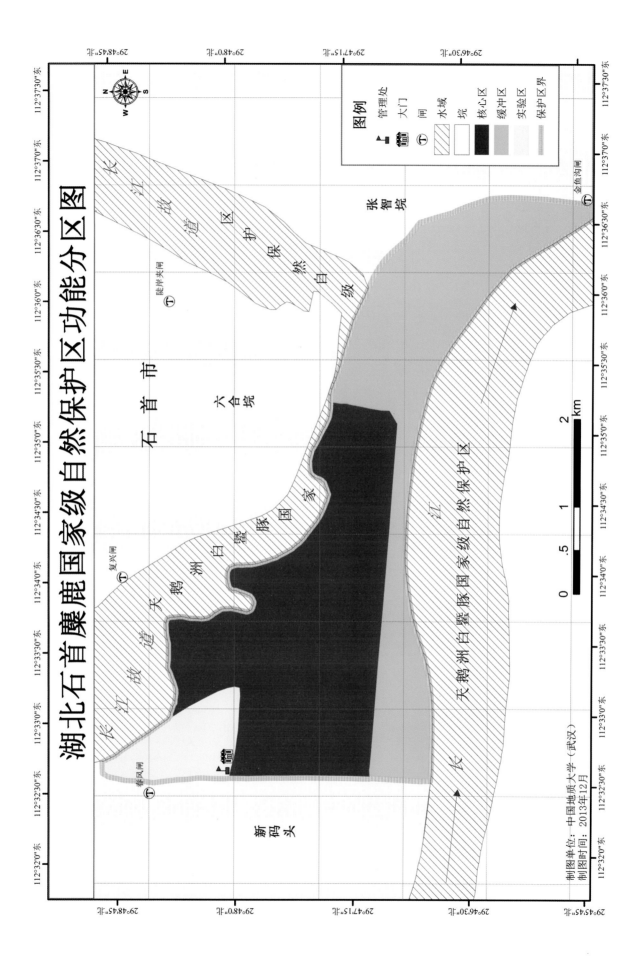

湖北石首麋鹿国家级自然保护区功能分区图

图例
- 管理处
- 大门
- 闸
- 水域
- 垸
- 核心区
- 缓冲区
- 实验区
- 保护区界

长江故道区自然保护

金鱼沟闸

张智垸

陆岸夹闸

石首市

六合垸

复兴闸

天鹅洲白鱀豚国家

长江故道

春风闸

新码头

天鹅洲白鱀豚国家级自然保护区

长江

0 .5 1 2 km

制图单位：中国地质大学（武汉）
制图时间：2013年12月

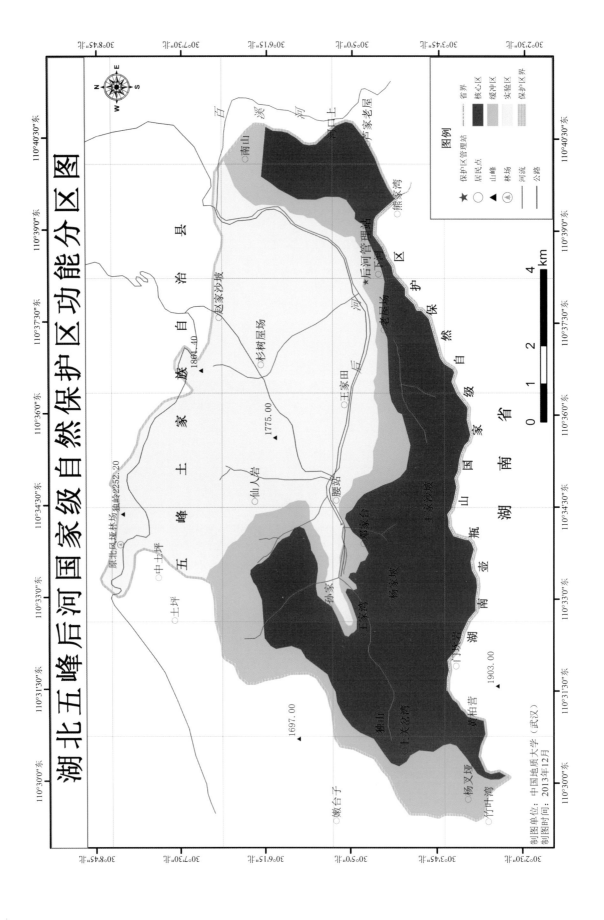

湖北五峰后河国家级自然保护区功能分区图

图例

☆ 保护区管理站	—— 省界	核心区
○ 居民点	—— 山峰	缓冲区
▲ 山峰	—— 河流	实验区
◎ 林场	—— 公路	保护区区界

km
0 1 2 4

南山 百溪 溪河 洞口上 卢家老屋
熊家湾
后河管理站
后河 老屋场
赵家沙坡
杉树屋场 王家田后
1864.40
土坪 仙人岩 腰站
1775.00 邓家台
中土坪 孙家
鹰北风垭林场海拔2252.20 王家湾 杨家坡 王家沙坡
嫩台子 鸡公岩
1697.00 关庙湾
狮山 1903.00
杨叉坪 黄柏营
竹叶湾

五峰土家族自治县

湖南省石门县 湖南壶瓶山国家级自然保护区

制图单位：中国地质大学（武汉）
制图时间：2013年12月

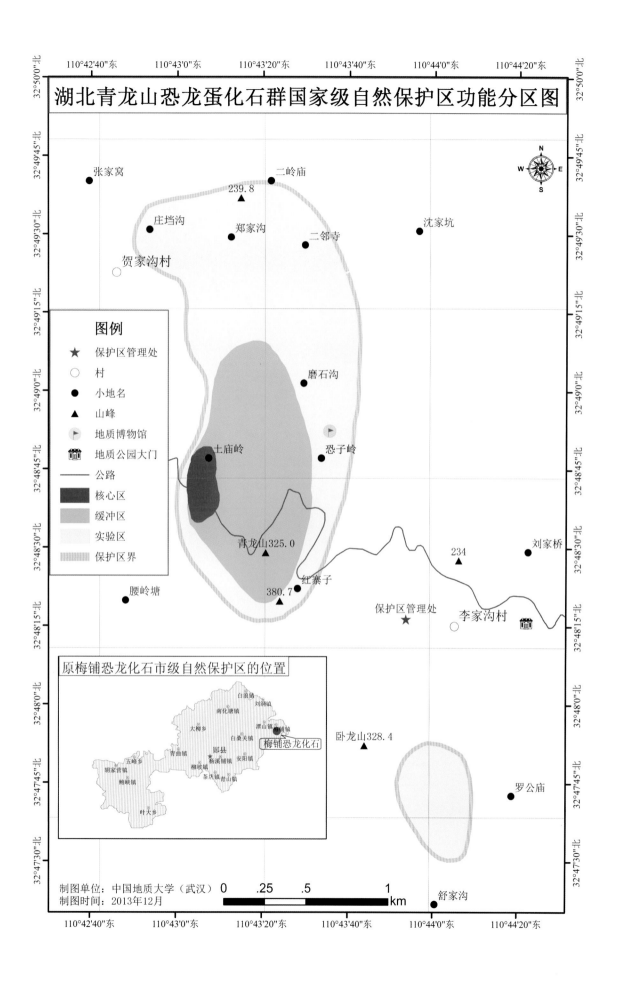

湖北青龙山恐龙蛋化石群国家级自然保护区功能分区图

图例

★ 保护区管理处
○ 村
● 小地名
▲ 山峰
► 地质博物馆
🏛 地质公园大门
— 公路
■ 核心区
▨ 缓冲区
▦ 实验区
░ 保护区界

张家窝
二岭庙
239.8 ▲
庄垱沟
郑家沟
二邻寺
沈家坑
贺家沟村
磨石沟
土庙岭
恐子岭
青龙山 325.0 ▲
红寨子
234 ▲
刘家桥
腰岭塘
380.7 ▲
保护区管理处 ★
李家沟村 🏛

原梅铺恐龙化石市级自然保护区的位置

白浪镇
刘洞镇
南化塘镇
大柳乡
潭山镇
白桑关镇
青曲镇
郧县
安阳镇
五峰乡
杨溪铺镇
柳坡镇
湖家营镇
茶店镇 青山镇
鲍峡镇
叶大乡
梅铺恐龙化石

卧龙山 328.4 ▲
罗公庙

制图单位：中国地质大学（武汉）
制图时间：2013年12月

0   .25   .5   1
km

舒家沟

湖北星斗山国家级自然保护区功能分区图

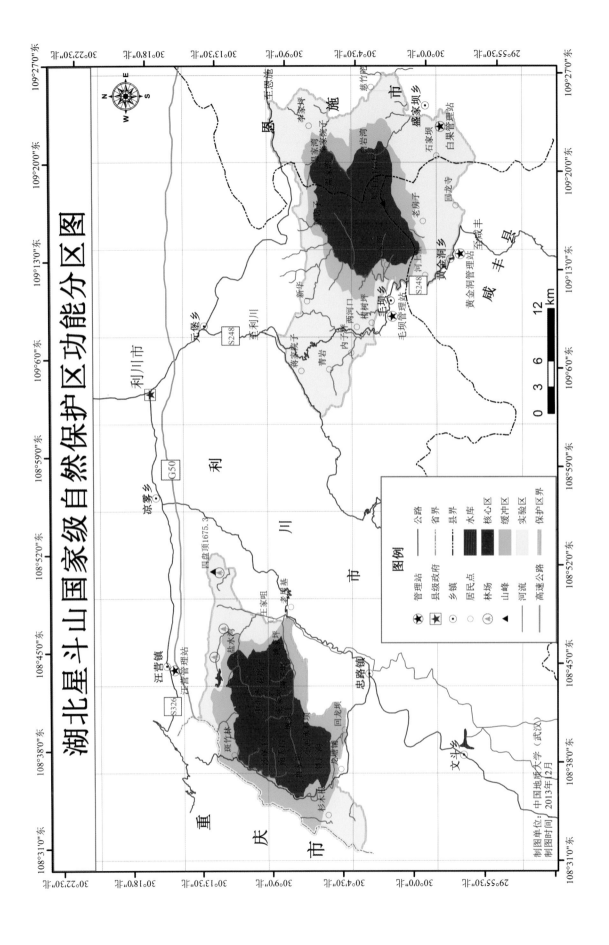

图例

★	管理站	——	公路
★	县级政府	-----	省界
⊙	乡镇	·-·-·	县界
○	居民点		水库
▲	林场		核心区
▲	山峰		缓冲区
	河流		实验区
	高速公路		保护区界

0　3　6　　12 km

制图单位：中国地质大学（武汉）
制图时间：2013年12月

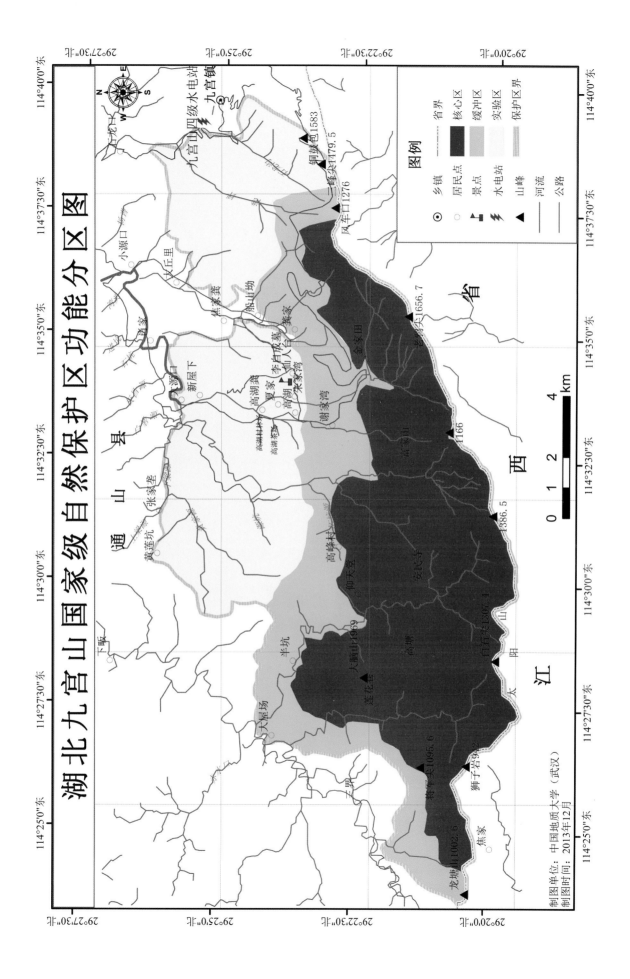

湖北九宫山国家级自然保护区功能分区图

制图单位：中国地质大学（武汉）
制图时间：2013年12月

湖北七姊妹山国家级自然保护区功能分区图

恩施市

椿木营乡

S233

大卧龙
杉树堡
王家山
花果坪
神农坡
巴山溪

长潭河侗族乡

清水河
X206

斑竹园　火烧堡2014.5
火烧坪

黄柏营

溪水坝杨家湾
麻山坡
后坝

茶叶坪
纹子坡

康家湾
芦家界
姚家台马家溪

堰塘坪
顺坪药材场河西
罗鼓圈

西河口
大尖山　城墙崖

新界芽

田石湾

刘家屋场

坪家坪
车湾

大干溪

烧把岩
十二台

鹤

谭家湾长湾

五架山
马寨岭

鸡公界
观音坪
马上溪
矿铜堡

高家二台

高荒坪
王家湾
梯杨台

洗马坪
庙沟

茶园

蒋家长湾
杨家坪

峰

大界
九坝

三眼泉
药铺

三岔口
高家垭

县

花塔子

坛子洞

文家河

头道水
杨家堡
沙坪

席家河

芦茅湾

大关山

李家垭

太平乡

梁家坡

周家湾
三叉湾
分水岭林场

长安昔
沙园　S325

倒流水　老岔口

邓家湾　窑厂场

大雪场

雪落寨林场

王家坡
鸡冠岩

张家湾舒家湾

湖

苏家坡

南

四家田
龙潭河

张家垭
狮子岩

八

白果坝
茶树堡

一碗水

大

娇顶山
薛家老山

公

庙湾
刘家店

山

老蓬山

国

风斗

级

护保然自

湖　南　省

图例

⊙	乡镇	-··-··-	县界
○	村		核心区
▲	林场		缓冲区
▲	山峰		实验区
	河流		保护区界
	公路		
-·-·-	省界		

制图单位：中国地质大学（武汉）
制图时间：2013年12月

0　2　4　8
km

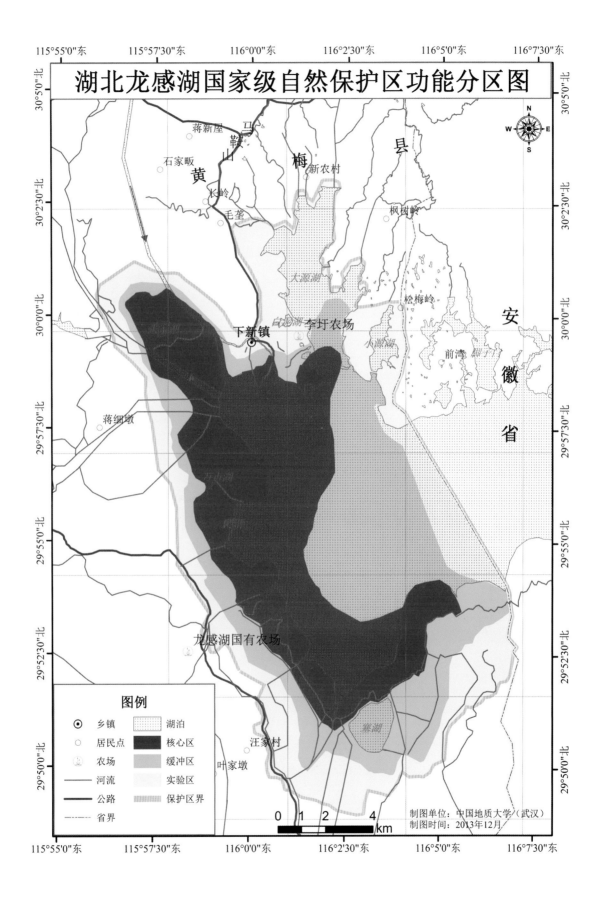

湖北龙感湖国家级自然保护区功能分区图

蒋新屋
马鞍山
石家畈
黄
长岭
毛垒
梅
新农村
县
枫树岭
N
W — E
S

30°50'0"北
30°2'30"北
30°0'0"北
29°57'30"北
29°55'0"北
29°52'30"北
29°50'0"北

大源湖
白泊湖
下新镇
李圩农场
小源湖
松梅岭
前湾
安
徽
省

太湖
蒋细墩
方海湖
龙感湖国有农场
寨湖
汪家村
叶家墩

图例

◉	乡镇	░	湖泊
○	居民点	■	核心区
⚐	农场	▨	缓冲区
—	河流	▨	实验区
—	公路	▨	保护区界
-·-	省界		

0 1 2   4
km

制图单位：中国地质大学（武汉）
制图时间：2013年12月

115°55'0"东 115°57'30"东 116°0'0"东 116°2'30"东 116°5'0"东 116°7'30"东

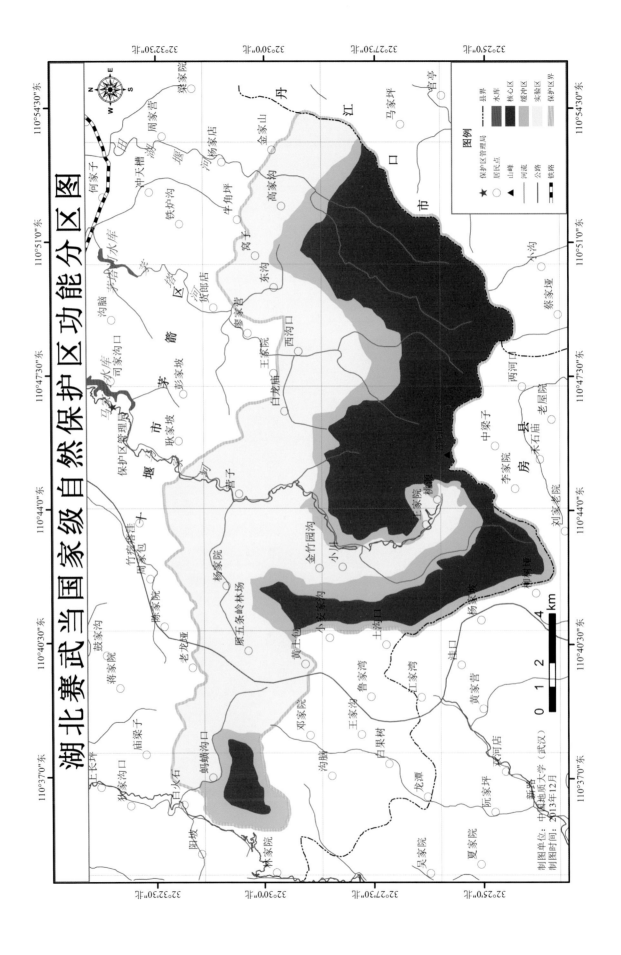

湖北赛武当国家级自然保护区功能分区图

制图单位：中国地质大学（武汉）
制图时间：2013年12月

图例

县界
水库
核心区
缓冲区
实验区
保护区界

保护区管理局
居民点
山峰
河流
公路
铁路

0 1 2   4
km

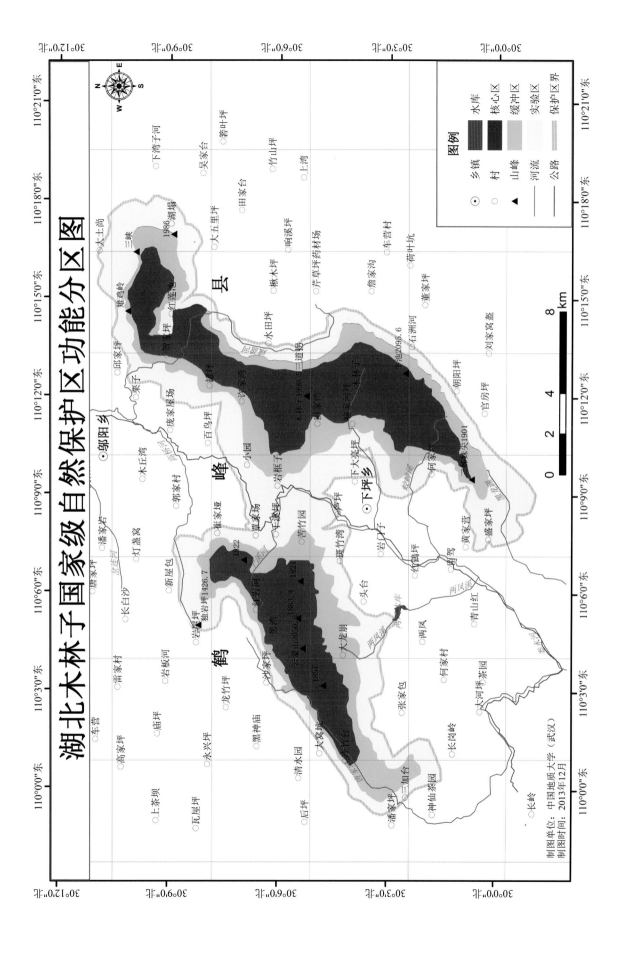

湖北木林子国家级自然保护区功能分区图

制图单位：中国地质大学（武汉）
制图时间：2013年12月

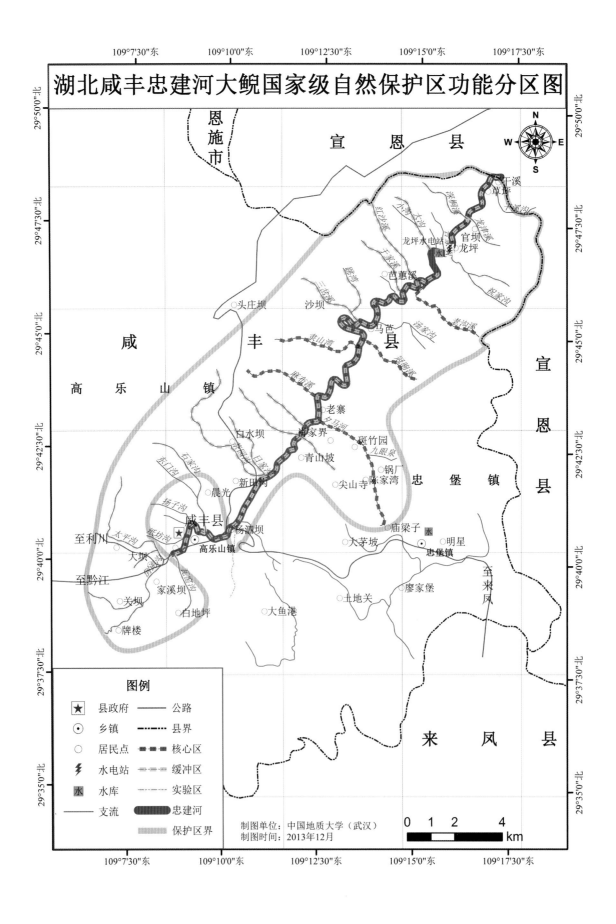

湖北咸丰忠建河大鲵国家级自然保护区功能分区图

图例

★ 县政府	—— 公路
⊙ 乡镇	—·—·— 县界
○ 居民点	▪▪▪▪ 核心区
⚡ 水电站	┄┄┄ 缓冲区
水 水库	——— 实验区
—— 支流	▰▰ 忠建河
	保护区界

制图单位：中国地质大学（武汉）
制图时间：2013年12月

0 1 2 4 km

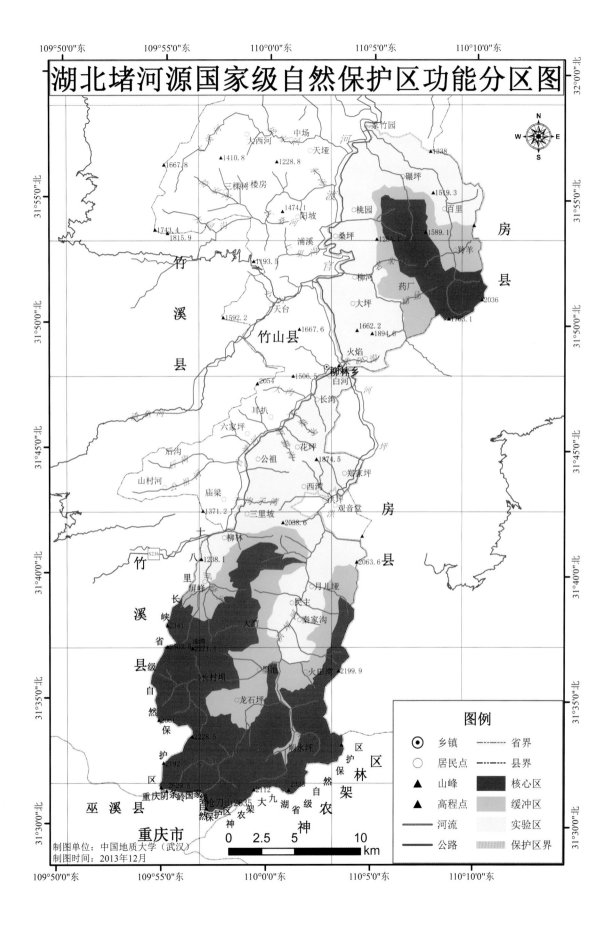

湖北堵河源国家级自然保护区功能分区图

制图单位：中国地质大学（武汉）
制图时间：2013年12月

图例

符号	说明
⊙	乡镇
○	居民点
▲	山峰
▲	高程点
——	河流
——	公路
-----	省界
--·--	县界
■	核心区
▨	缓冲区
□	实验区
▦	保护区界

湖北万江河大鲵省级自然保护区功能分区图

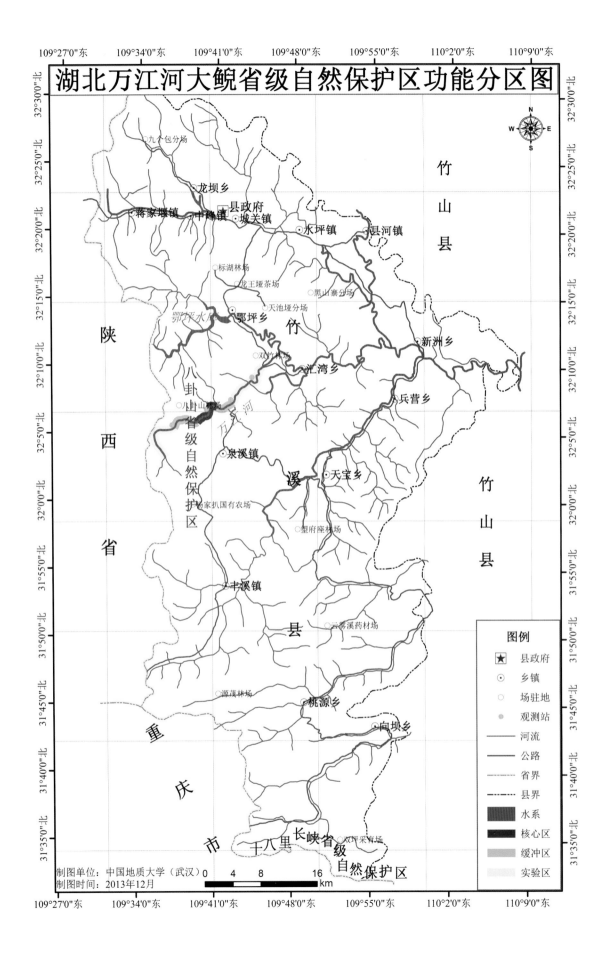

图例

★ 县政府
⊙ 乡镇
○ 场驻地
● 观测站
—— 河流
—— 公路
—·—· 省界
—··— 县界
▬ 水系
▬ 核心区
▬ 缓冲区
▬ 实验区

制图单位：中国地质大学（武汉）
制图时间：2013年12月

0 4 8 16
km

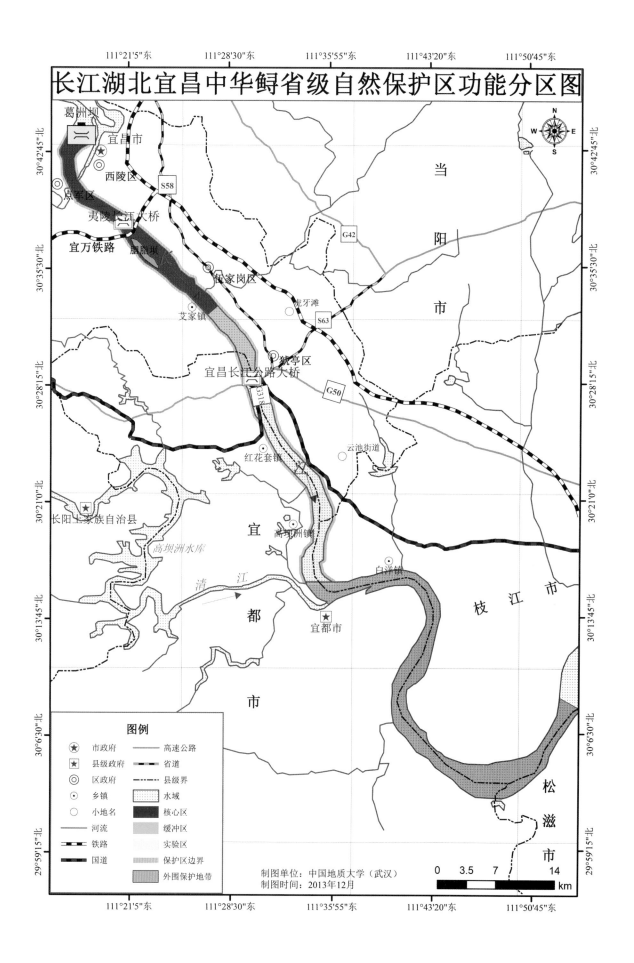

长江湖北宜昌中华鲟省级自然保护区功能分区图

湖北洪湖湿地省级自然保护区功能区划图

113°15'0"东 113°18'50"东 113°22'40"东 113°26'30"东

30°10'0"北 30°10'0"北

洪　　　　湖　　　　市

汉河镇

沙口镇

秦家台　　刘家台　郭家岭　董家墩　瓦屋墩　　　张家台

周家墩

29°57'50"北　　　　　　　　　　　　　　　　陈家墩邓家墩　　　　　汉沙河　　　　钱家湾　29°57'50"北
殷家墩
甘家岭　新墩　　　　　　　　　　　　　　　　　　　　　　　　　　小港镇
刘家老墩　谢家墩　　　　　　　　　　　　　　　　　　　　　小港保护站
陈家岭　　汉沙河　张家墩　董家大墩
六屋墩　　　　　　周家墩
29°54'40"北　　新民渔场　　　　　　　　　　　　周家湾　　　　　　　　　　29°54'40"北
三星墩　产家墩
骆家湾　　　　　　　　　张家坊

洪　　　湖

龚家后墩　　　曾家墩　　　　　　　王家墩
茶坛
29°51'30"北　　　　　　　　　　　　　　　　　　　　　　29°51'30"北

监
利　　　　　　　　　　　　　　　　　　袁家墩
县
管理局洪湖市
东港渔场
29°48'20"北　　　　　　　　　　　盛家墩　新堤保护站　　29°48'20"北

桐梓湖保护站
余瓦屋墩
胡家墩
三垸知青农场
29°45'10"北　　　　　　　　　颜家墩　单家墩　　　　29°45'10"北
桥市养殖场　　　　刘家墩蒋家墩
魏家墩
戴家墩
吴家墩
张家墩
徐家墩　　　　　　　湖　南　省
龚家湾
29°42'20"北　　　　　　　　　　　　　　　　　　29°42'20"北

螺山镇

0　2　4　8 km

制图单位：中国地质大学（武汉）
制图时间：2013年12月

图例

★ 市政府	---- 省界	
★ 保护区管理局	-·- 县界	
☆ 保护站	示范区	
⊙ 乡镇	水域	
○ 居民点	核心区	
● 各类人工场	缓冲区	
— 河流	实验区	
… 渠道	保护区界	
— 公路		

113°15'0"东 113°18'50"东 113°22'40"东 113°26'30"东

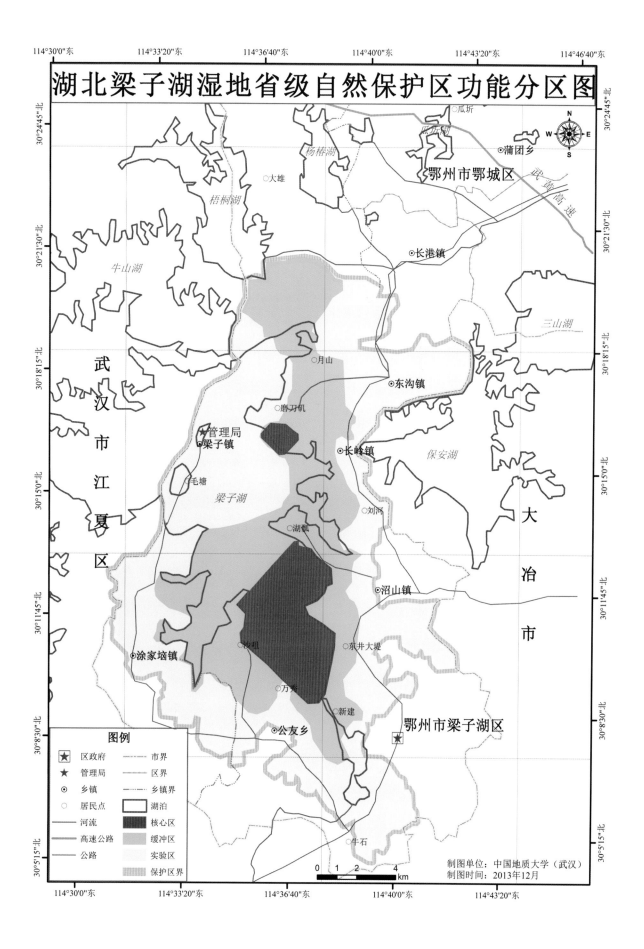

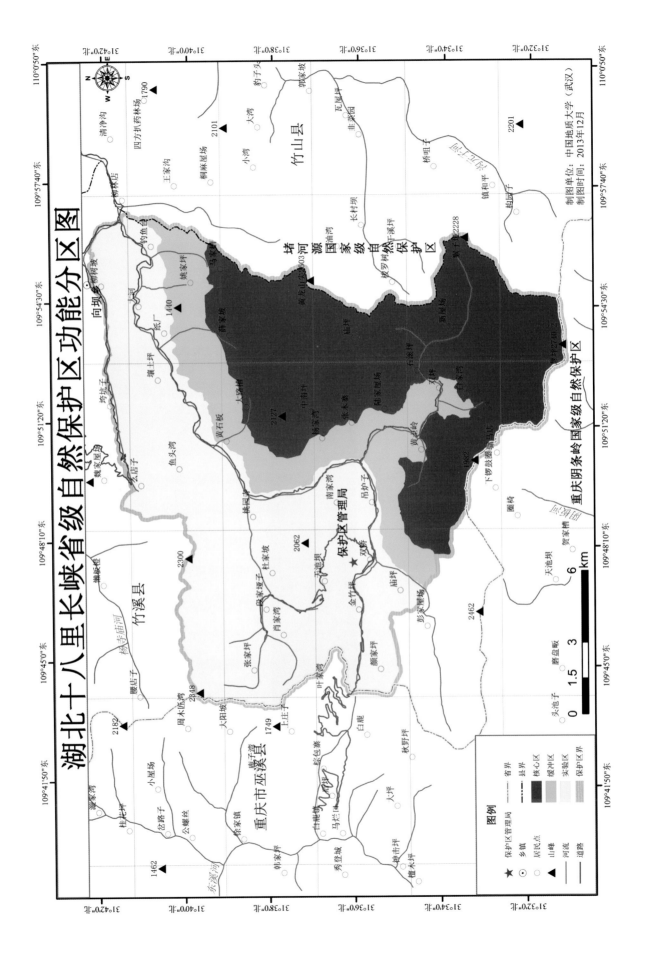

湖北十八里长峡省级自然保护区功能分区图

制图单位：中国地质大学（武汉）
制图时间：2013年12月

图例

符号	名称	符号	名称
★	保护区管理局		省界
⊙	乡镇		县界
○	居民点		核心区
▲	山峰		缓冲区
	河流		实验区
	道路		保护区界

km
0 1.5 3 6

竹山县

竹溪县

重庆市巫溪县

堵河源国家级自然保护区

重庆阴条岭国家级自然保护区

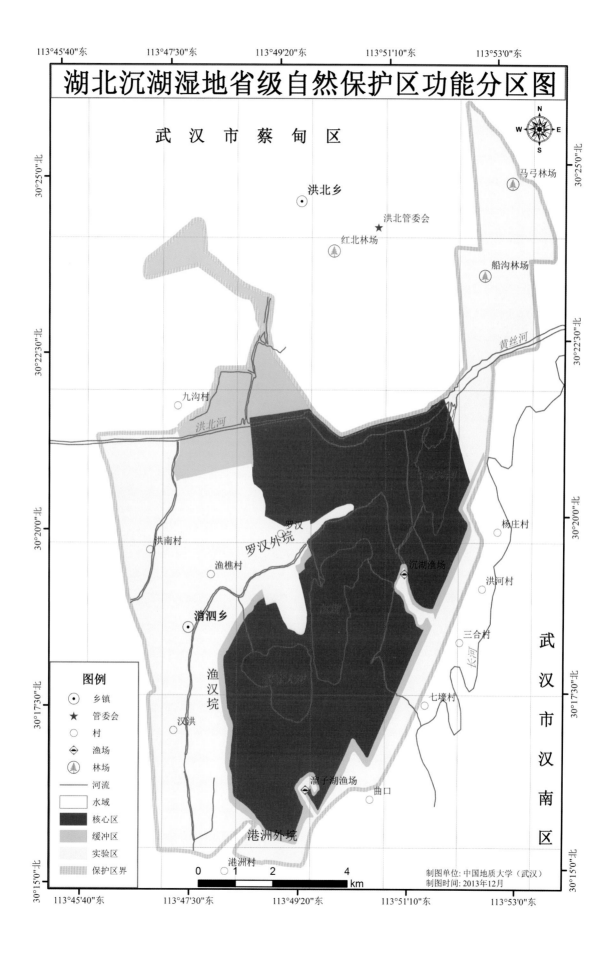

湖北沉湖湿地省级自然保护区功能分区图

武汉市蔡甸区

武汉市汉南区

洪北乡

马弓林场

洪北管委会

红北林场

船沟林场

黄丝河

九沟村

洪北河

杨庄村

罗汉

罗汉外垸

沉湖渔场

洪河村

洪南村

渔樵村

三合村

消泗乡

渔汉垸

七境村

汉洪

润子湖渔场

曲口

港洲外垸

港洲村

图例

⊙ 乡镇
★ 管委会
○ 村
◈ 渔场
🌲 林场
—— 河流
　水域
■ 核心区
　缓冲区
　实验区
　保护区界

0　1　2　4 km

制图单位: 中国地质大学（武汉）
制图时间: 2013年12月

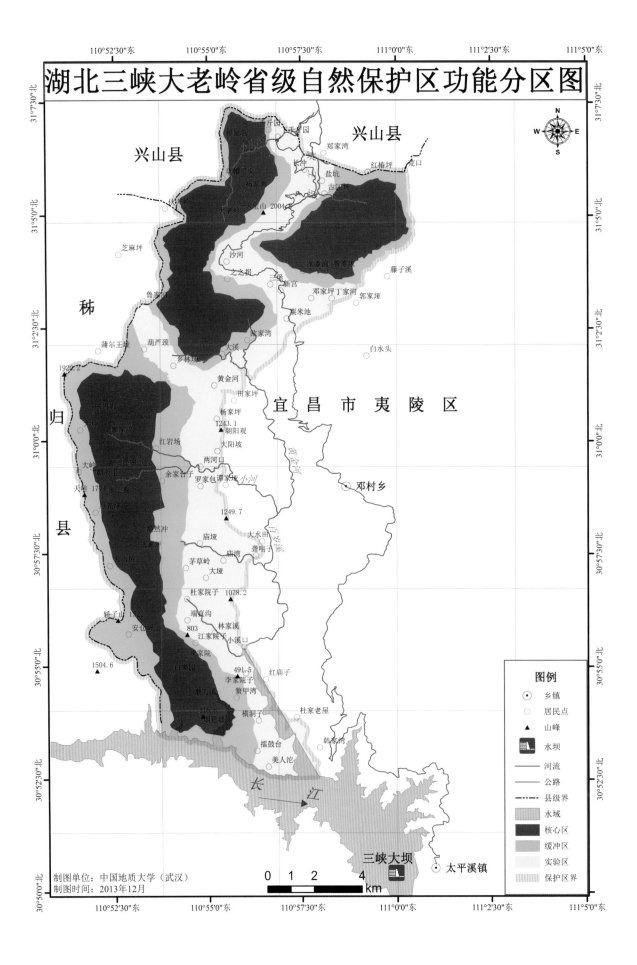

湖北三峡大老岭省级自然保护区功能分区图

兴山县

兴山县

秭

归

县

宜 昌 市 夷 陵 区

制图单位：中国地质大学(武汉)
制图时间：2013年12月

0 1 2 4
km

三峡大坝

太平溪镇

长 江

图例

⊙ 乡镇
○ 居民点
▲ 山峰
🗄 水坝
— 河流
— 公路
—·— 县级界
水域
核心区
缓冲区
实验区
保护区界

湖北网湖湿地省级自然保护区功能分区图

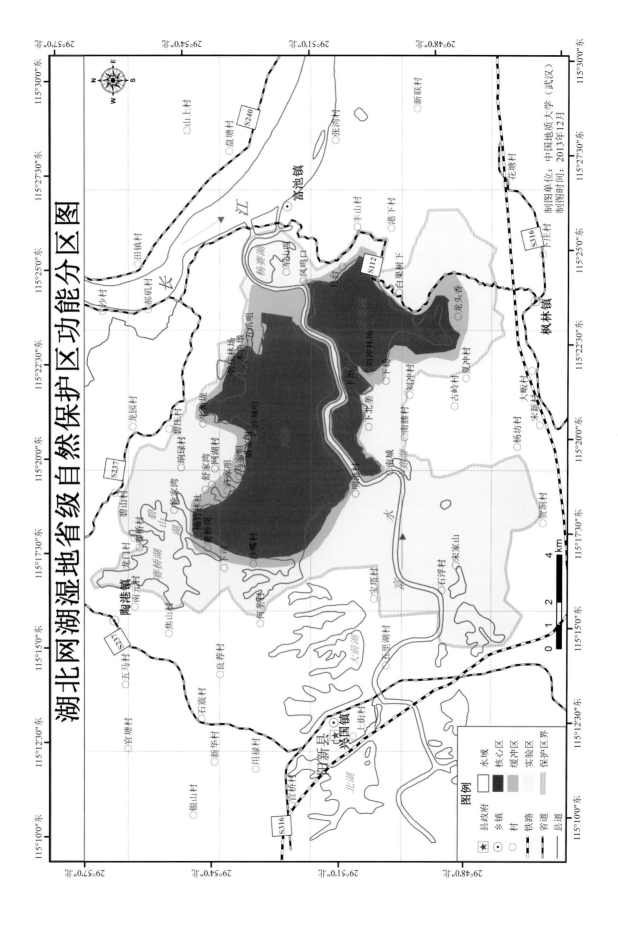

图例

★	县政府
◉	乡镇
○	村

	铁路
	省道
	县道

	水域
	核心区
	缓冲区
	实验区
	保护区界

制图单位：中国地质大学（武汉）　制图时间：2013年12月

湖北野人谷省级自然保护区功能分区图

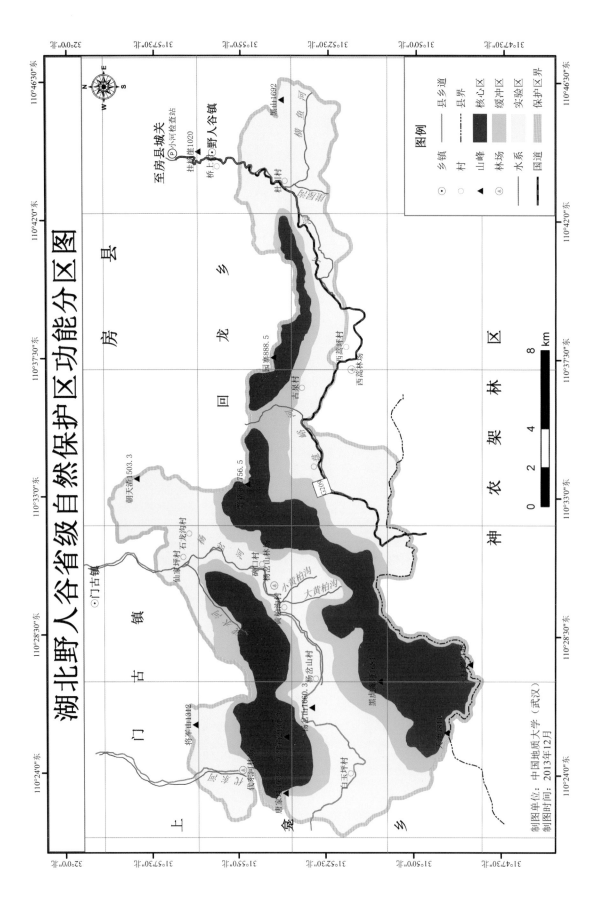

制图单位：中国地质大学（武汉）
制图时间：2013年12月

图例

县乡道
县界
核心区
缓冲区
实验区
保护区界

乡镇
村
山峰
林场
水系
国道

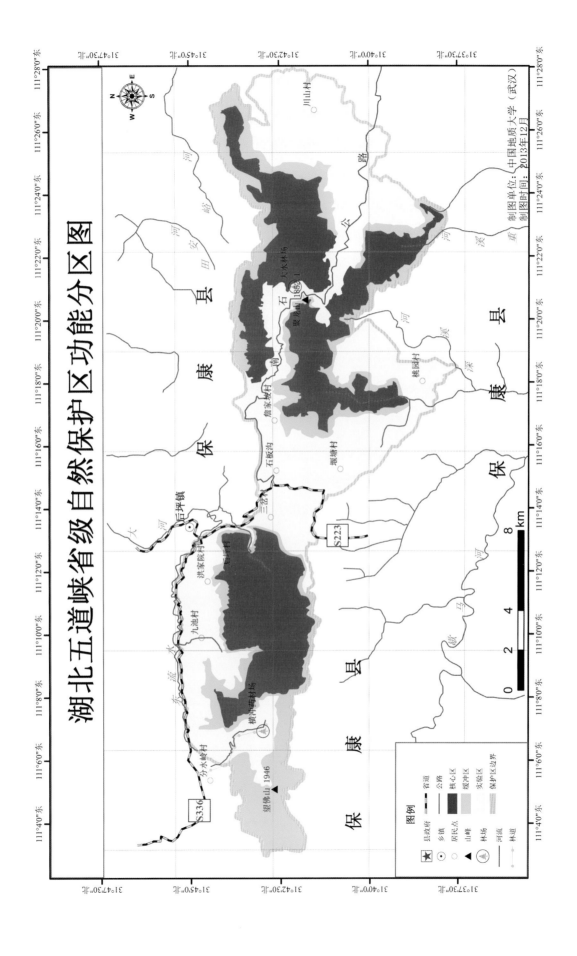

湖北五道峡省级自然保护区功能分区图

图例

★	县政府
◉	乡镇
○	居民点
▲	山峰
⊕	林场
—	河流
┅	林道
═══	省道
───	公路
■	核心区
▨	缓冲区
▧	实验区
	保护区功能边界

制图单位：中国地质大学（武汉）
制图时间：2013年12月

0　2　4　8 km

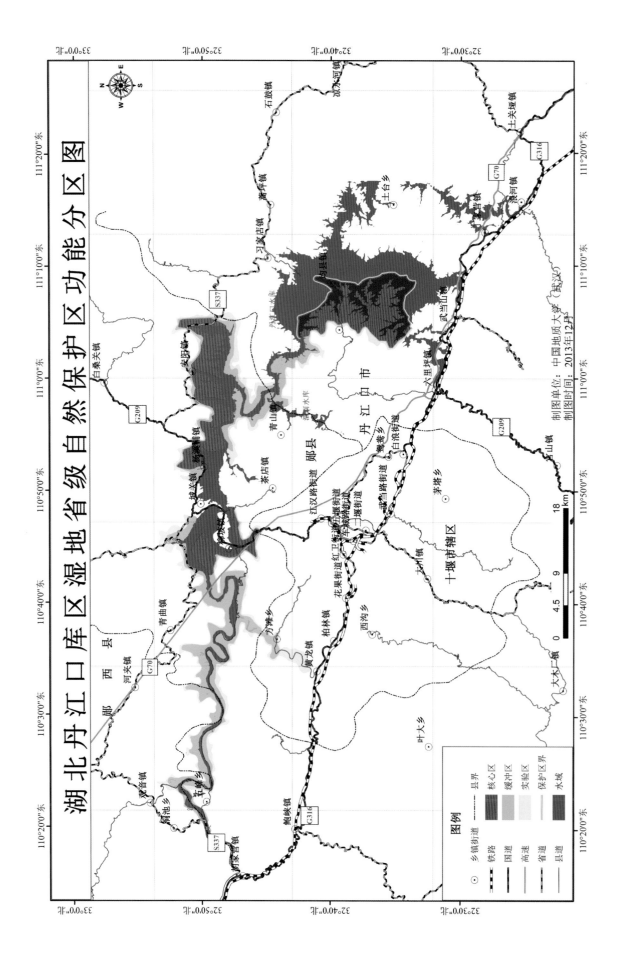

湖北丹江口库区湿地省级自然保护区功能分区图

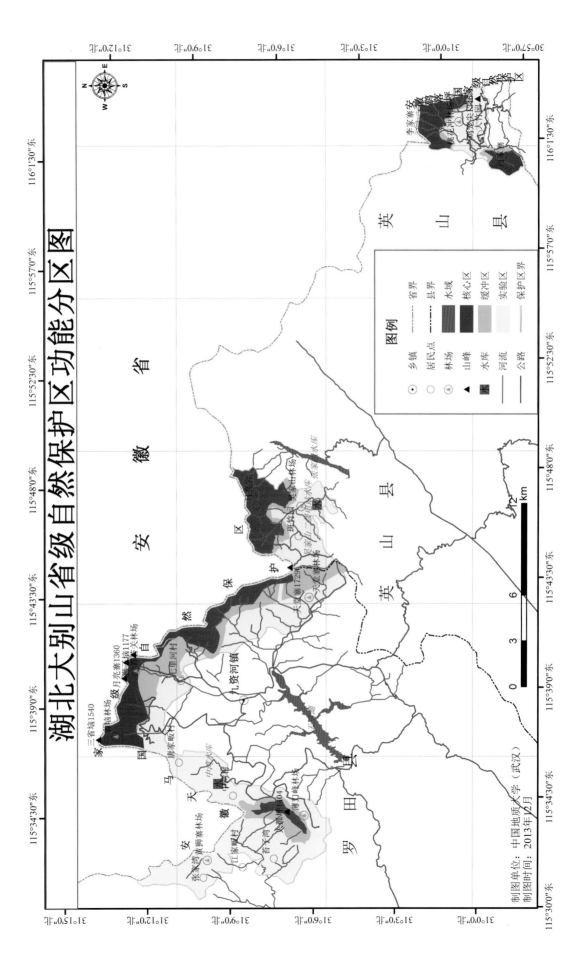

湖北大别山省级自然保护区功能分区图

图例

| 乡镇 | 居民点 | 林场 | 山峰 | 水库 |
| 河流 | 公路 |

省界　县界　水域　核心区　缓冲区　实验区　保护区界

0　3　6　km

制图单位：中国地质大学(武汉)
制图时间：2013年12月

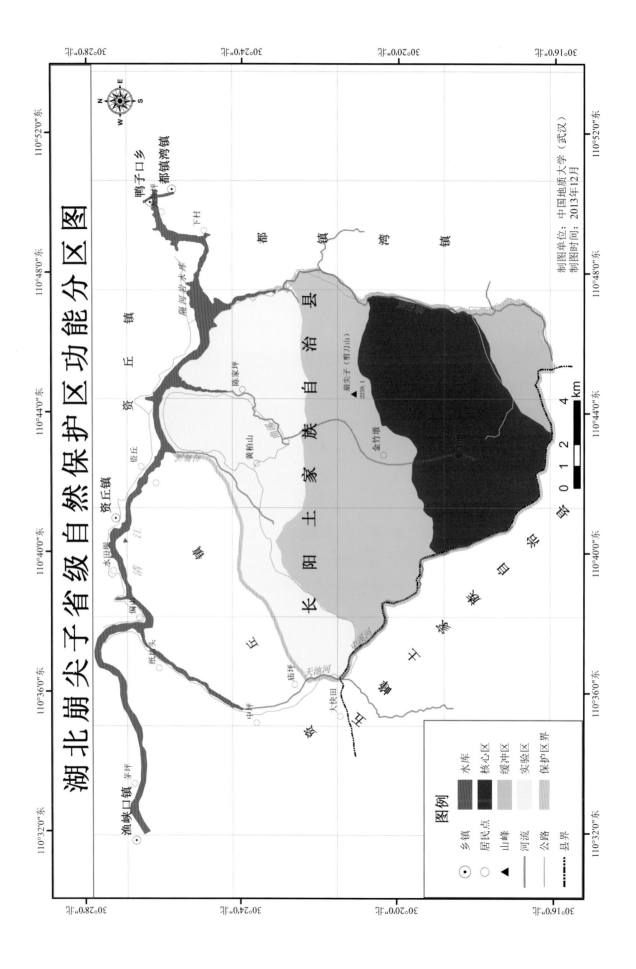

湖 北 崩 尖 子 省 级 自 然 保 护 区 功 能 分 区 图

制图单位：中国地质大学（武汉）
制图时间：2013年12月

图例

⊙	乡镇	▧ 水库
○	居民点	■ 核心区
▲	山峰	▨ 缓冲区
──	河流	▫ 实验区
──	公路	⋯ 保护区界
⋯	县界	

km

0 1 2 4

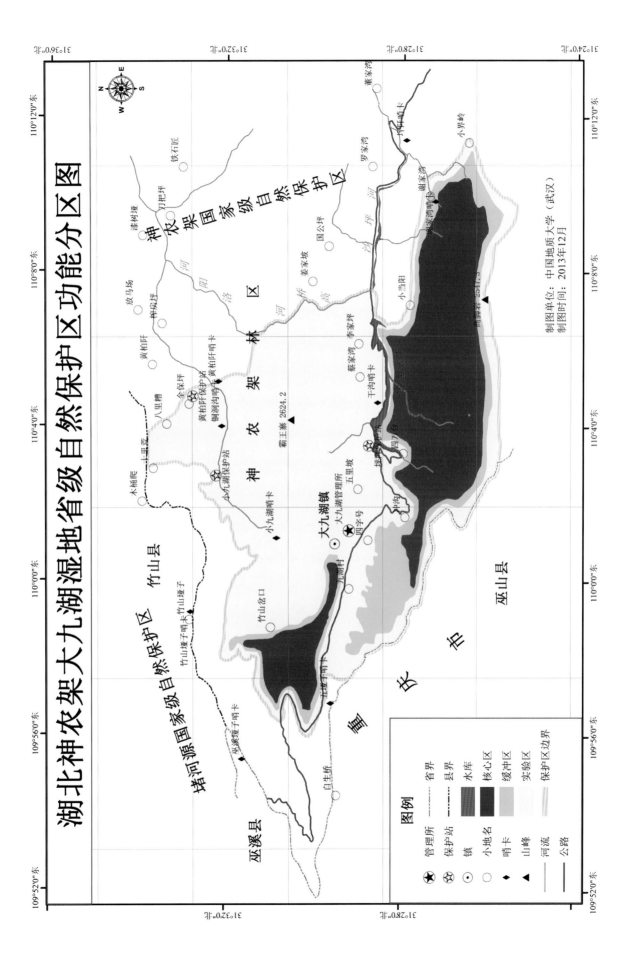

湖北神农架大九湖湿地省级自然保护区功能分区图

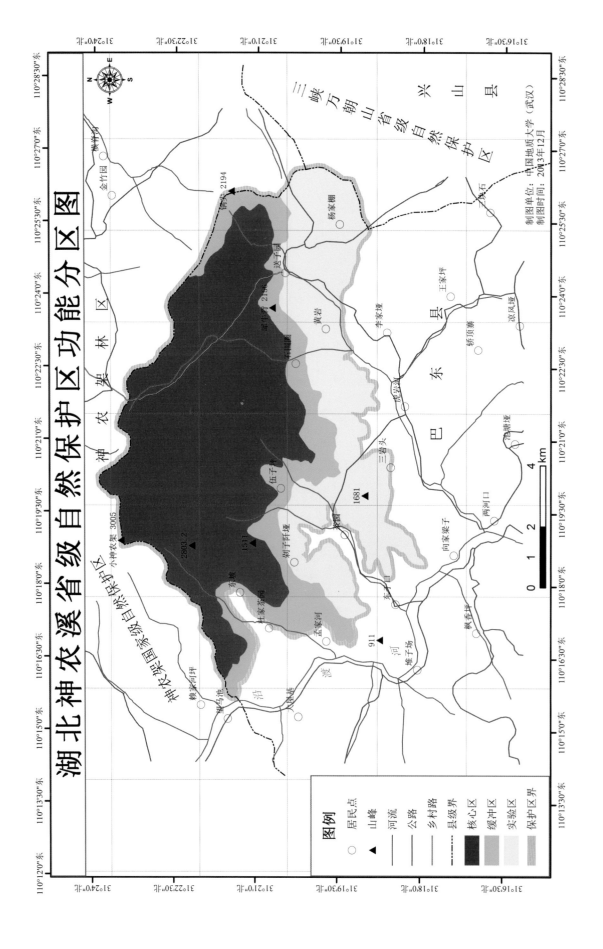

湖北神农溪省级自然保护区功能分区图

图例

○ 居民点
▲ 山峰
—— 河流
—— 公路
—— 乡村路
—·— 县级界
■ 核心区
■ 缓冲区
□ 实验区
保护区界

制图单位: 中国地质大学 (武汉)
制图时间: 2013年12月

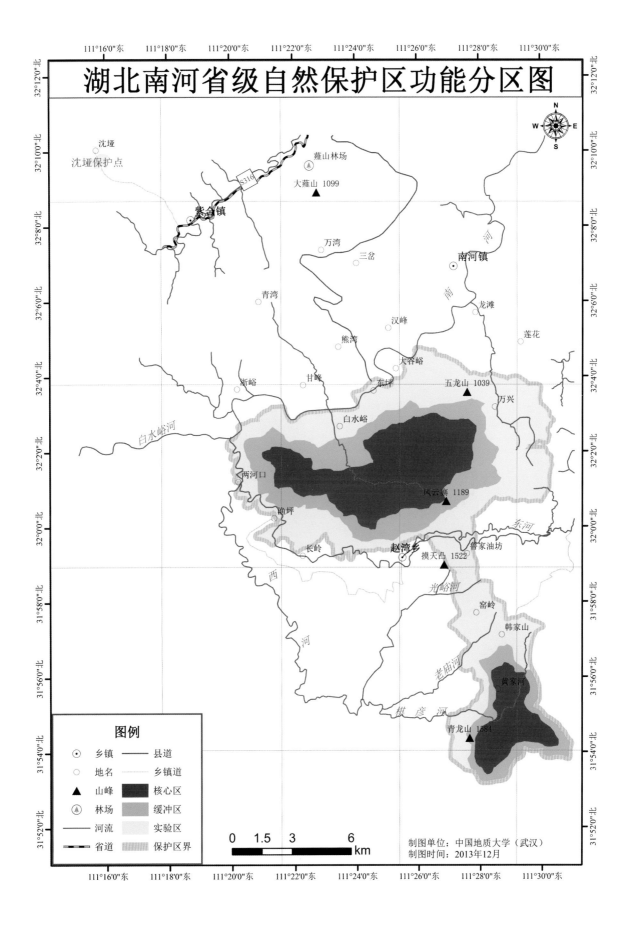

湖北南河省级自然保护区功能分区图

沈垭
沈垭保护点

蓮山林场
大蓮山 1099

紫金镇

万湾
三岔
南河镇

青湾
龙滩

汉峰
莲花

熊湾

大谷峪
东坪
五龙山 1039

渐峪
甘峰
万兴

白水峪河
白水峪

两河口
东河

渔坪
风云寨 1189

长岭
赵湾乡
曾家油坊
摸天凸 1522

西
光峪河

窑岭
韩家山

河
老庙河

黄家河

棋彦河
青龙山 1584

图例

⊙ 乡镇	—— 县道		
○ 地名	⋯⋯ 乡镇道		
▲ 山峰	■ 核心区		
⌖ 林场	▓ 缓冲区		
— 河流	░ 实验区		
▬ 省道	▒ 保护区界		

0 1.5 3 6
km

制图单位：中国地质大学（武汉）
制图时间：2013年12月

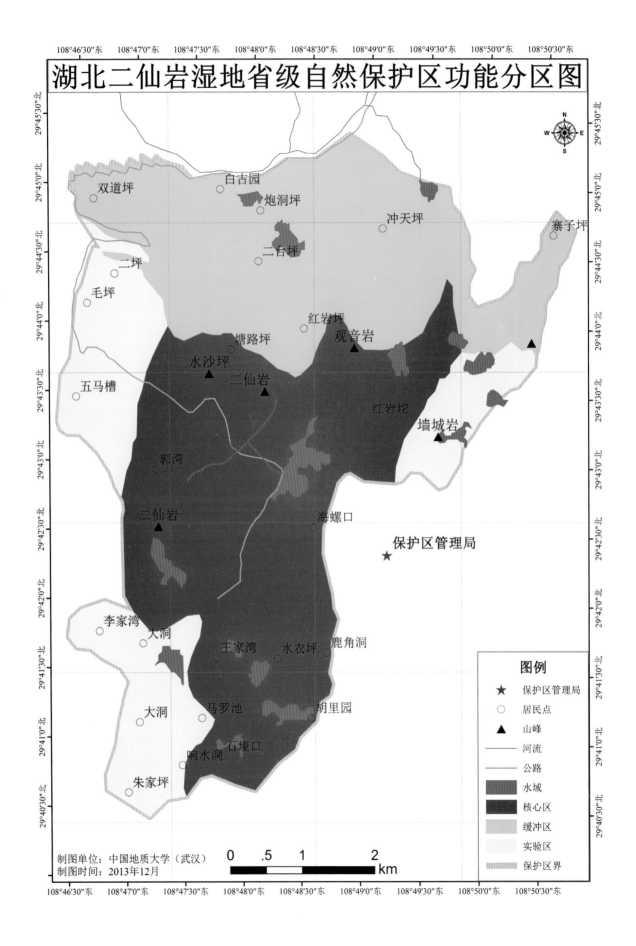

湖北二仙岩湿地省级自然保护区功能分区图

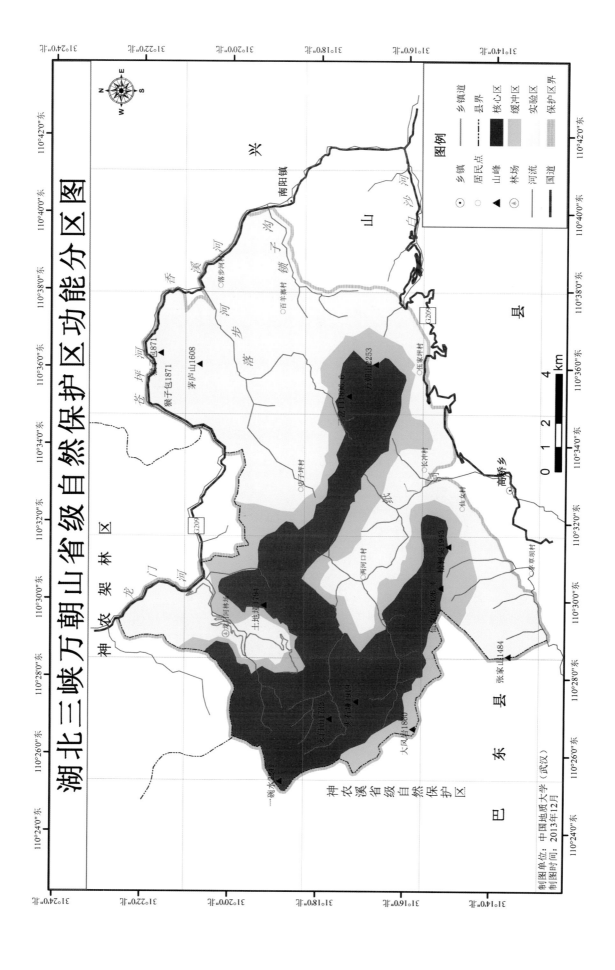

湖北三峡万朝山省级自然保护区功能分区图

制图单位：中国地质大学（武汉）
制图时间：2013年12月

湖北漳河源省级自然保护区功能分区图

南 漳 县

○八里川
○三景庄
○石桥村　　○水竹园
○冥阳洞村　　　　　○陈家坪
　　　　　　　　　　　薛家坪村
　　　　　　　　　　　薛坪镇
○徐坪村
○寺冲
　　　　　　　　　　○古树垭村
○南冲村
○秦家坪
　　　　○龙王冲村
　　　　　　　　　○泉湾村
　　　　　　　　　○张铁沟村
○张家坪村
　　　　　　　　　　○中厂
○冯家湾村
　▲千家垭1151
○晏家山　○新集　○竹林
　　　　　　板桥镇
　　　　　○九龙观村
　○万家坑
　土地槽　　○河口村
○断河坪

○天鹅池村
　　　　　○青龙寨

图例

- ⊙ 乡镇
- ○ 居民点
- ▲ 山峰
- — 水系
- ■ 核心区
- ▨ 缓冲区
- □ 实验区
- ▦ 保护区界

制图单位：中国地质大学（武汉）
制图时间：2013年12月

0　1　2　　4 km

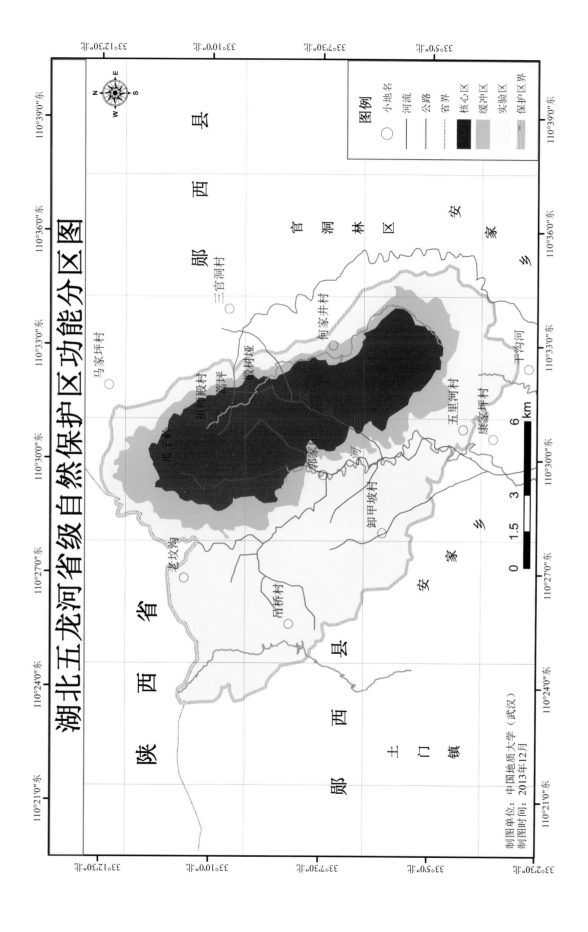

湖北五龙河省级自然保护区功能分区图

制图单位：中国地质大学（武汉）
制图时间：2013年12月

图例

- ○ 小地名
- — 河流
- — 公路
- ⋯ 省界
- ■ 核心区
- ▨ 缓冲区
- ▧ 实验区
- ▦ 保护区界

0　1.5　3　6 km

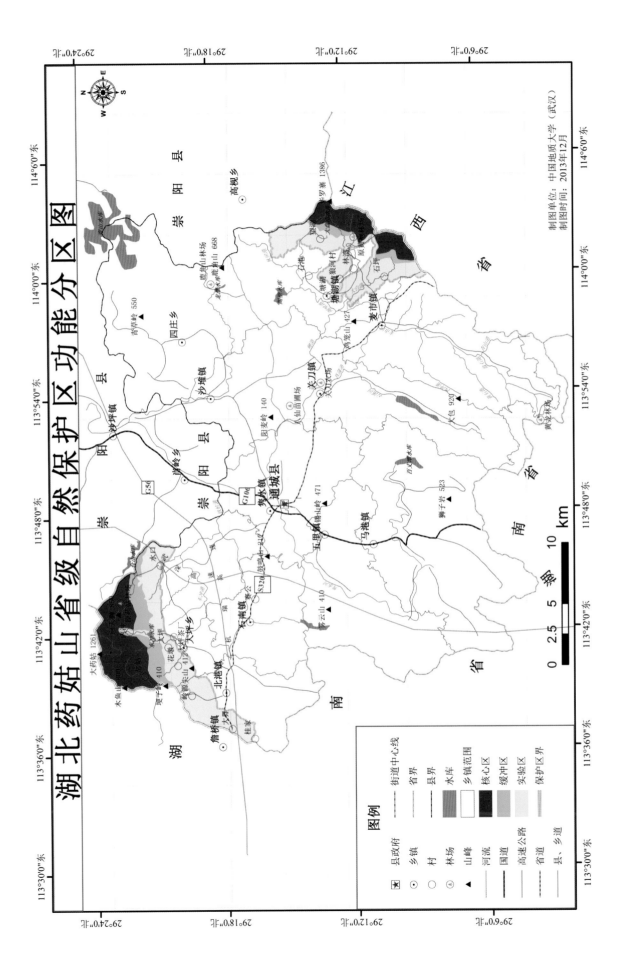

湖北药姑山省级自然保护区功能分区图

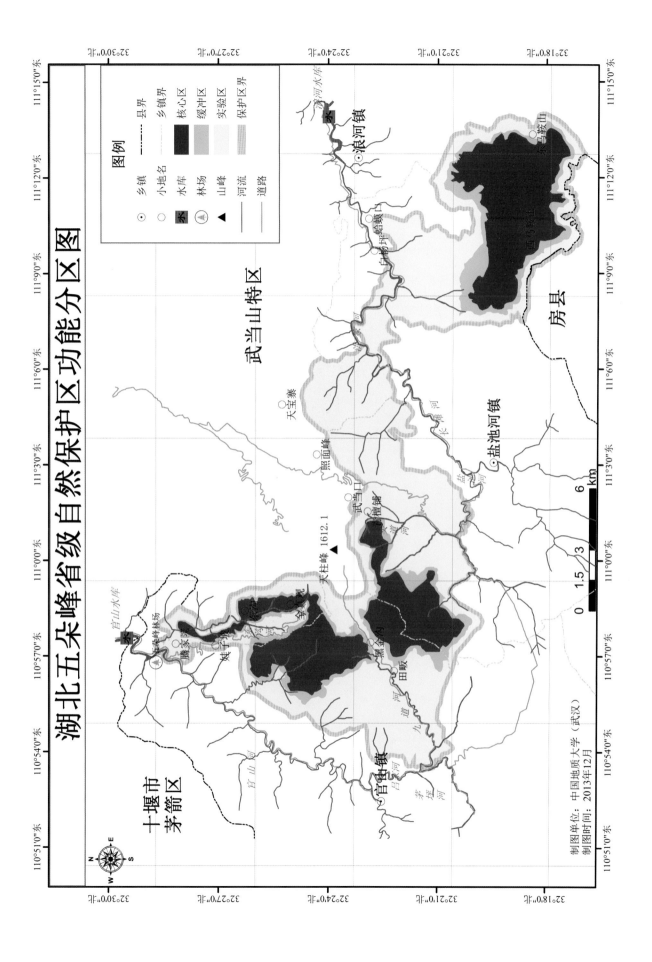

湖北五朵峰省级自然保护区功能分区图

图例

	乡镇		县界
⊙	乡镇	- - -	乡镇界
○	小地名		核心区
水	水库		缓冲区
山	林场		实验区
▲	山峰		保护区界
	河流		
	道路		

十堰市
茅箭区

官山水库

五朵峰林场

藤家岭 娘子坝
灶火坪
五朵峰

全真观

天柱峰 1612.1

武当口

黑金沟

田畈

九道河

官山河

官中镇

吕家河

茅塔河

照面峰

天宝寨

浪河水库

浪河镇

白杨坪 哈蟆口

西马鞍山

东马鞍山

武当山特区

盐池河

盐池河镇

房县

0 1.5 3 6 km

制图单位：中国地质大学（武汉）
制图时间：2013年12月

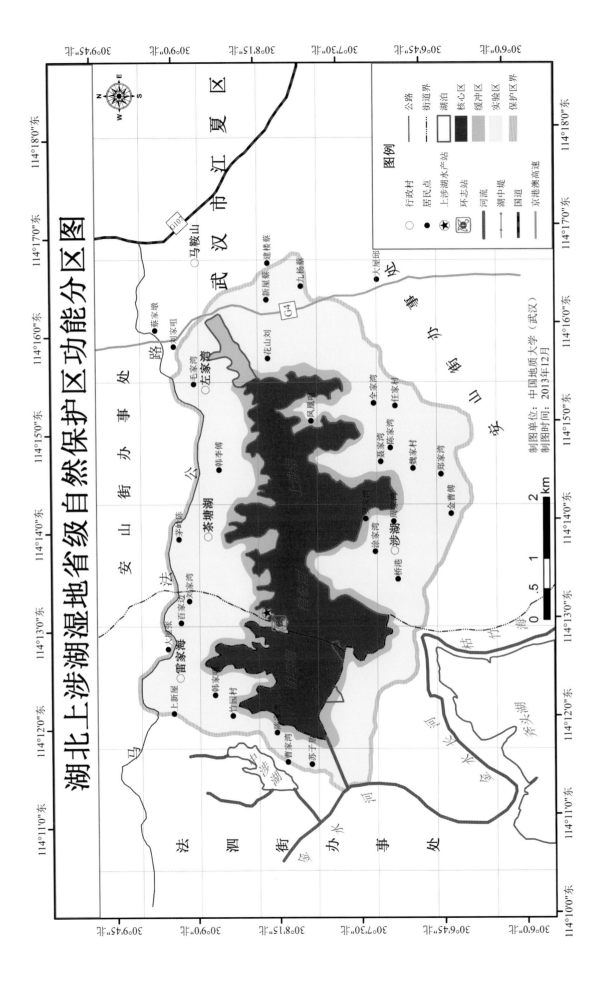

湖北上涉湖湿地省级自然保护区功能分区图

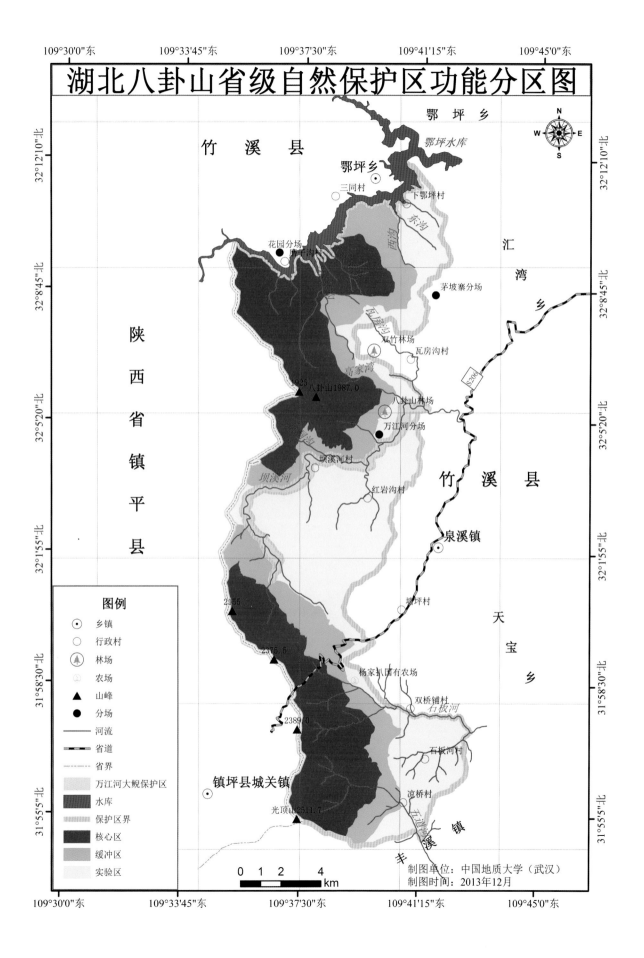

湖北八卦山省级自然保护区功能分区图

图例

⊙ 乡镇
○ 行政村
🌲 林场
农场
▲ 山峰
● 分场
—— 河流
省道
省界
万江河大鲵保护区
水库
保护区界
核心区
缓冲区
实验区

0 1 2 4 km

制图单位：中国地质大学（武汉）
制图时间：2013年12月

湖北大崎山省级自然保护区功能分区图

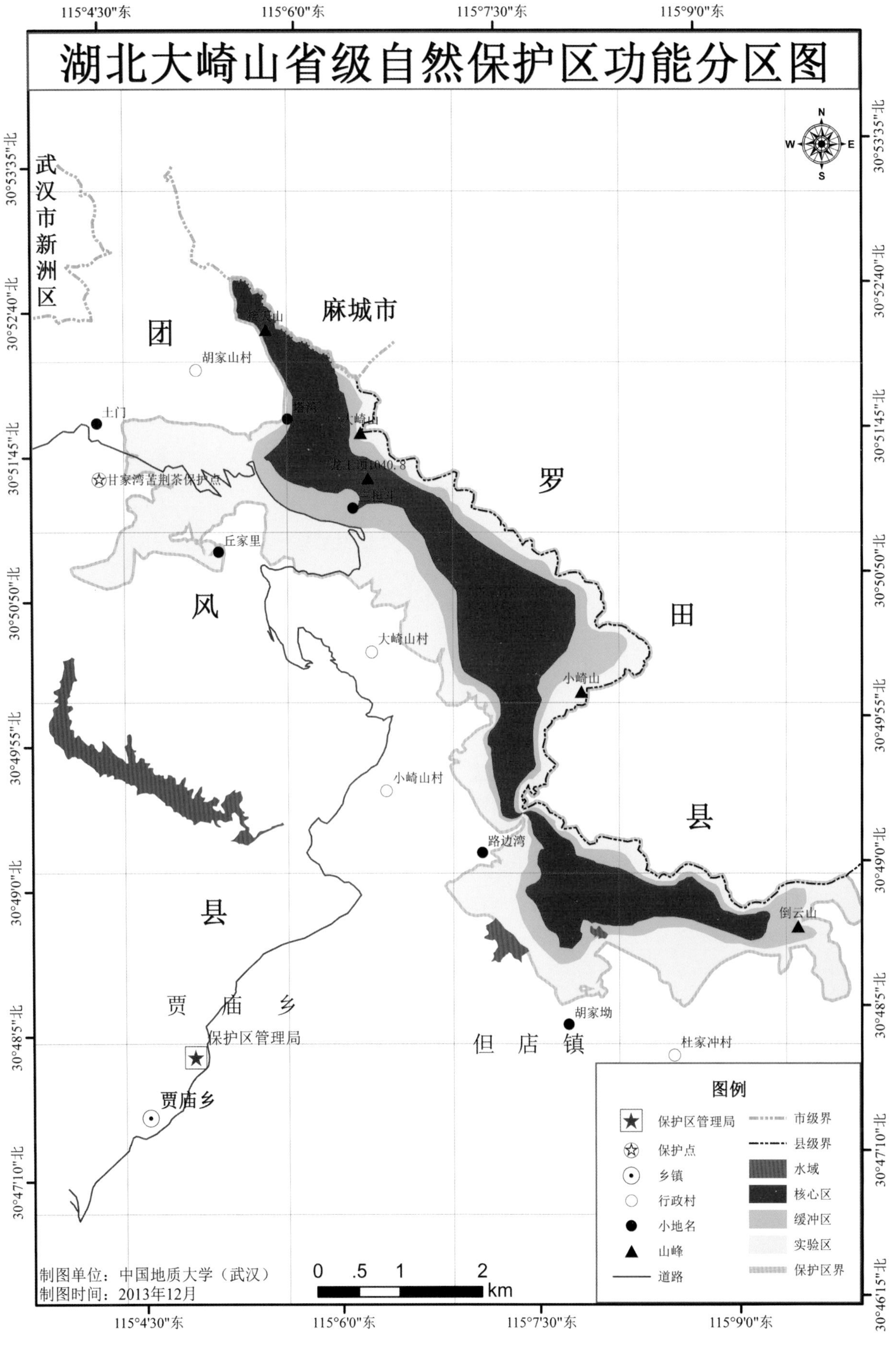

武汉市新洲区

团

麻城市

胡家山村

土门

☆甘家湾苦荆茶保护点

丘家里

风

大崎山村

罗

田

小崎山

县

小崎山村

路迈湾

倒云山

县

贾 庙 乡

保护区管理局

★

贾庙乡

胡家坳

但 店 镇

杜家冲村

制图单位：中国地质大学（武汉）
制图时间：2013年12月

0 .5 1   2
km

图例

符号	说明	符号	说明
★	保护区管理局		市级界
☆	保护点		县级界
⊙	乡镇		水域
○	行政村		核心区
●	小地名		缓冲区
▲	山峰		实验区
—	道路		保护区界

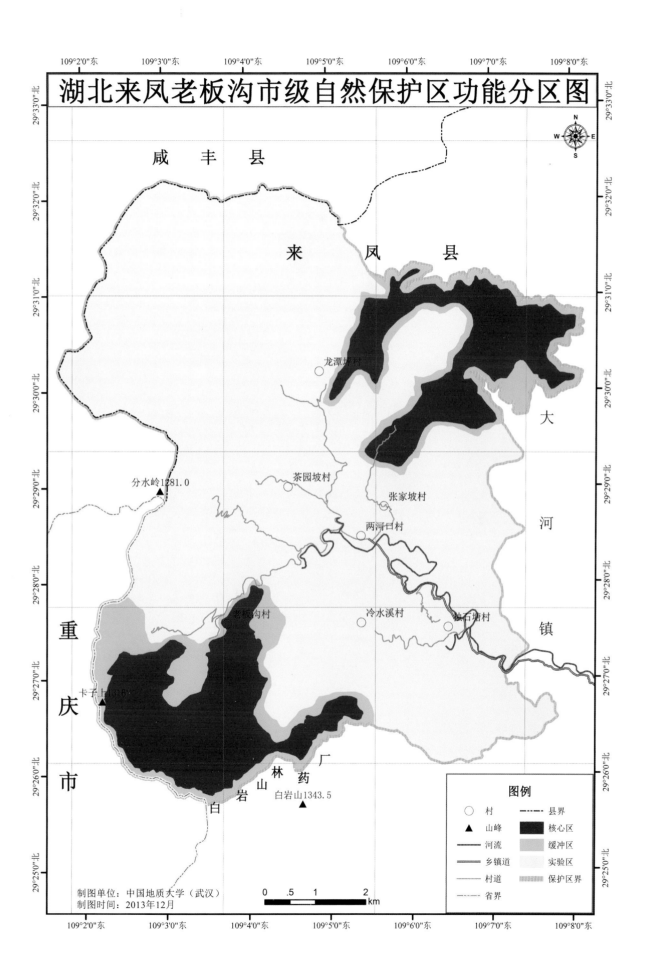

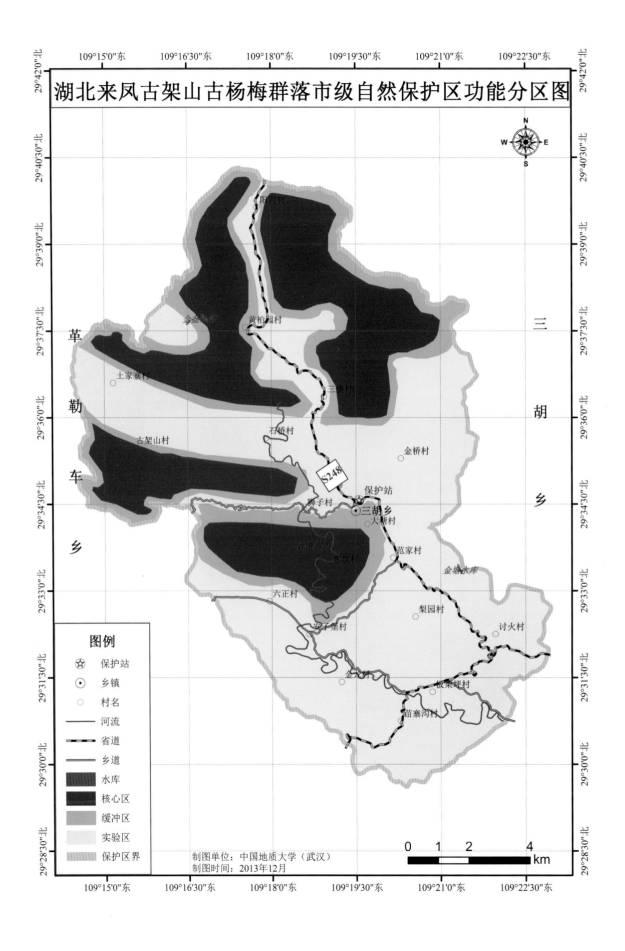

湖北来凤古架山古杨梅群落市级自然保护区功能分区图

三胡乡

革勒车乡

S248

保护站
三胡乡

阳洞村
金盆溪河
黄柏园村
土家寨村
三堡村
石桥村
古架山村
金桥村
狮子村
大塘村
龙家村
金塘水库
土坟村
六正村
梨园村
讨火村
房子堡村
金水村
板寨坪村
苗寨沟村

图例

☆ 保护站
◉ 乡镇
○ 村名
── 河流
══ 省道
── 乡道
⬛ 水库
⬛ 核心区
▨ 缓冲区
▢ 实验区
▨ 保护区界

制图单位：中国地质大学（武汉）
制图时间：2013年12月

0 1 2   4
km

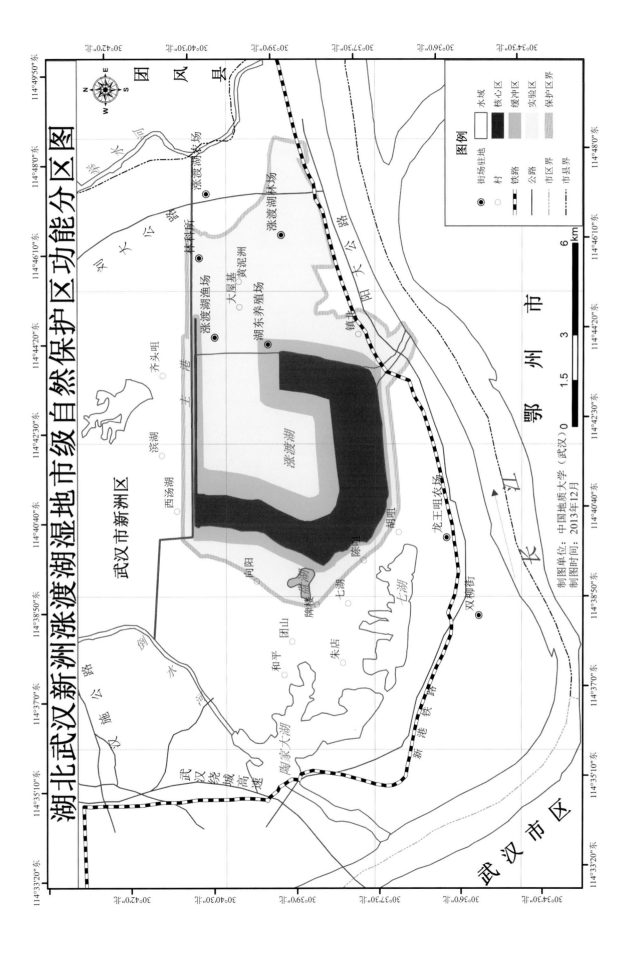

湖北武汉新洲涨渡湖湿地市级自然保护区功能分区图

图例

	水域
	核心区
	缓冲区
	实验区
	保护区界

◉	街场驻地
○	村
▦	铁路
───	公路
─·─·─	市区界
─··─··─	市县界

km
0 1.5 3 6

制图单位：中国地质大学（武汉）
制图时间：2013年12月

团风县

武汉市新洲区

武汉市区

鄂州市

长江

涨渡湖

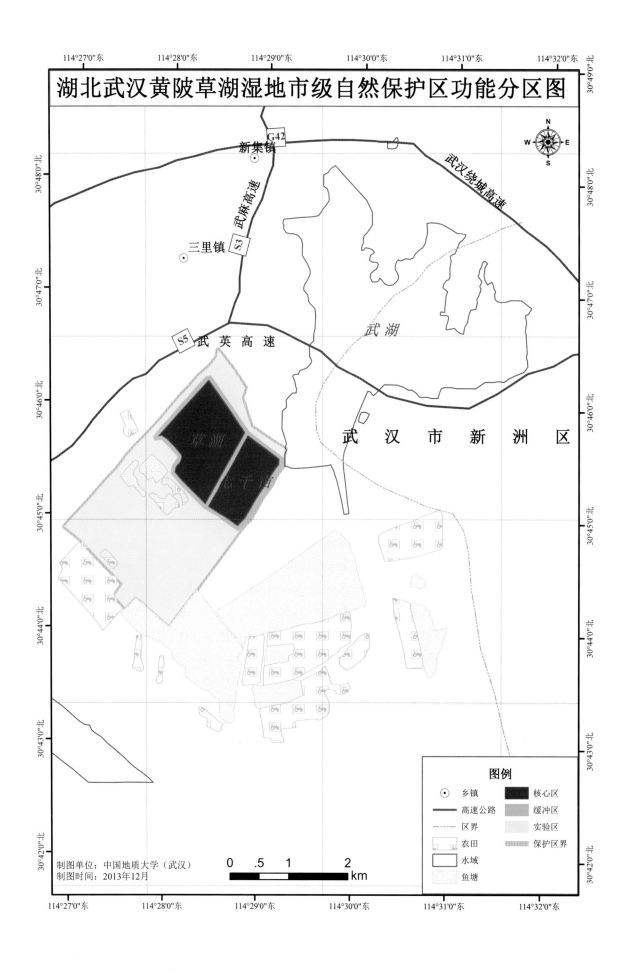

湖北武汉黄陂草湖湿地市级自然保护区功能分区图

114°27'0"东　114°28'0"东　114°29'0"东　114°30'0"东　114°31'0"东　114°32'0"东

G42
新集镇
武麻高速
三里镇　S3
武汉绕城高速
S5　武英高速
武湖
草湖
七千亩
武 汉 市 新 洲 区

30°49'0"北
30°48'0"北
30°47'0"北
30°46'0"北
30°45'0"北
30°44'0"北
30°43'0"北
30°42'0"北

制图单位：中国地质大学（武汉）
制图时间：2013年12月

0　.5　1　2
km

图例

⊙ 乡镇　　　■ 核心区
── 高速公路　■ 缓冲区
─ ─ 区界　　□ 实验区
▭ 农田　　　▨ 保护区界
▭ 水域
▨ 鱼塘

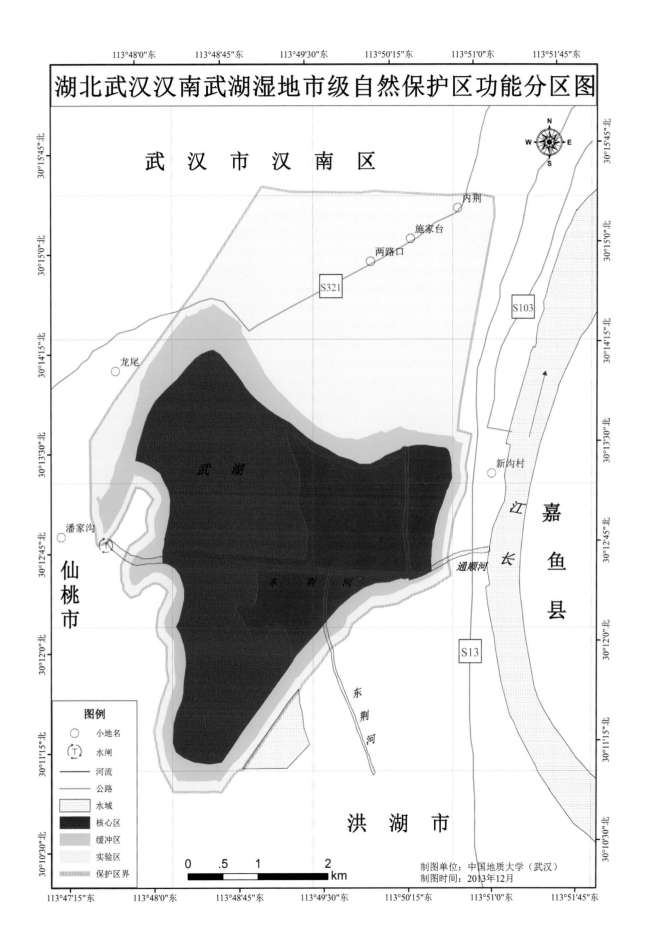

湖北武汉汉南武湖湿地市级自然保护区功能分区图

武 汉 市 汉 南 区

内荆

施家台

两路口

S321

S103

龙尾

武 湖

新沟村

长 江

嘉 鱼 县

潘家沟

通顺河

仙 桃 市

东 荆 河

S13

东 荆 河

图例

○ 小地名

⊥ 水闸

── 河流

── 公路

水域

核心区

缓冲区

实验区

保护区界

0 .5 1   2
km

洪 湖 市

制图单位: 中国地质大学 (武汉)
制图时间: 2013年12月

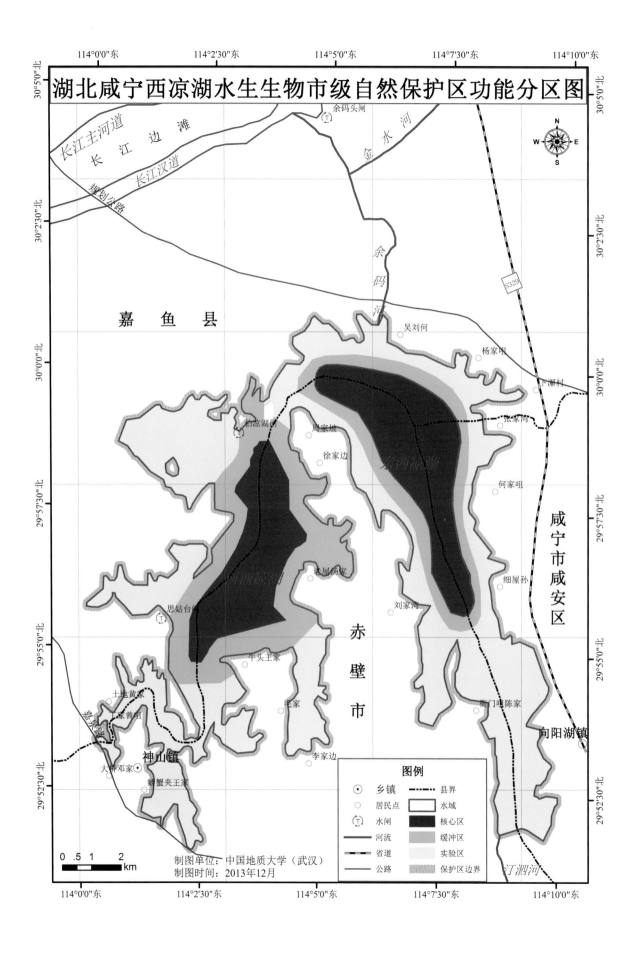

湖北咸宁西凉湖水生生物市级自然保护区功能分区图

嘉 鱼 县

赤 壁 市

咸宁市咸安区

神山镇

向阳镇

图例

⊙ 乡镇		-·-·- 县界	
○ 居民点		▭ 水域	
(T) 水闸		▮ 核心区	
—— 河流		▨ 缓冲区	
-·-·- 省道		▨ 实验区	
—— 公路		▨ 保护区边界	

0 .5 1 2
km

制图单位：中国地质大学（武汉）
制图时间：2013年12月

图书在版编目（CIP）数据

湖北自然保护区 / 葛继稳，王虚谷主编. — 武汉：
湖北科学技术出版社，2014.7
　ISBN 978-7-5352-6661-3

　Ⅰ. ①湖… Ⅱ. ①葛… ②王… Ⅲ. ①自然保护区－
介绍－湖北省　Ⅳ.①S759.992.63

　中国版本图书馆 CIP 数据核字(2014)第 082362 号

责任编辑：　高诚毅　　　　　　　　　　　　　　　封面设计：喻杨

出版发行：湖北科学技术出版社　　　　　　　　　电话：027-87679468

地　　　址：武汉市雄楚大街 268 号　　　　　　　邮编：430070

　　　　　　（湖北出版文化城 B 座 13-14 层）

网　　　址：http：//www.hbstp.com.cn

印　　刷：武汉中远印务有限公司　　　　　　　　邮编：430034

| 880×1230 | 1/16 | 12.25 印张 | 34 插页 | 310 千字 |

2014 年 7 月第 1 版　　　　　　　　　　　2014 年 7 月第 1 次印刷

定价：220.00 元